高职高专电子信息类课改系列教材

基于C语言的MCS-51单片机教程

主　编　陈和洲

副主编　李　纯　汤　平　张　彬

西安电子科技大学出版社

内 容 简 介

本书以项目为载体，以 AT89C51 单片机为控制器，结合 Keil C51、Proteus 等单片机系统开发软件，从实用的角度出发，以任务的实施为主线，由浅入深地介绍了 51 单片机 C 程序设计和 Proteus 仿真的联合应用，使读者掌握单片机控制系统的应用技术。

本书包含单灯闪烁、流水灯、产品计数器、60 秒定时提醒器、单片机双机通信、数字电压表、信号发生器、电子密码锁、温度显示报警器等 9 个项目，介绍了 AT89C51 单片机引脚功能、内部资源、中断、定时/计数、串行口的原理及应用，结合实践讲解了单片机与键盘、LED/LCD 显示器、I^2C 器件、单总线器件等外部设备的接口技术，并利用 Proteus 和 Keil C51 进行联合仿真，有助于读者系统地学习单片机知识。

本书适合高职、应用型本科电子类专业的学生使用，也可供自学者参考使用。

图书在版编目(CIP)数据

基于 C 语言的 MCS-51 单片机教程 / 陈和洲主编. —西安：西安电子科技大学出版社，2021.5

ISBN 978-7-5606-6017-2

Ⅰ. ①基… Ⅱ. ①陈… Ⅲ. ①单片微型计算机—C 语言—程序设计

Ⅳ. ①TP368.1②TP312.8

中国版本图书馆 CIP 数据核字(2021)第 039637 号

策划编辑 刘玉芳

责任编辑 宁晓蓉

出版发行 西安电子科技大学出版社(西安市太白南路 2 号)

电　　话 (029)88242885　88201467　　邮　　编 710071

网　　址 www.xduph.com　　电子邮箱 xdupfxb001@163.com

经　　销 新华书店

印刷单位 陕西天意印务有限责任公司

版　　次 2021 年 5 月第 1 版　2021 年 5 月第 1 次印刷

开　　本 787 毫米×1092 毫米　1/16　印　张 17

字　　数 402 千字

印　　数 1～3000 册

定　　价 42.00 元

ISBN 978-7-5606-6017-2 / TP

XDUP 6319001-1

前　言

单片机已被广泛应用在人类生活的诸多场合。手机、家用电器、电子玩具、掌上电脑以及安防系统等电子产品中都含有单片机。“单片机原理及应用”是高职高专电类专业的一门专业课。当前正在进行的高职高专教学改革，打破了传统的学科课程体系结构，建立了基于工作过程的课程体系，采用“行动导向、教学做合一”的教学方法。本书适应这种教学改革，按照由易到难的认知规律，以和工作过程相关联的“学习性”任务组织教学内容，按任务组织实施教学。

本书具有以下特点：

(1) 基于 Proteus+Keil C 软件虚拟仿真进行学习，打破了 PCB 制图、购买元器件、焊接等的限制，让学生随时随地进行学习。通过有效地激发学生的学习主动性，提高学生的学习效率。

(2) 采用 Keil C51 而非汇编编程，更加符合当前单片机开发技术发展的趋势，便于学生学习和掌握。

(3) 采用任务驱动的编写方法。本着精讲、实用、易懂的教学原则，以典型工作任务作为编写主线，对单片机应用和 Keil C51 中的难点采用项目的方式进行讲解。

(4) 注重方法和能力的培养。在“动手做一做”栏目中，安排任务让学生查找资料，阅读技术文档，举一反三设计制作单片机小产品，起到巩固、应用和补充知识的作用。

(5) 注重新知识、新器件的应用。本书涵盖了 LCD1602、CAT24C02、DS18B20 等器件的应用。

(6) 提供了 40 个配套视频，对重点知识进行讲解，方便学生自学。

本书由重庆航天职业技术学院陈和洲主编，重庆航天职业技术学院李纯、汤平、张彬任副主编。其中陈和洲编写了项目一、项目七、项目八和项目九，李纯编写了项目四、项目五，汤平编写了项目二、项目三，张彬编写了项目六。全书由陈和洲统编并录制视频。

我们力求完美，但由于水平有限，书中难免有疏漏，敬请广大读者不吝赐教。

编　者

2020年6月

目　录

项目一　单片机控制单灯闪烁

【能力目标】

(1) 了解单片机的概念、特点及应用。

(2) 可熟练地将四位二进制数转换为十进制、十六进制数。

(3) 初步学会使用单片机开发工具 Keil μVision 开发 C 程序，学会使用仿真软件 Proteus 进行仿真。

(4) 学会使用 STC 下载工具烧写程序到单片机芯片中。

(5) 学会使用 Proteus 绘制单片机最小系统电路图和单灯闪烁控制电路图。

(6) 学会使用 Keil μVision 编写单灯闪烁控制程序。

【项目要求】

本项目使用 AT89C51 单片机作为仿真控制器，控制一个发光二极管闪烁，闪烁频率为 5 Hz。

任务一　认识单片机

一、单片机基础概念

1. 单片机的定义

将 CPU(进行运算、控制)、RAM(数据存储)、ROM(程序存储)、输入/输出设备(串行口、并行口等)、定时器/计数器、ADC、DAC 等集成到一块集成电路芯片中形成的微处理器称为单片机。

单片机相关知识

单片机不是完成某一个逻辑功能的芯片，而是将一个计算机系统集成到一块芯片上，相当于一个微型计算机。和计算机相比，单片机只提供了 I/O 接口，没有 I/O 设备。单片机的体积小、重量轻、价格便宜，为学习、应用和开发提供了便利条件。

2. 单片机的产生和发展

单片机(Microcontrollers)诞生于 1971 年，经历了 SCM、MCU、SoC 三大阶段。早期的 SCM 单片机都是 8 位或 4 位的，其中最成功的是 Intel 的 8051，此后在 8051 基础上开发出了 MCS-51 系列单片机，基于该系列单片机的系统直到现在还在广泛使用。随着工业控制领域要求的提高，开始出现了 16 位单片机，但因为性价比不理想并未得到广泛应用。20 世纪 90 年代后，随着消费类电子产品的发展，单片机技术应用水平得到了巨大提高。

随着Intel i960系列特别是后来的ARM系列的广泛应用，32位单片机迅速取代了16位单片机的高端地位，并且进入主流市场。此时，传统的8位单片机的性能也得到了飞速提高，处理能力比起20世纪80年代提高了数百倍。高端的32位SoC单片机主频已经超过300 MHz，性能直追20世纪90年代中期的专用处理器，而普通的型号出厂价格跌落至1美元，最高端的型号也只有10美元。

(1) 早期阶段，SCM(Single Chip Microcontroller，单片微型计算机)。该阶段主要是寻求单片形态嵌入式系统的最佳体系结构。在开创嵌入式系统独立发展道路上，Intel公司功不可没。

(2) 中期发展，MCU(Micro Controller Unit，微控制器)。该阶段主要的技术发展方向是不断扩展满足嵌入式应用系统要求的各种外围电路与接口电路，突显其智能化控制能力。在发展MCU方面，最著名的厂家当数Philips公司。Philips公司以其在嵌入式应用方面的巨大优势，将MCS-51从单片微型计算机迅速发展到微控制器。

(3) 当前趋势，SoC(System on Chip，嵌入式片上系统)。单片机是嵌入式系统的独立发展之路，单片机向MCU发展的重要因素就是寻求应用系统在芯片上的最大化解决方案，因此，专用单片机的发展自然形成了SoC化趋势。随着微电子技术、IC设计、EDA工具的发展，对单片机的理解可以从单片微型计算机、单片微控制器延伸到单片应用系统。

3. 单片机的特性

(1) 集成度高、体积小、有很高的可靠性。单片机把各功能部件集成在一块芯片上，内部采用总线结构，减少了各芯片之间的连线，大大提高了单片机的可靠性与抗干扰能力。另外，其体积小，对于强磁场环境易于采取屏蔽措施，适合在恶劣环境下工作。

(2) 系统采用模块化结构，使用方便。

(3) 可靠性高，可无故障工作10^6～10^7小时。

(4) 控制功能强。为了满足工业控制的要求，一般单片机的指令系统中均有极丰富的转移指令、I/O 口的逻辑操作指令以及位处理指令。单片机的逻辑控制功能较强，运行速度也高于同一档次的微机。

(5) 低电压、低功耗，便于生产便携式产品。

(6) 单片机的系统扩展和系统配置较典型、规范，容易构成各种规模的应用系统。

4. 单片机的应用

单片机已渗透到生活的各个领域。导弹的导航装置、飞机上各种仪表的控制、计算机的网络通信与数据传输、工业自动化过程的实时控制和数据处理、广泛使用的各种智能IC卡、民用豪华轿车的安全保障系统、各种家电以及程控玩具、电子宠物等，都离不开单片机。

单片机的应用主要涉及以下几个方面：

(1) 在智能仪器仪表上的应用。单片机具有体积小、功耗低、控制功能强、扩展灵活、微型化和使用方便等优点，广泛应用于仪器仪表中，结合不同类型的传感器，可实现诸如电压、功率、频率、湿度、温度、流量、速度、厚度、角度、长度、硬度、压力等物理量的测量。采用单片机控制使得仪器仪表数字化、智能化、微型化，且功能比采用电子或数字电路更加强大。

(2) 在工业控制中的应用。用单片机可以构成形式多样的控制系统，例如工厂流水线的智能化管理系统、电梯智能化控制系统、各种报警系统，与计算机联网构成二级控制系统等。

(3) 在家用电器中的应用。可以这样说，现在的家用电器基本上都采用了单片机控制，从电饭煲、洗衣机、电冰箱、空调机、彩电、音响视频器材再到电子称量设备，五花八门，无所不在。

(4) 在计算机网络和通信领域中的应用。现代的单片机普遍具备通信接口，可以很方便地与计算机进行数据通信，为在计算机网络和通信设备间的应用提供了极好的物质条件。现在的通信设备基本上都实现了单片机智能控制，从手机、电话机、小型程控交换机、楼宇自动通信呼叫系统、列车无线通信系统，再到日常工作中随处可见的移动电话、集群移动通信系统、无线电对讲机等。

(5) 在医用设备领域中的应用。单片机在医用设备中的用途亦相当广泛，例如医用呼吸机、各种分析仪、监护仪、超声诊断设备及病床呼叫系统等。

(6) 在各种大型电器中的模块化应用。某些专用单片机设计用于实现特定功能，从而在各种电路中进行模块化应用，而不要求使用人员了解其内部结构。在大型电路中，这种模块化应用极大地缩小了体积，简化了电路，降低了损坏、错误率，也便于更换。

(7) 在汽车电子产品中的应用。现代汽车的集中显示系统、动力监测控制系统、自动驾驶系统、通信系统和运行监视器等装置中都离不开单片机。特别是采用现场总线的汽车控制系统中，以单片机担当核心的节点通过协调、高效的数据传送，不仅完成了复杂的控制功能，而且简化了系统结构。

此外，单片机在工商、金融、科研、教育、国防、航空航天等领域都有着十分广泛的用途。

5. 单片机的种类

目前已投放市场的主要单片机产品多达 70 多个系列，500 多个品种。这里对部分常用的单片机系列进行介绍。

(1) 51 单片机。51 单片机是应用最广泛的 8 位单片机，也是初学者们最容易上手学习的单片机，最早由 Intel 推出，它具有典型的结构和完善的总线专用寄存器的集中管理方式，具有众多的逻辑位操作功能及面向控制的丰富的指令系统，堪称一代“经典”，为以后的其他单片机的发展奠定了基础。

(2) MSP430 单片机。MSP430 系列单片机是德州仪器 1996 年开始推向市场的一种 16 位超低功耗的混合信号处理器，其最大的亮点是低功耗而且速度快，汇编语言用起来很灵活，寻址方式很多，指令很少，容易上手。

(3) STM32 单片机。ST 推出的 STM32 系列单片机性价比高，功能强大。其基于为要求高性能、低成本、低功耗的嵌入式应用专门设计的 ARM Cortex-M 内核，同时具有一流的外设：1μs 的双 12 位 ADC、4 Mb/s 的 UART、18 Mb/s 的 SPI 等，在功耗和集成度方面也有不俗的表现。

(4) PIC 单片机。PIC 单片机系列是美国微芯(Microship)公司的产品，共分三个级别，即基本级、中级、高级。CPU 采用 RISC 结构，分别有 33、35、58 条指令，属精简指令集，同时采用 Harvard 双总线结构，运行速度快，它能使程序存储器的访问和数据存储器的访问并行处理。这种指令流水线结构在一个周期内完成两部分工作，一是执行指令，二是从程序存储器取出下一条指令，这样总的看来每条指令只需一个周期，这也是高效率运行的原因之一。

PIC 单片机具有工作电压低、功耗低、驱动能力强等特点。PIC 系列单片机的 I/O 口是双向的，具有 CMOS 互补(推挽)输出电路。I/O 脚增加了用于设置输入或输出状态的方向寄存器，从而解决了 51 系列 I/O 脚为高电平时同为输入和输出状态的问题。

(5) AVR 单片机。AVR 单片机是 Atmel 公司推出的，其特点为高性能、高速度、低功耗。它取消了机器周期，以时钟周期为指令周期，实行流水作业。AVR 单片机指令以字为单位，且大部分指令都为单周期指令。在单周期内可执行本指令功能，同时完成下一条指令的读取。AVR 单片机的时钟频率为 4～8 MHz，故最短指令执行时间为 125～250 ns。

(6) STC 单片机。STC 单片机是宏晶科技生产的单时钟/机器周期的单片机，是 51 与 AVR 的结合体。它结合了 51 和 AVR 的优点，同时 STC 单片机是 51 内核，这给 51 单片机的设计师提供了极大的方便。STC 单片机是高速、低功耗、超强抗干扰的新一代 8051 单片机，指令代码完全兼容传统 8051，但速度快 8～12 倍，内部集成 MAX810 专用复位电路、4 路 PWM、8 路高速 10 位 A/D 转换。

➢ 动手做一做

上网查询单片机的发展历程，除了上述论及的单片机种类，在整个发展过程中还产生了哪些类型的单片机？每种单片机都具有什么样的优点和缺点？

二、单片机最小系统

要使用单片机控制一个发光二极管进行闪烁，首先需要搭建一个单片机最小系统，让单片机开始工作。

单片机最小系统

1. 单片机芯片引脚功能

单片机种类很多，目前我国使用最广泛的是 Intel 公司生产的 MCS-51 系列单片机。Intel 公司将 MCS-51 的核心技术授权给了很多其他公司，所以有很多公司在生产以 8051 为核心的单片机。MCS-51 系列单片机共有二十几种芯片，引脚数目也不尽相同，但总体功能基本相同。

8051 单片机的 DIP 封装有 40 个引脚，其封装和引脚排列见图 1-1。

引脚功能介绍如下：

(1) 电源引脚(2 个)。

V_{CC}：引脚 40，接+5 V 电源。

GND：引脚 20，接地。

(2) 时钟引脚(2 个)。

XTAL1：19 引脚，外接晶体振荡器的一个引脚。

XTAL2：18 引脚，外接晶体振荡器的另外一个引脚。

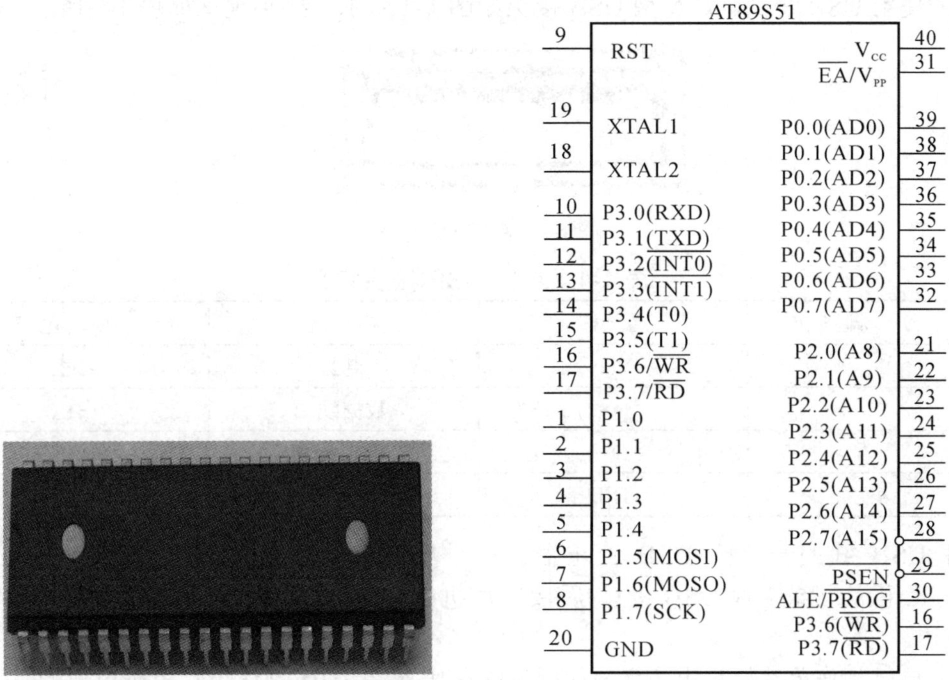

图 1-1　单片机封装及引脚

(3) 控制线引脚(4 个)。

RST：引脚 9，复位信号输入引脚/备用电源输入引脚。当输入两个机器周期以上的高电平时，单片机复位。

$\overline{\text{PSEN}}$：引脚 29，外部程序存储器选通信号输出引脚。在读外部 ROM 时，$\overline{\text{PSEN}}$ 为低电平有效，以实现外部 ROM 单元的读操作。

ALE/$\overline{\text{PROG}}$：引脚 30，地址锁存允许信号输出引脚/编程脉冲输入引脚。在进行系统扩展时，该引脚用于把 P0 口输出的低 8 位地址锁存起来。同时，ALE/$\overline{\text{PROG}}$ 输出 1/6 晶振频率的正脉冲，因此可作为外部时钟或者外部定时脉冲使用。

$\overline{\text{EA}}$/V_{PP}：引脚 31，外部存储器选择引脚。接高电平时，单片机在复位后从内部 ROM 的 0000H 开始执行；接低电平时，复位后直接从外部 ROM 的 0000H 开始执行。

(4) 并行 I/O 引脚(32 个)。

P0 口：引脚 39～32，一般 I/O 口引脚或数据/低位地址总线复用引脚。

P1 口：引脚 1～8，一般 I/O 口引脚。

P2 口：引脚 21～28，一般 I/O 口引脚或高位地址总线引脚。

P3 口：引脚 10～17，一般 I/O 口引脚或第二功能引脚。

2. 电源电路

8051 单片机使用+5 V 电源，可以通过多种方式给单片机供电。

(1) 使用电源适配器。在市场上购买一个额定电压 5 V、额定电源大于 500 mA 的电源适配器，购买一个直流插座，将+5 V 输出接单片机的 40 脚，GND 接 20 脚即可对单片机供电。

(2) 使用 USB 线供电。A 型 USB 接头如图 1-2 所示，接头定义如表 1-1 所示。

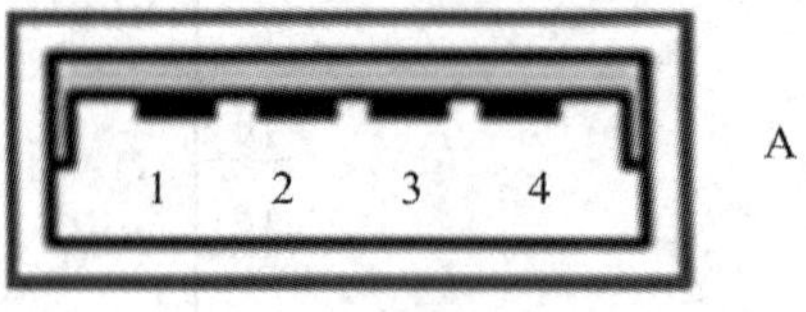

图 1-2　A 型 USB 接头

表 1-1　A 型 USB 接头定义

引　脚	名　称	描　述	颜　色
1	V_{CC}	电源	红色
2	D-	数据线-	白色
3	D+	数据线+	绿色
4	GND	地	黑色

将 USB 线的一端接 USB 充电器，另一端剪断，将红色线(V_{CC})串接一个二极管 4007(防止电流反灌烧毁 USB 接口)后接单片机的 40 脚，黑色线(GND)接 20 脚即可对单片机供电。

(3) 自己制作单片机供电电源。使用三端稳压器件 7805 制作单片机供电电源，电路参考图 1-3。

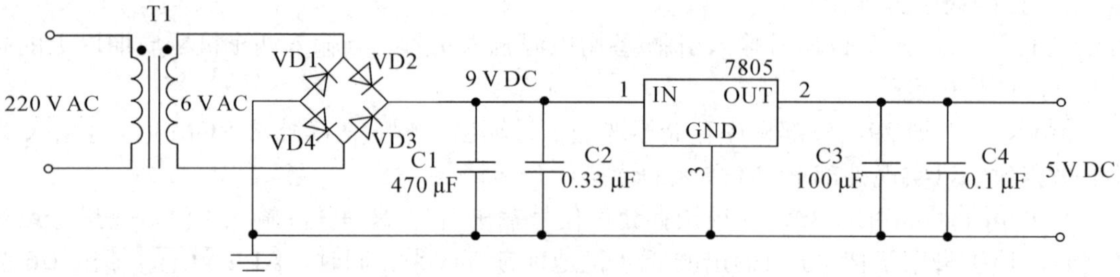

图 1-3　78 系列三端稳压器供电电路

在实际使用时，可以根据电路的具体情况来选择合适的电源方案，保证单片机能够正常工作。推荐使用 USB 线供电，因为随着智能手机的普及，USB 充电器随处可见，使用 USB 线非常方便。

3. 时钟电路

时钟电路用于产生单片机工作所需的时钟控制信号，其性能影响单片机系统的稳定性。时钟频率影响单片机运行速度。常用时钟电路有两种：内部时钟电路和外部时钟电路。

XTAL1(引脚 19)、XTAL2(引脚 18)内部有一个片内振荡器，但仍然需要在 XTAL1 和 XTAL2 之间连接一个晶振 Y1，并加上两个容量 20～40 pF 的电容 C1、C2 组成时钟电路，如图 1-4(a)所示。晶振的频率决定了该系统的时钟频率，比如晶振频率选择 12 MHz，单片机工作的频率就是 12 MHz。根据系统对速度的要求，晶振的频率范围一般为 1.2～12 MHz，通常使用 12 MHz 的晶振。

外部时钟电路常用于多单片机同时工作，其电路如图 1-4(b)所示。

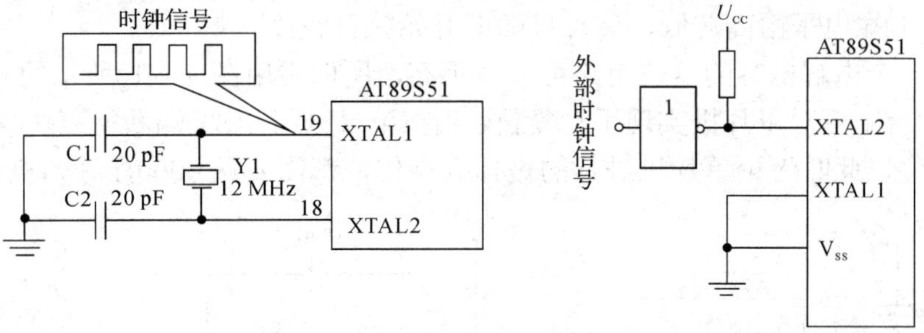

(a) 内部时钟电路　　　　(b) 外部时钟电路

图 1-4　AT89S51 单片机的时钟电路

单片机工作时所涉及的周期概念有四个，分别是振荡周期、时钟周期、机器周期和指令周期，其关系如图 1-5 所示。

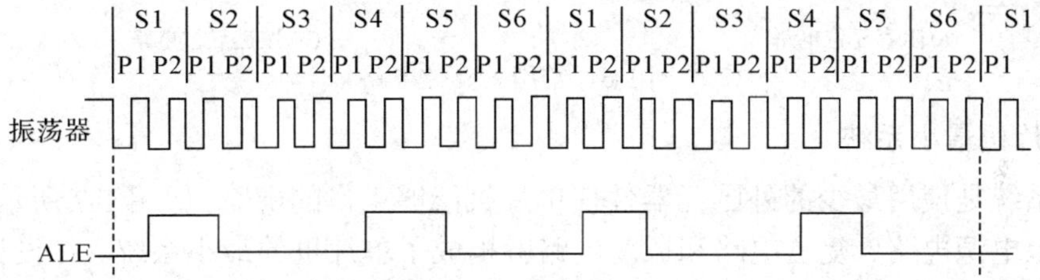

图 1-5　AT89S51 的时钟周期、振荡周期、机器周期和指令周期

(1) 振荡周期。振荡周期是单片机的基本时间单位。主频为 f_{osc}，则振荡周期是主频的倒数。如 12 MHz 晶振的时钟周期就是 $\dfrac{1}{12\ \text{MHz}}=\dfrac{1}{12}\ \mu\text{s}$ 。

(2) 时钟周期。时钟周期为振荡周期的 2 倍。可分为两个节拍，即 P1 和 P2，每拍为一个振荡周期。

(3) 机器周期。6 个时钟周期即 12 个振荡周期组成一个机器周期，所以 12MHz 晶振的时钟周期就是 $12\times\dfrac{1}{12\ \text{MHz}}=1\ \mu\text{s}$ 。

(4) 指令周期。指令周期指单片机执行一条指令所需要的时间，一般由若干个(1、2、4 个)机器周期组成。

通常，单片机使用的晶振是 12 MHz，其机器周期为 1 μs，这个时间关系到定时器/计数器的定时时间，需要记住。

4. 复位电路

AT89S51 单片机的 RST(引脚 9)是复位端。当向 RST 端输入一个持续两个机器周期的高电平时就可使单片机复位。复位后，单片机从 0000H 开始执行程序。如果在单片机执行程序的过程中触发复位，则单片机立即放弃当前操作而被强行从头开始执行程序。

最简单的复位电路就是在 RST 端与电源端之间连接一个 10 μF 的电解电容，如图 1-6(a)所示。单片机上电瞬间，电容 C3 的正极电压瞬间变为+5 V，C3 对于这个瞬间的电压突变相当于电路短路(隔直通交)，于是+5 V(高电平)相当于直接加到了单片机的 RST 端。正是这个加在 RST 端的瞬间高电平使单片机复位。很快，电容 C3 充满电，在电路中相当于断路，于是RST端电平由高转低，单片机随即开始执行程序。

只使用一个电解电容的复位电路可靠性不高，所以常用图1-6(b)所示的复位电路。其中，按钮开关S1可对单片机实现手动复位，当按下S1时，RST端获得复位信号(高电平)，使单片机复位，此时无论单片机进行的是什么操作，都需要从0000H开始执行程序。

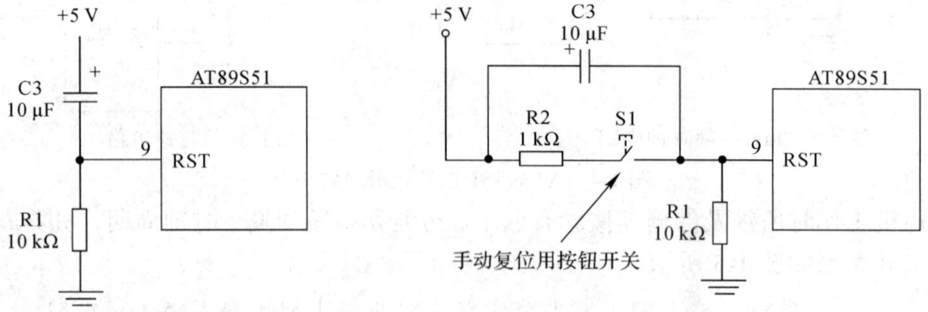

(a) 阻容复位电路　　(b) 按键复位电路

图1-6　常用的复位电路

5. 单片机最小系统

最小系统是使用最少的外围元器件使单片机能够工作的电路。如图1-7所示，AT89C51单片机加上电源电路、复位电路和振荡电路就构成了单片机的最小系统。在设计实际电路时，单片机的V_{CC}(40脚)接+5 V、GND(20脚)接地以获得工作电源，单片机的31引脚($\overline{EA}$)也接到了+5 V上，这是因为目前多数单片机自带程序存储器，一般不需要扩展程序存储器，若直接使用内部自带的程序存储器，就要将此引脚接高电平。

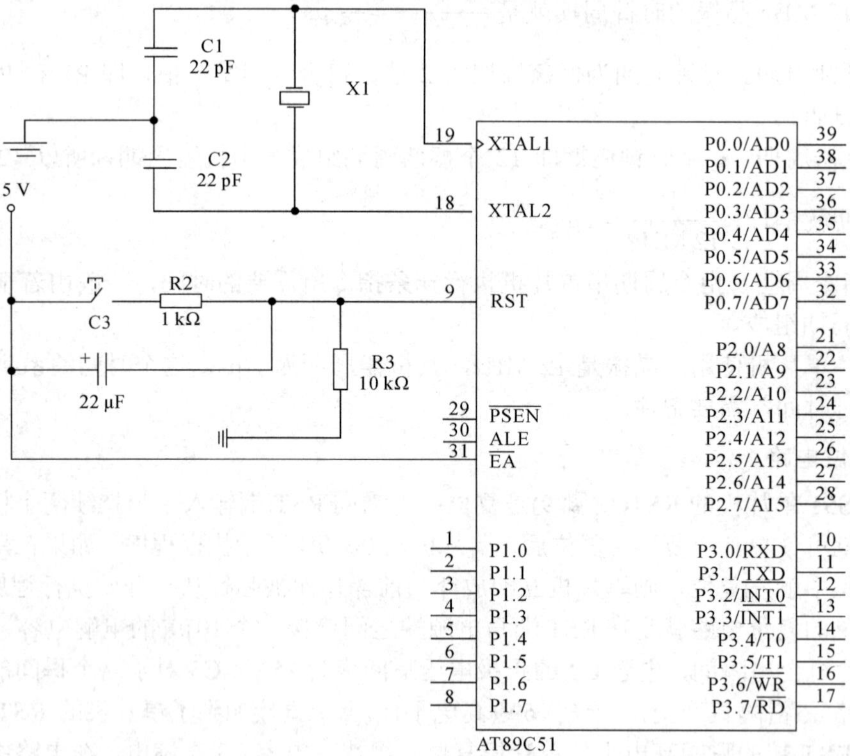

图1-7　单片机最小系统

➢ 动手做一做

做一个时钟电路，用示波器观察其频率和波形，讨论该时钟电路是否可用于单片机芯片。

任务二　了解计算机中的数制和编码

一、十进制数、二进制数和十六进制数

1. 十进制数

生活中的数采用的是十进制数，譬如我国在 2010 年举办了上海世博会，班上有 45 个人，购买裤子花费 368 元等，那么在这些数字的背后隐藏着什么呢？2010、45、368 这些数字给我们提供了两个信息：数码和数位。2010 由三个数码 0、1、2 构成，45 由两个数码 4、5 构成，368 由三个数码 3、6、8 构成，而且这些数码的位置不一样，那么它们所代表的大小也不一样，如图 1-8 所示。

二进制数和十进制数

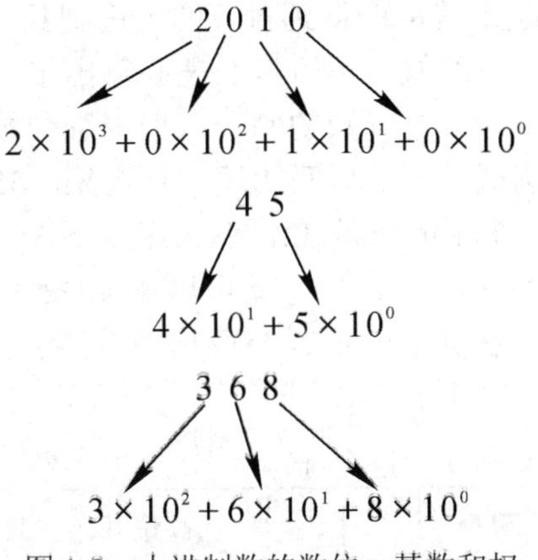

图 1-8　十进制数的数位、基数和权

图 1-8 中，10 就是基数，而 10^3、10^2、10^1、10^0 即 1000、100、10、1 就是权。所谓权，就是在这个数中占的数值大小。同一个数码放在不同的位置上就代表了不同的数值，如 555 中，三个 5 的权分别为 100、10、1，那么第一个 5 代表的数值就是 5×100，第二个 5 代表的数值是 5×10，第三个 5 代表的数值是 5×1。采用这种方法，我们就可以用有限的数码来表示无限的数据了。

总结一下，十进制采用了 0、1、2、3、4、5、6、7、8、9 共 10 个数码，基数是 10，权是 10^n，进行运算时采用逢十进一。

2. 二进制数及二—十进制数转换

二进制数有两个数码：0 和 1，基数是 2，进行运算时是逢二进一。比如二进制数 10110，它的每一位都有权，而且权是 2 的幂，即 $10110=1\times2^4+0\times2^3+1\times2^2+1\times2^1+0\times2^0$。若

把这些数字相加计算，就会得到一个十进制数 22，这样就把一个二进制数转换为十进制数了。

二进制数转换为十进制数通常采用加权法，就是上面说的例子。十进制数转换为二进制数则分为整数部分和小数部分分别转换，整数部分采用除 2 取余法，小数部分采用乘 2 取整法，然后列竖式来求解。一般来说，数字电路和单片机中使用的数字都是整数，而且只需要我们快速计算出这个数据即可，若按照除 2 取余法来求解，则太费时间，这里介绍一种“8421”法，可以快速求解 255 以内的数据。这个方法就是利用权，一个 4 位二进制数每一位的权恰好是 8421，图 1-9 列出了 8 位二进制数的权。

128	64	32	18	8	4	2	1

图 1-9　8 位二进制数每一位的权

接下来举例说明“8421”法的使用。先看将二进制数转换为十进制数的例子，如 10110，把它的每一位的权都标出来，如图 1-10 所示。

16	8	4	2	1
1	0	1	1	0

图 1-10　二进制数转换为十进制数

把数值是 1 的位的权加起来就可以得到对应的十进制数，即 16+4+2=22。这种方法比列式法快得多，熟悉了每一位的权之后可以快速心算出结果为 22。

接下来介绍十进制数转换为二进制数的例子，把十进制数 55 转换为二进制数。开始运算之前先把图 1-9 画在草稿纸上，然后开始填 1，首先，55 在 64 和 32 之间，所以 64 处不能是 1，在 32 处写 1，这个 1 的权是 32，那么还剩下 55－32=23，比 16 大，在 16 的位置上写 1，这时候还剩下 23－16=7，接着就可以在 4、2 和 1 的位置上分别写一个 1，32+16+4+2+1 恰好等于 55，在其他的位置上写 0，将得到二进制数 110111。整个过程如图 1-11 所示。

	64	32	16	8	4	2	1	
第一步		1						从高位开始，32 处写 1，则剩余 55－32＝23
第二步		1	1					16处写1，则剩余23－16＝7
第三步		1	1		1	1	1	在4、2、1 处分别写 1，因为 7＝4＋2＋1
第四步		1	1	0	1	1	1	在空闲处写 0 便得到结果 110111

图 1-11　十进制数转换为二进制数

采用这种方法可以快速地实现二进制数和十进制数的相互转换，只需要练习十进制数 255 以内的数据和二进制数之间的相互转换就可以了。对于二进制数来说，只要能将 8 位以内的二进制数转换为十进制数就可以了。

3. 十六进制数及其与二进制数的转换

二进制数的数据位数多，写和读都不方便，但是在计算机中必须使用二进制数。为了方便使用二进制数，而且能够与二进制数进行直观的转换，人们提出了十六进制。十六进制数有十六个数码：0、1、2、3、4、5、6、7、8、9、A、B、C、D、E、F，基数是16，运算时逢十六进一。

十六进制数来历及进制转换

十六进制数和二进制数相互转换非常简单，4位二进制数对应于1位十六进制数，这样就可以把冗长的二进制数转换为十六进制数。转换规则如下：

二进制数转换为十六进制数：4位一组，分别转换。

十六进制数转换为二进制数：1位转换为4位，原序排列。

在学习二进制数和十六进制数转换之前，先看表1-2。

表1-2　十进制数、二进制数、十六进制数的对应关系

十进制数	二进制数	十六进制数	十进制数	二进制数	十六进制数
0	0000	0	8	1000	8
1	0001	1	9	1001	9
2	0010	2	10	1010	A
3	0011	3	11	1011	B
4	0100	4	12	1100	C
5	0101	5	13	1101	D
6	0110	6	14	1110	E
7	0111	7	15	1111	F

只要对照这个表格，就可以很轻松地进行二进制数和十六进制数的转换了。下面用具体的例子来说明。

【例1-1】 把二进制数10110110转换为十六进制数。

首先把二进制数分组，然后分别写出对应的十六进制数，即

1011　　0110

B　　　6

则二进制数10110110转换为十六进制数就是B6。更多的位数也采用一样的转换方式。

【例1-2】 把二进制数1110110001110010转换为十六进制数。

把二进制数分组：

1110 1100 0111 0010

E　　C　　7　　2

转换的结果为十六进制数EC72。

十六进制数转换为二进制数则反过来，直接1位变为4位就可以了。

【例1-3】 把十六进制数A157 转换为二进制数。

把每一位十六进制数分别转换为二进制数：

A　　1　　5　　7

1010　0001　0101　0111

转换后的结果就是1010000101010111。

因为十六进制数和二进制数的相互转换不需要进行计算，只是简单替换即可，所以在很多场合下经常用十六进制数来代替二进制数。在学习单片机课程的时候，经常使用十六进制数，所以必须熟练掌握十六进制数和二进制数的相互转换。针对表 1-2，建议就用 8421 法来记忆，只有 0～F 共 16 个数，即使记不住，临时计算也很快。

二进制数和十六进制数能够相互转换，那么十进制数和十六进制数的相互转换怎么做呢？十进制数和十六进制数可以直接用加权法相互转换，十六进制数每一位的权是 1、16、256、4096…，数据运算量比较大，所以能够简单进行 2 位的十六进制数和十进制数的相互转换即可，非常大的数值可以用计算器计算。

二、编码

计算机中除了处理数值之外，还要处理大量图形、图像、声音、文字、色彩等非数值类型的数据，而这些数据也要用二进制数来表达。如何用二进制数表达图形、图像、声音、文字、色彩呢？用的是编码。

何谓编码？编码是信息从一种形式(格式)转换为另一种形式的过程。在计算机中，把图形、图像、声音、文字、色彩等用二进制数表达的过程称为编码。这里只讲解两种单片机编程里会用到的编码：BCD 码和 ASCII 码。

编码

1. BCD 码

BCD(Binary-Coded Decimal)码亦称二进码十进数或二—十进制代码，是一种二进制的数字编码形式。BCD 码用 4 位二进制数来表示 1 位十进制数中的 0～9 这 10 个数码。BCD 码这种编码形式利用了四个位元来储存一个十进制的数码，使二进制数和十进制数之间的转换得以快捷地进行。

BCD 码可分为有权码和无权码两类：有权 BCD 码有 8421 码、5421 码、2421 码，其中 8421 码是最常用的；无权 BCD 码有余 3 码、余 3 循环码等。

1) 8421BCD 码

8421BCD 码是最基本和最常用的 BCD 码，它和 4 位自然二进制代码相似，各位的权值为 8、4、2、1，故称为有权 BCD 码。和 4 位自然二进制代码不同的是，它只选用了 4 位二进制码中前 10 组代码，即用 0000～1001 分别代表它所对应的十进制数，余下的 6 组代码不用。

2) 5421BCD 码和 2421BCD 码

5421BCD 码和 2421BCD 码为有权 BCD 码，它们从高位到低位的权值分别为 5、4、2、1 和 2、4、2、1。这两种有权 BCD 码中，有的十进制数存在两种加权方法，例如，5421BCD 码中的数 5，既可以用 1000 表示，也可以用 0101 表示；2421BCD 码中的数 6，既可以用 1100 表示，也可以用 0110 表示。这说明 5421BCD 码和 2421BCD 码的编码方案都不是唯一的，表 1-3 只列出了一种编码方案。

3) 余 3 码

余 3 码是 8421BCD 码的每个码组加 3(0011)形成的，常用于 BCD 码的运算电路中。常用的 BCD 码见表 1-3。

表 1-3　常用 BCD 码

十进制数	8421 码	5421 码	2421 码	余 3 码	余 3 循环码
0	0000	0000	0000	0011	0010
1	0001	0001	0001	0100	0110
2	0010	0010	0010	0101	0111
3	0011	0011	0011	0110	0101
4	0100	0100	0100	0111	0100
5	0101	1000	1011	1000	1100
6	0110	1001	1100	1001	1101
7	0111	1010	1101	1010	1111
8	1000	1011	1110	1011	1110
9	1001	1100	1111	1100	1010

2. ASCII 码

ASCII 码(美国标准信息交换码)适用于所有的拉丁文字母，被国际标准化组织(ISO)批准为国际标准，称为 ISO/IEC 10646 标准。我国相应的国家标准是 GB/T 1988—1998《信息技术　信息交换用七位编码字符集》。ASCII 码规定了信息交换用的 128 个字符。每个字符使用七位二进制数来表示所有的大写和小写字母、数字 0～9、标点符号以及在美式英语中使用的特殊控制字符。表 1-4 是七位的 ASCII 码表。

表 1-4　七位的 ASCII 码表

	列	0	1	2	3	4	5	6	7
行	位 654 3210	000	001	010	011	100	101	110	111
0	0000	NUL	DLE	SP	0	@	P	`	P
1	0001	SOH	DC1	!	1	A	Q	a	Q
2	0010	STX	DC2	"	2	B	R	b	R
3	0011	ETX	DC3	#	3	C	S	c	S
4	0100	EOT	DC4	$	4	D	T	d	T
5	0101	ENQ	NAK	%	5	E	U	e	u
6	0110	ACK	SYN	&	6	F	V	f	v
7	0111	BEL	ETB	,	7	G	W	g	w
8	1000	BS	CAN	(	8	H	X	h	x
9	1001	HT	EM	)	9	I	Y	i	y
A	1010	LF	SUB	*	:	J	Z	j	z
B	1011	VT	ESC	+	;	K	[	k	{
C	1100	FF	FS	,	<	L	\	l	|
D	1101	CR	GS	−	=	M	]	m	}
E	1110	SO	RS	.	>	N	↑	n	～
F	1111	SI	US	/	?	O	←	o	DEL

任务三　单片机仿真工具 Proteus 的使用

单片机的程序设计需要硬件和软件联合调试，首先设计硬件电路，然后根据硬件电路编写程序实现需要的功能。

Proteus 使用

一、Proteus 简介

Proteus 软件是 Lab Center Electronics 公司推出的 EDA 工具软件。它不仅具有其他 EDA 工具软件的仿真功能，还能仿真单片机及外围器件。它是目前应用较广的仿真单片机及外围器件的工具。

Proteus 可完成原理图布图、代码调试和单片机与外围电路协同仿真，并可一键切换到 PCB 设计，真正实现了从概念到产品的完整设计。它是目前世界上唯一将电路仿真软件、PCB 设计软件和虚拟模型仿真软件三合一的设计平台，其处理器模型支持 8051、HC11、AVR、ARM、8086、PIC10/12/16/18/24/30/dsPIC33 和 MSP430 等，2010 年又增加了 Cortex 和 DSP 系列处理器，并持续增加其他系列处理器模型。在编译方面，Proteus 支持 IAR、Keil 和 MPLAB 等多种编译器。

Proteus 的问世，改变了单片机的学习方法，以及单片机应用产品的研发过程。本书所有的项目均在 Proteus v7.8 下仿真实现。

二、Proteus 使用

开发单片机前，首先要设计硬件电路图。下面介绍使用 Proteus ISIS 软件搭建电路图的步骤。

(1) 启动 Proteus ISIS。双击桌面上的 ISIS 7 Professional 图标或者单击屏幕左下方的“开始”→“程序”→“Proteus 7 Professional”→“ISIS 7 Professional”，进入 Proteus ISIS 集成环境，如图 1-12 所示。

图 1-12　ISIS 启动菜单及图标

(2) 工作界面介绍。Proteus ISIS 的工作界面是标准的 Windows 界面，如图 1-13 所示，包括标题栏、主菜单、标准工具栏、绘图工具栏、状态栏、对象选择按钮、预览对象方位控制按钮、仿真进程控制按钮、预览窗口、对象选择器窗口、图形编辑窗口。

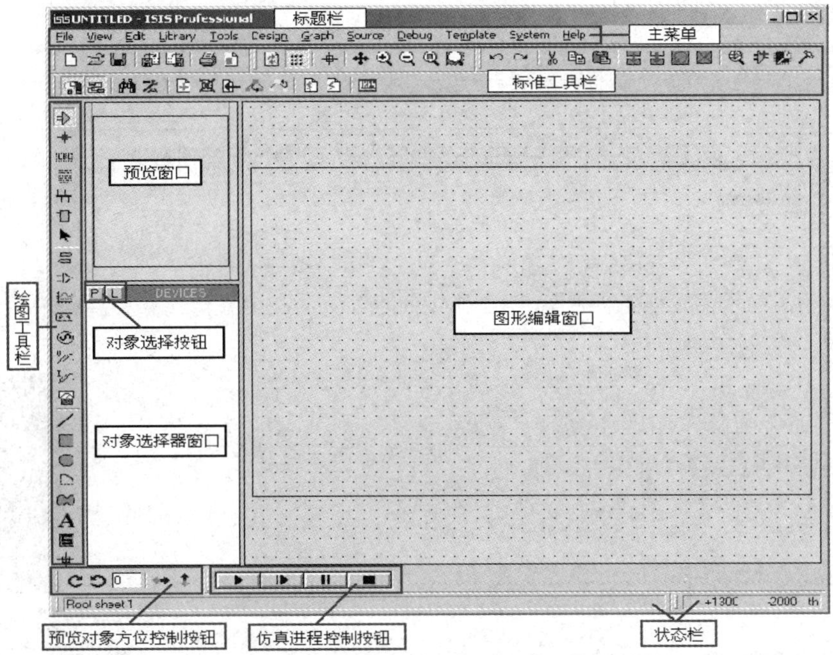

图 1-13 Proteus ISIS 的工作界面

(3) 加载元件。点击“P”图标，打开元件筛选窗口，如图 1-14 所示。

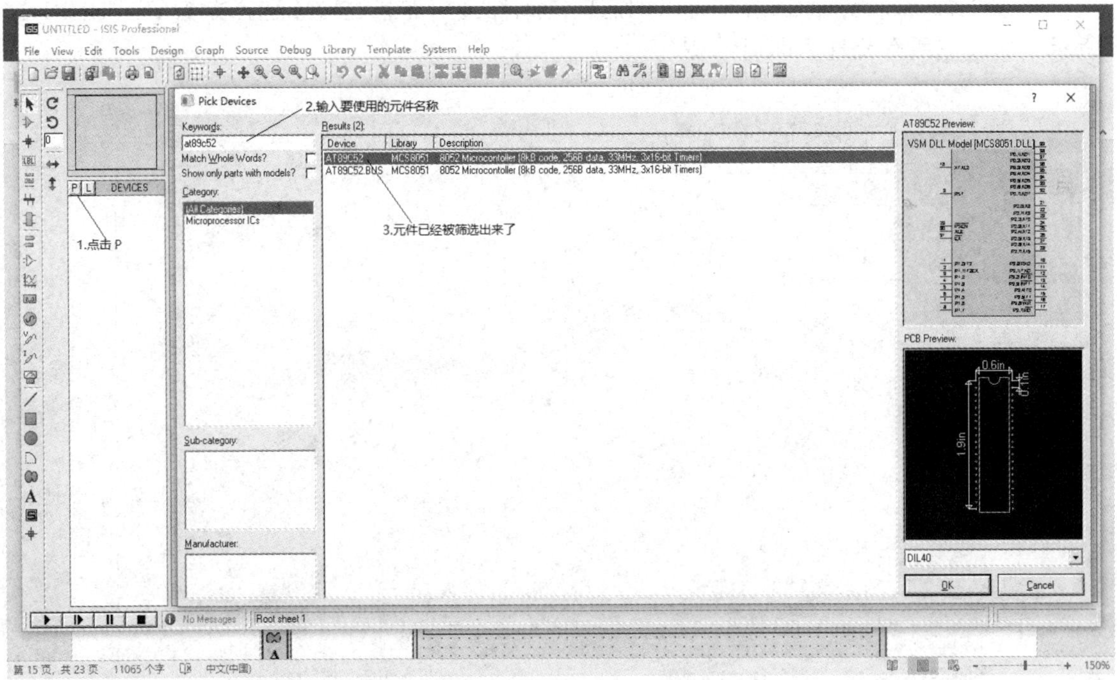

图 1-14 筛选元件

首先获取单片机芯片。在“Keywords”栏中输入“at89c52”，筛选出元件库中符合条件的元件。这时，在“AT89C52”的名称上双击，元件会被加载进对象选择器窗口，如图 1-15 所示。

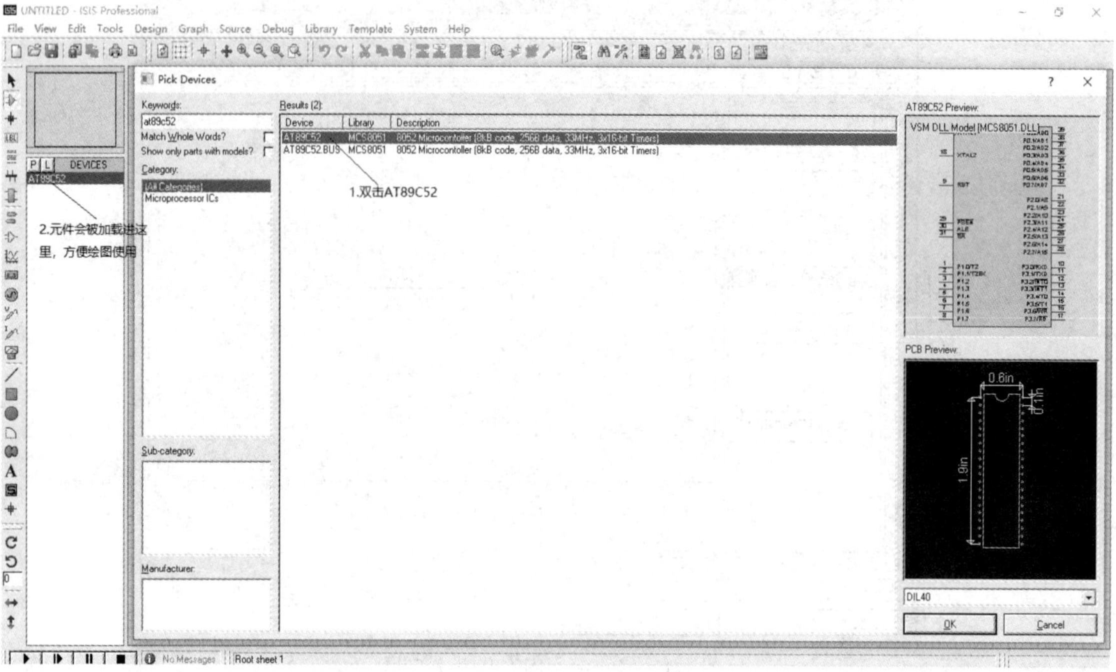

图 1-15　加载元件

修改“Keywords”的内容，可以把需要的元件全部加载进对象选择器窗口，如图 1-16 所示。加载完所有元件后即可绘图。

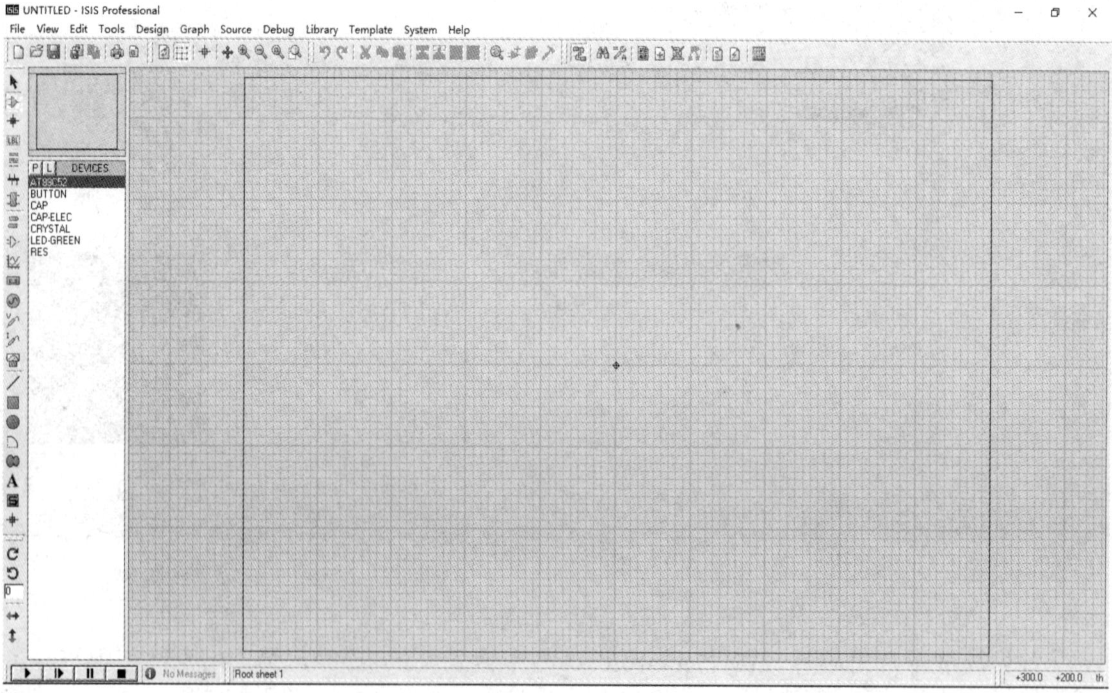

图 1-16　加载所有元件

(4) 放置元件。在对象选择器窗口中选择“AT89C52”，在图形编辑窗口中单击鼠标左键，弹出一个“AT89C52”虚框，如图 1-17 所示。移动鼠标到合适的位置，再次单击鼠标左键，即可放置该元件，如图 1-18 所示。

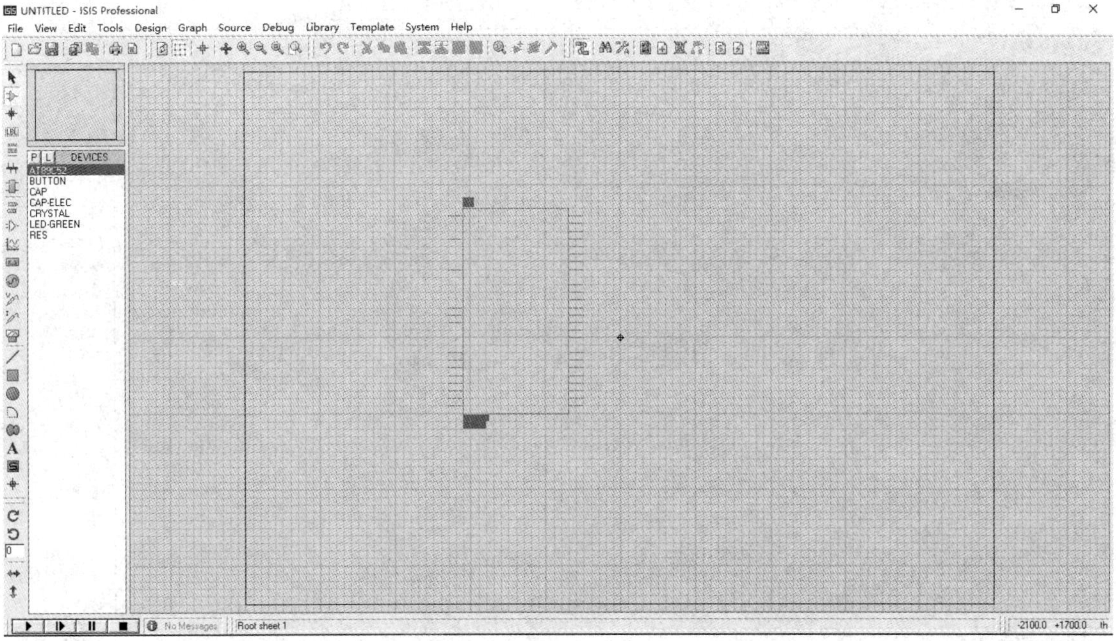

图 1-17　选择元件

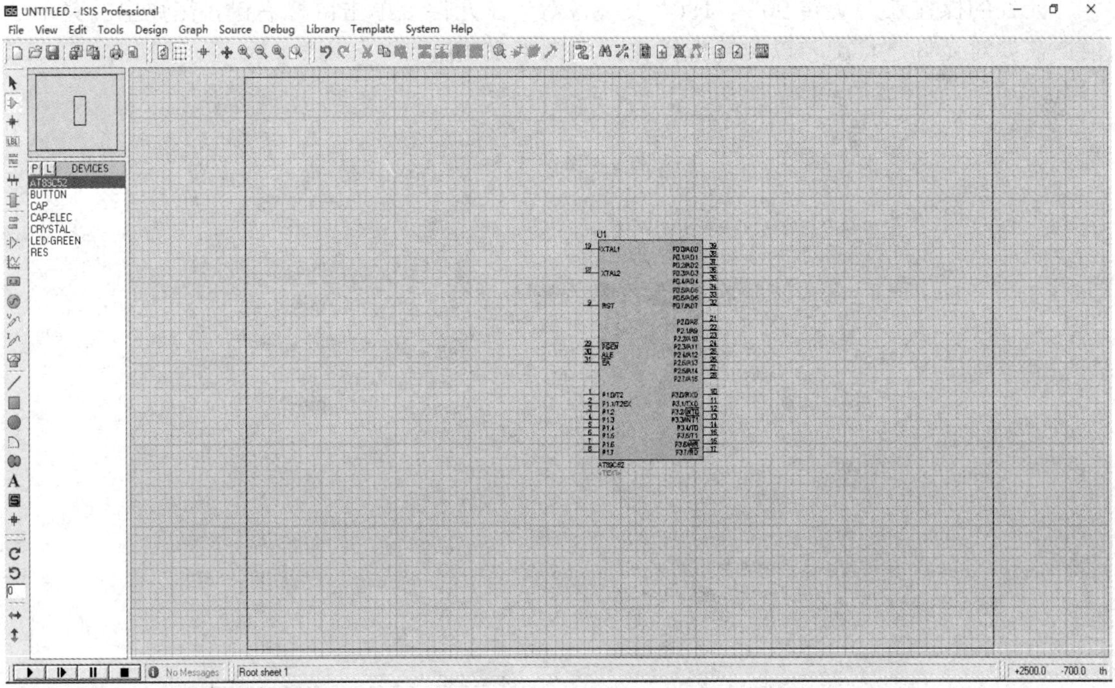

图 1-18　放置元件

(5) 元件的移动和旋转。Proteus 可以对元件进行拖动。拖动元件时，首先在元件上单击鼠标左键，选中该元件；然后把鼠标放到元件上，按住鼠标左键不放，移动鼠标拖动元件到新位置，松开鼠标，元件即被拖到新位置，如图 1-19 所示。

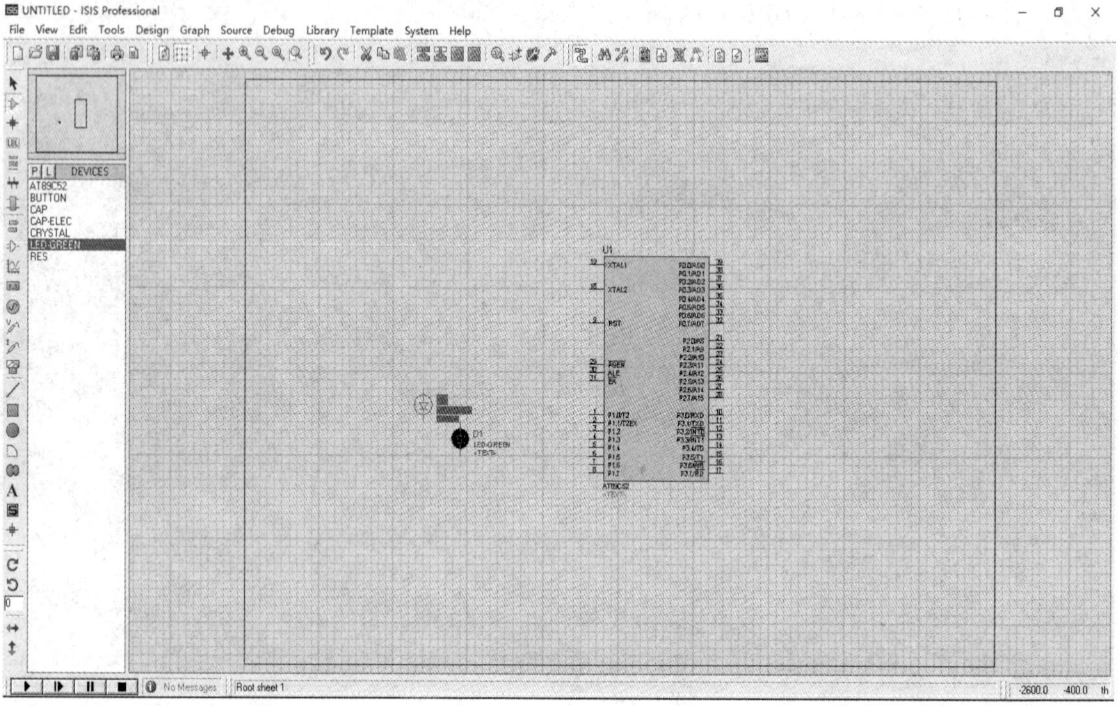

图 1-19　拖动元件

元件的操作还有旋转 90°、180° 及镜像等，在元件上单击鼠标右键，在弹出的菜单中根据需要对元件进行旋转以及镜像操作，如图 1-20 所示。

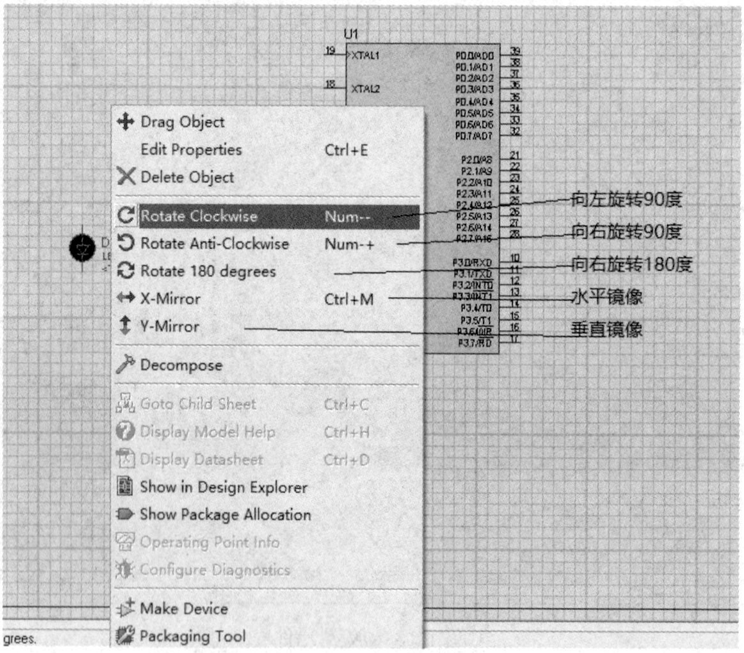

图 1-20　元件的旋转和镜像操作

(6) 放置电源。电源和地线在绘图工具栏中，首先选择工具，然后在工具中选择“POWER”，在绘图窗口中放置电源，其中“GROUND”是地线，如图 1-21 所示。

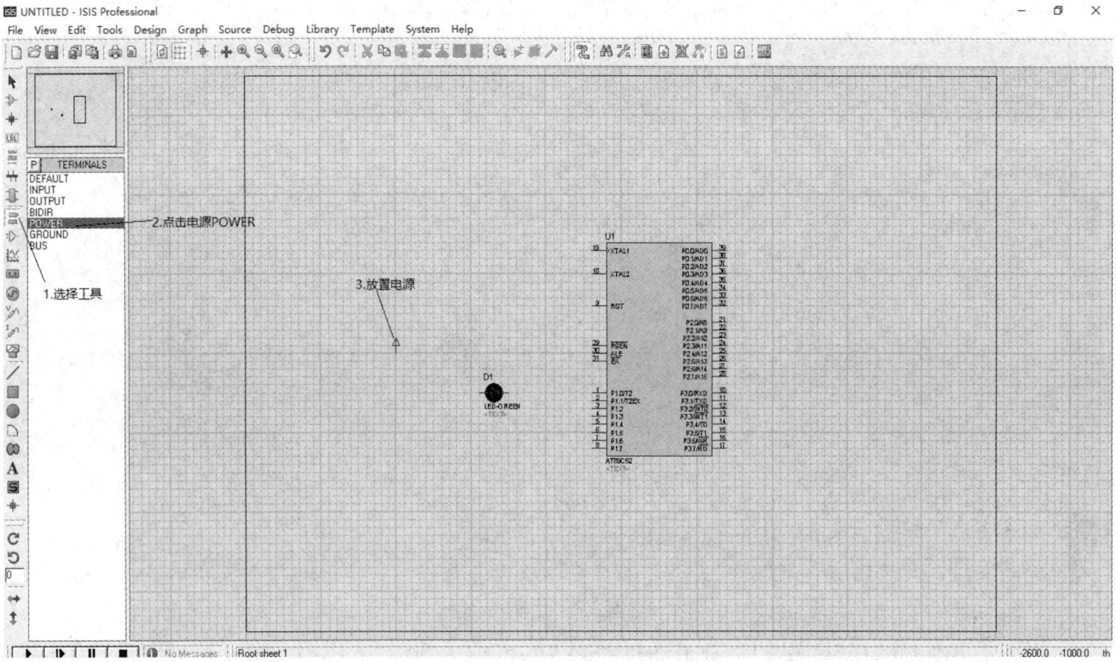

图 1-21　放置电源

在电源上双击鼠标左键，可以设置“POWER”的属性，在“String”框中输入“+5 V”，指定电源的电压为“+5 V”，如图 1-22 所示。

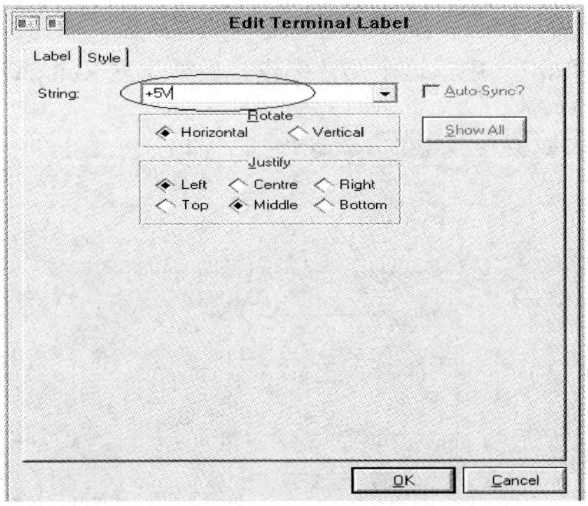

图 1-22　设置电源电压

(7) 连线。Proteus 可在画线时进行自动检测，当鼠标指针靠近一个对象的连接点 1 时，跟着鼠标的指针就会出现一个红色的虚框，用鼠标左键点击元器件的连接点 1，导线便连接到该点，移动鼠标(不用一直按着左键)就出现绿色连接线，当鼠标靠近另一个连接点 2 时，同样会出现一个红色虚框，这时单击鼠标左键，则画出了连接点 1 和连接点 2 之间的导线。绘制完成的效果如图 1-23 所示。

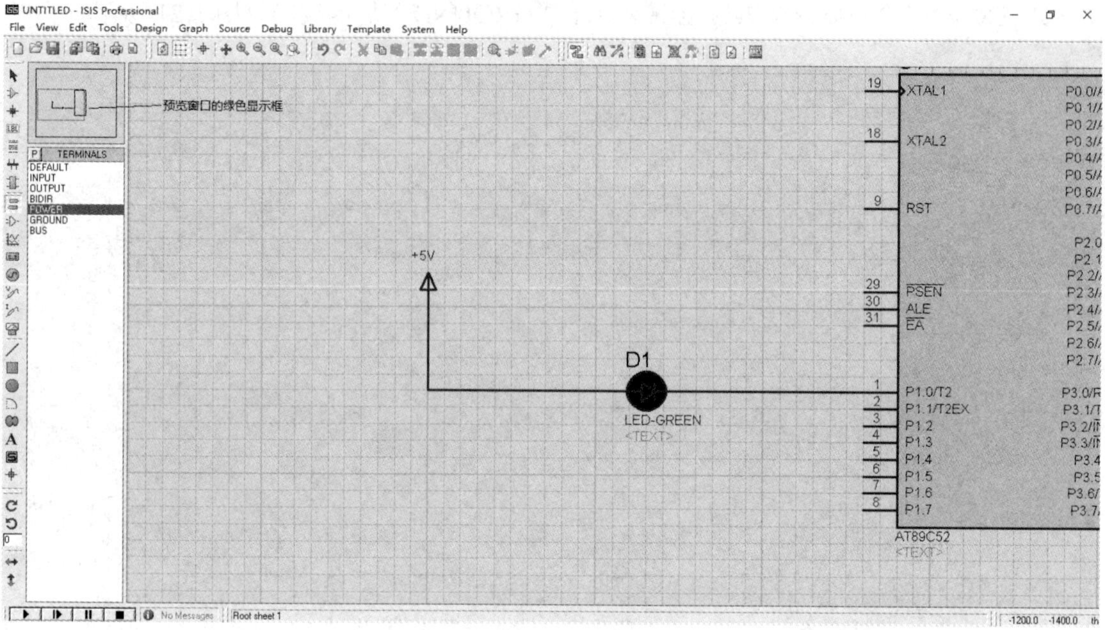

图 1-23　绘制导线

(8) 放大和缩小绘图窗口。绘图窗口可以放大或者缩小，以方便绘图。按住 Ctrl 键，滚动鼠标滚轮即可放大和缩小绘图窗口。当绘图窗口被放大后，预览窗口会出现一个绿色的方框，该方框指示出绘图窗口显示的位置，用鼠标左键拖动该绿色方框可以改变绘图窗口显示的内容。绿色窗口标注在图 1-23 中。

(9) 绘制整个电路图。按照操作步骤绘制完整的电路图，如图 1-24 所示，并把该仿真电路图保存在文件夹“xm1”中，这个文件夹也是后续建立 Keil μVision 项目的文件夹。

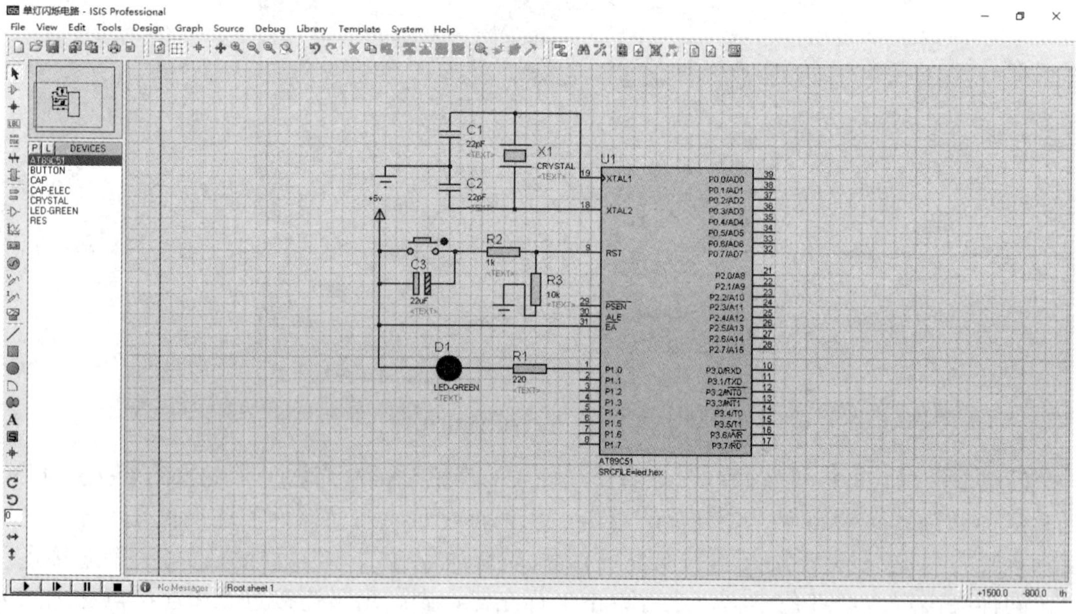

图 1-24　绘制完整的电路图

(10) 加载 HEX 文件。在这一步需要使用 Keil μVision4 项目生成的 HEX 文件。关于 Keil μVision4 的使用见“任务四”。生成 HEX 文件后，在 AT89C52 芯片上双击鼠标左键，打开芯片设置窗口，如图 1-25 所示。

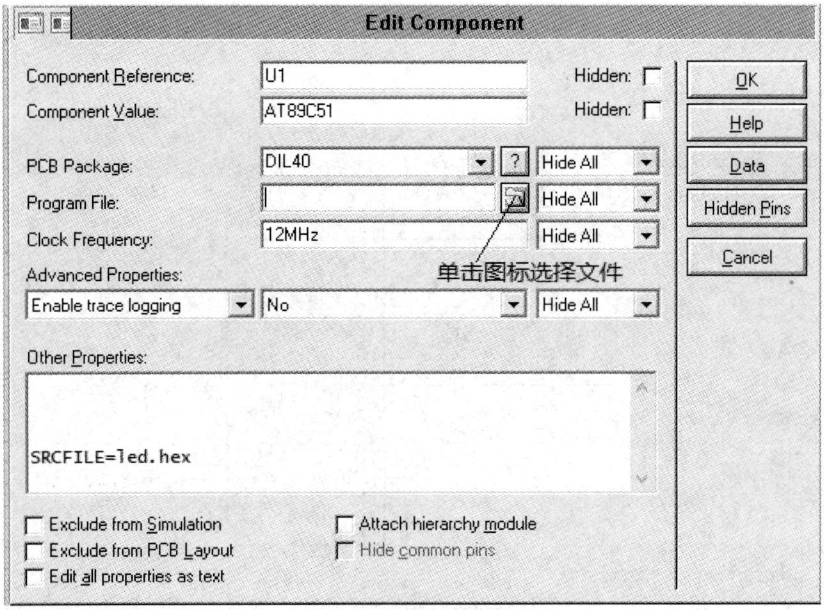

图 1-25　CPU 设置窗口

单击“Program File”后的图标，打开 HEX 文件选择窗口，选择 xm1.hex，单击“打开”按钮即可加载 HEX 文件到芯片中，如图 1-26 所示。单击“打开”按钮后会返回到图 1-25 所示的界面，单击“OK”按钮退出 CPU 设置窗口，回到图 1-24 所示的界面。

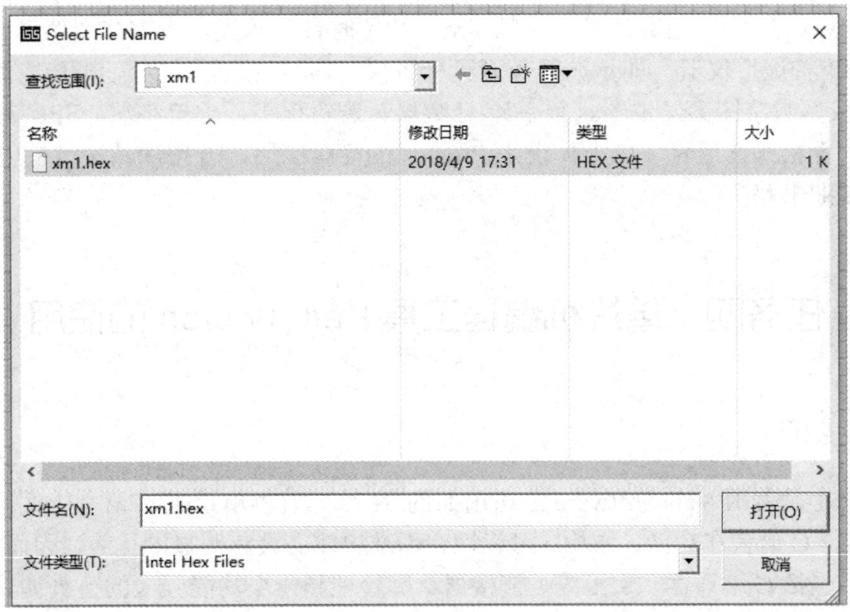

图 1-26　选择 HEX 文件

(11) 运行。单击 Proteus 左下角的“运行”按钮，整个电路开始运行，可以观察到运行结果，发光二极管开始闪烁，如图 1-27 所示。

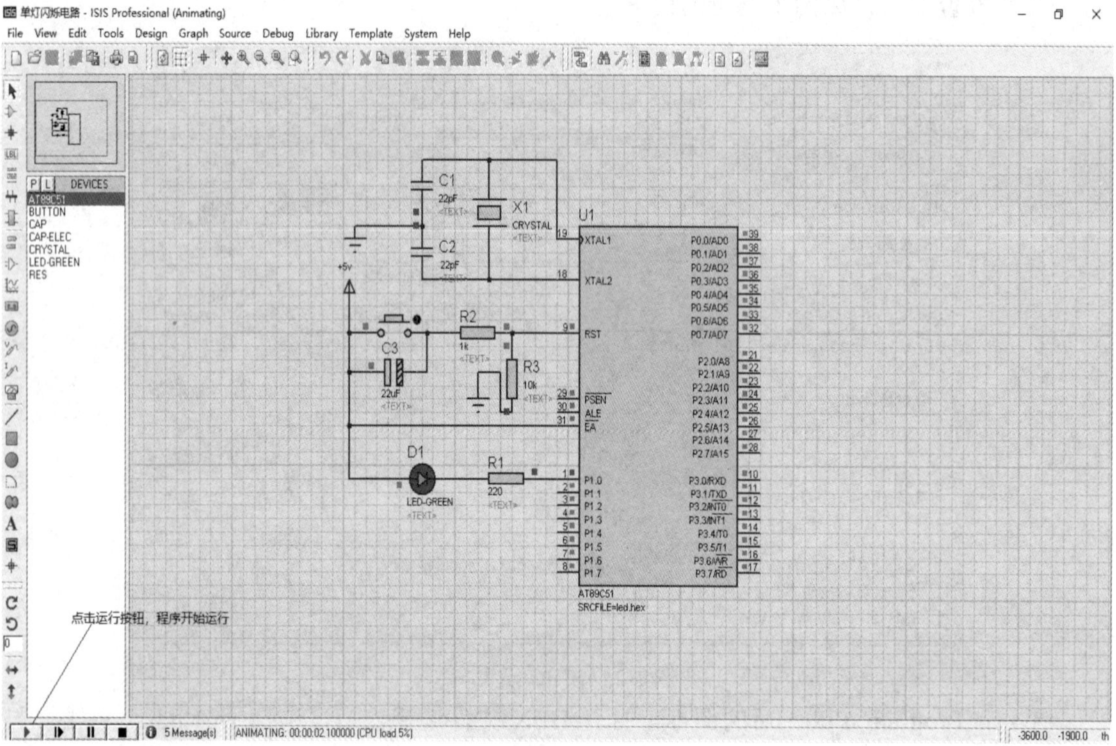

图 1-27　运行仿真

Proteus 的仿真功能强大，具有多种激励源，包括直流、正弦、脉冲、分段线性脉冲、音频(使用 wav 文件)、指数信号、单频 FM、数字时钟和码流，也支持文件形式的信号输入；还有 13 种虚拟仪器，如示波器、逻辑分析仪、信号发生器、直流电压/电流表、交流电压/电流表、数字图案发生器、频率计/计数器、逻辑探头、虚拟终端、SPI 调试器、I^2C 调试器等，面板操作逼真。以上仅仅是 Proteus 的简单应用，若想深入探讨使用 Proteus，可以参考专业书籍。

任务四　单片机编程工具 Keil μVision 的使用

一、Keil 简介

Keil C51 是美国 Keil Software 公司出品的 51 系列兼容单片机 C 语言软件开发系统，与汇编相比，C 语言在功能、结构、可读性、可维护性上具有明显的优势，因而易学易用。Keil 提供了包括 C 编译器、宏汇编、链接器、库管理和一个功能强大的仿真调试器等在内的完整开发方案，并通过一个集成开发环境(μVision)将这些部分组合在了一起。

二、Keil μVision4 的使用

在这里，以 51 单片机并结合 C 程序为例，描述工程项目的创建和使用方法。

(1) 新建一个文件夹并重新命名。Keil μVision4 采用项目的方式组织和管理各种文件，在进行 C 程序编译时会产生各种中间文件，所以在开始创建项目之前首先新建一个文件夹，用于存放项目文件。这里建立的文件夹为“xm1”。

Keil C51 使用

(2) 启动 Keil。启动 Keil μVision4，会出现图 1-28 所示的启动界面。

图 1-28　Keil μVision4 启动界面

(3) 单击“Project”→“New μVision Project”，新建一个项目，如图 1-29 所示。

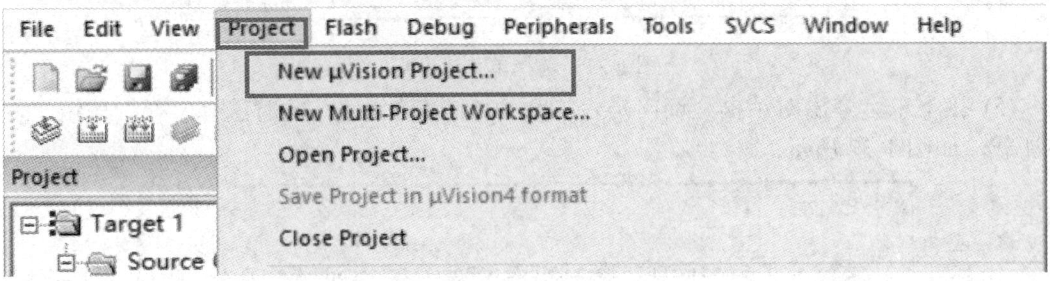

图 1-29　新建项目

进入项目目录，输入项目名称并保存。此处使用的项目目录为“任务三”中 Proteus 仿真文件保存的目录，如图 1-30 所示。

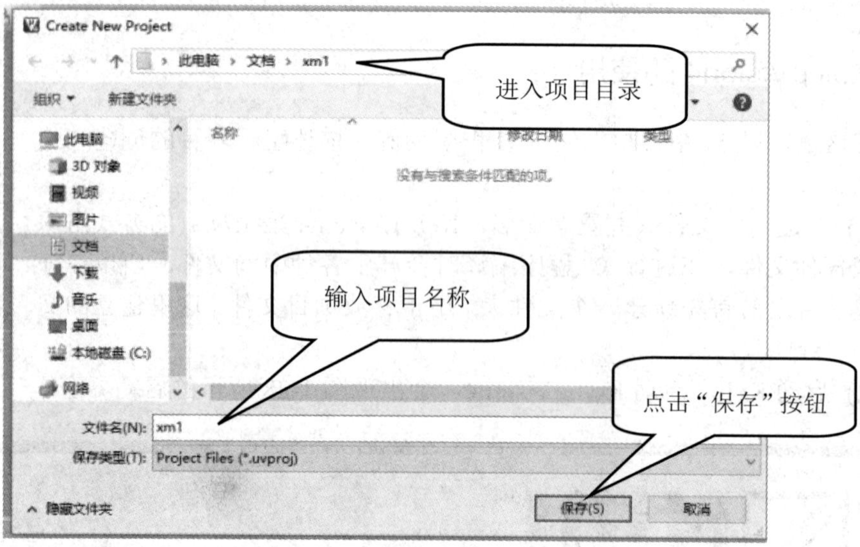

图 1-30　保存项目

(4) 在 CPU 选择框下选中“Atmel”下的 AT89C51 或 AT89C52，如图 1-31 所示。

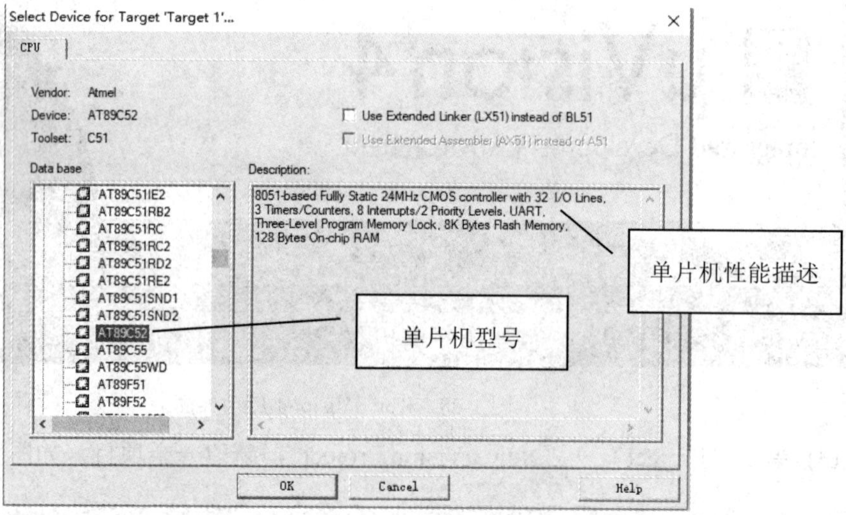

图 1-31　选择单片机型号

(5) 接下来会弹出对话框，询问是否加载 8051 启动代码，此时选择“否”按钮，表示不加载，如图 1-32 所示。

图 1-32　启动代码加载对话框

(6) 这时，左侧的 Project 窗口已经有了一个项目，如图 1-33 所示。

图 1-33　项目建立成功

(7) 建立项目后，接下来新建文件。单击菜单命令“File”→“New”建立新的文件，如图 1-34 所示。

图 1-34　建立新文件

(8) 保存文件。单击菜单命令“File”→“Save”，保存该空白文件为“xm1.c”，如图 1-35 所示。一定要输入后缀“.c”，表明这个文件是一个 C 语言程序。若写的是汇编程序，则后缀名为“.asm”。

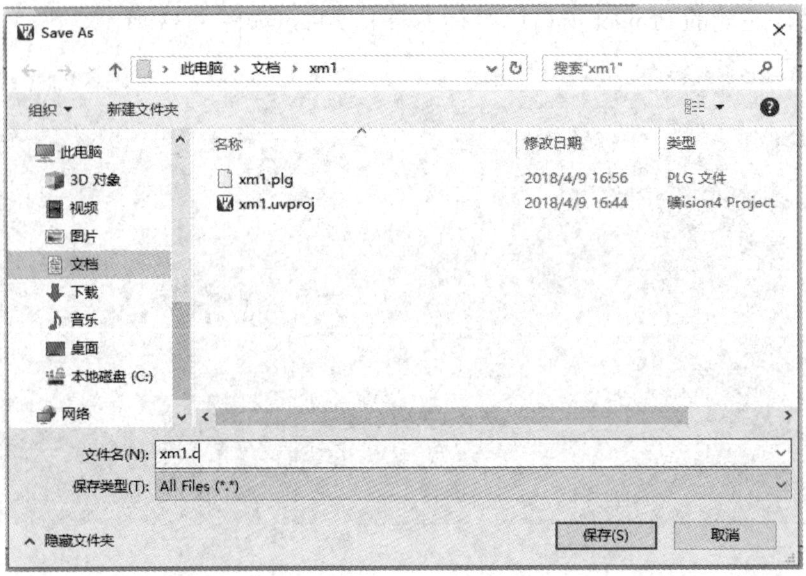

图 1-35　保存文件

(9) 把源程序文件加载到项目中。保存了源程序文件后，该文件并没有跟项目直接关联，需要手动把源程序文件关联到项目中。在“Source Group1”上单击右键，选择“Add Files to Group 'Source Group 1'...”，在弹出的对话框里选择“xm1.c”并单击“Add”，把 xm1.c 加载到项目中，如图 1-36 和图 1-37 所示。

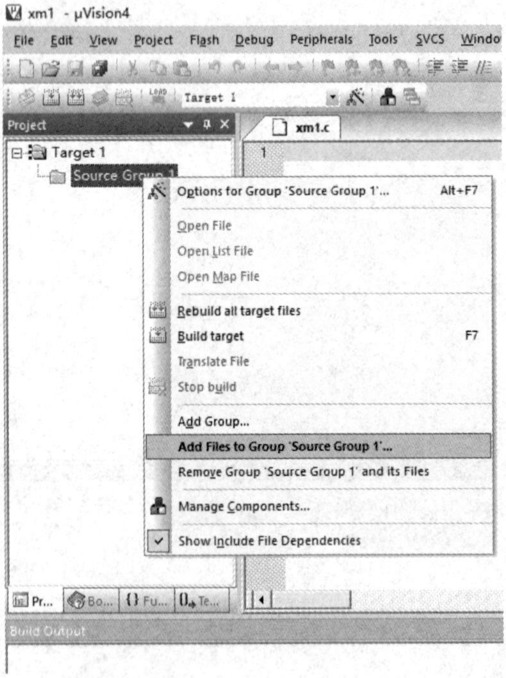

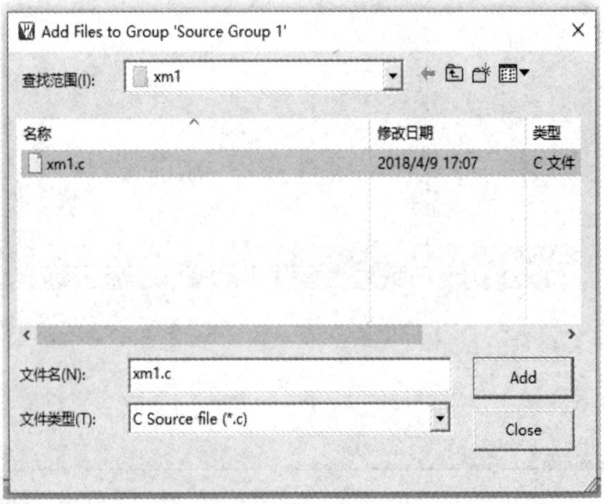

图 1-36　把源程序文件加载到项目中(一)　　　　图 1-37　把源程序文件加载到项目中(二)

注意：这一步非常重要，若没有把 .c 文件加载到项目中，则项目文件和源程序文件没有建立关联，后续的编译操作就会出错。

(10) 输入源程序并保存，如图 1-38 所示。

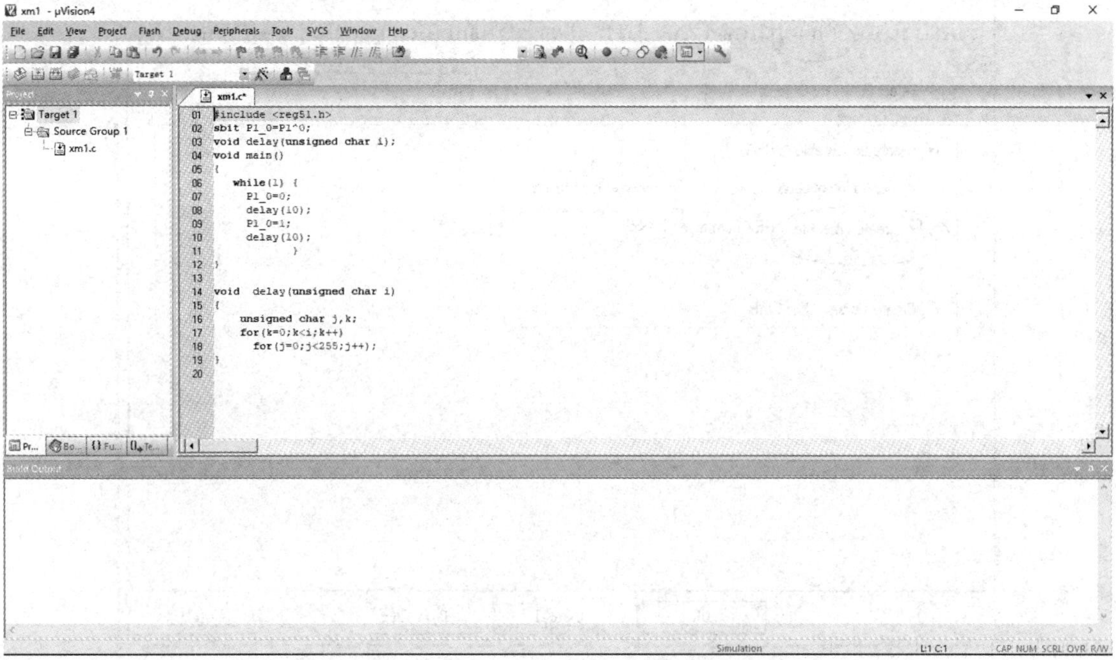

图 1-38　输入程序

(11) 设置编译选项。选择菜单“Project”→“Options for Target 'Target 1'”。在弹出的对话框中选择“Target”选项，修改“Xtal”为 12，设置晶振频率为 12 MHz，如图 1-39 所示。然后选择“Output”选项，勾选“Create HEX File”，设置生成下载文件，如图 1-40 所示。

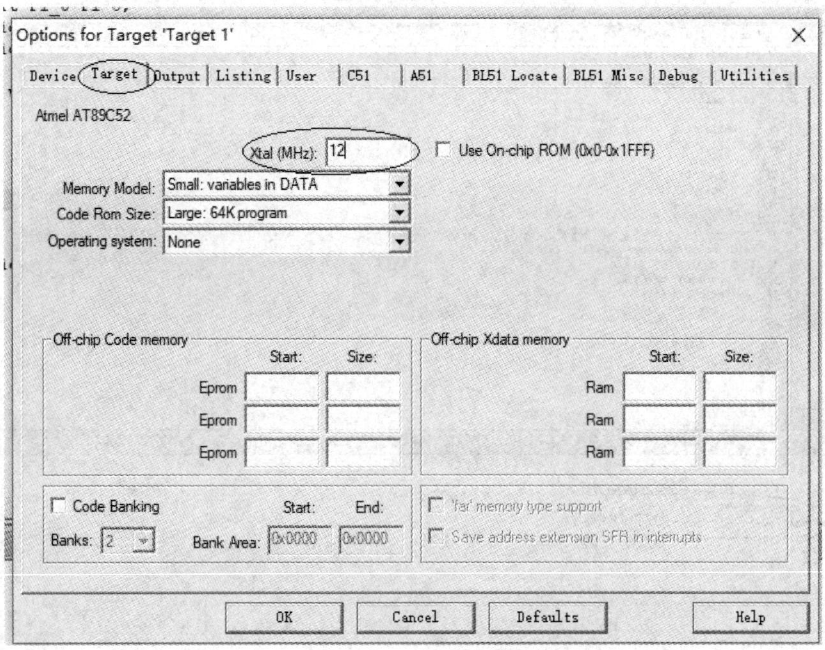

图 1-39　设置晶振频率

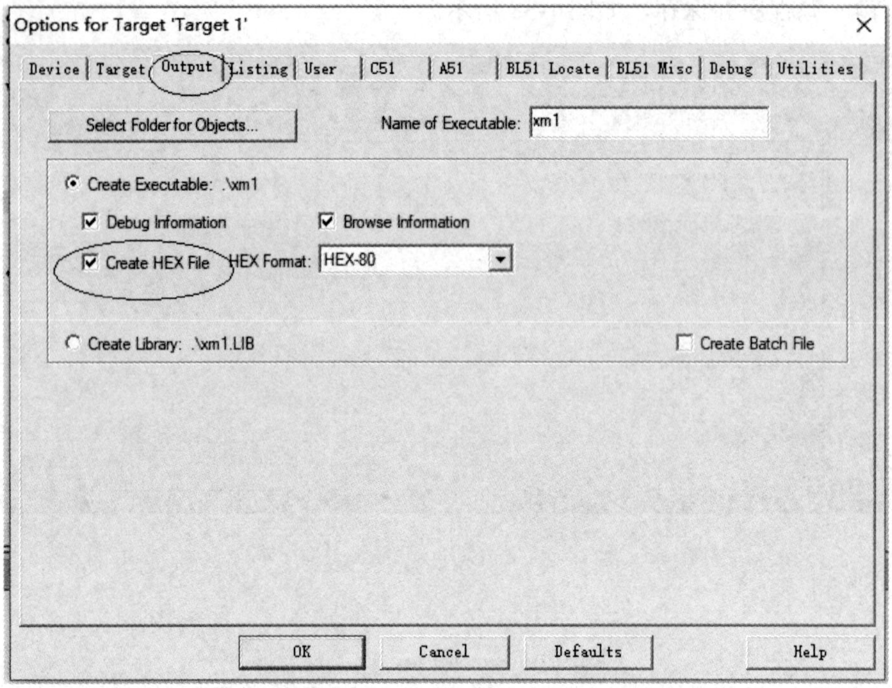

图 1-40　设置生成下载文件

(12) 设置好参数后，即可进行编译。选择菜单“Project”→“Build Targe”进行编译，编译结果如图 1-41 所示。

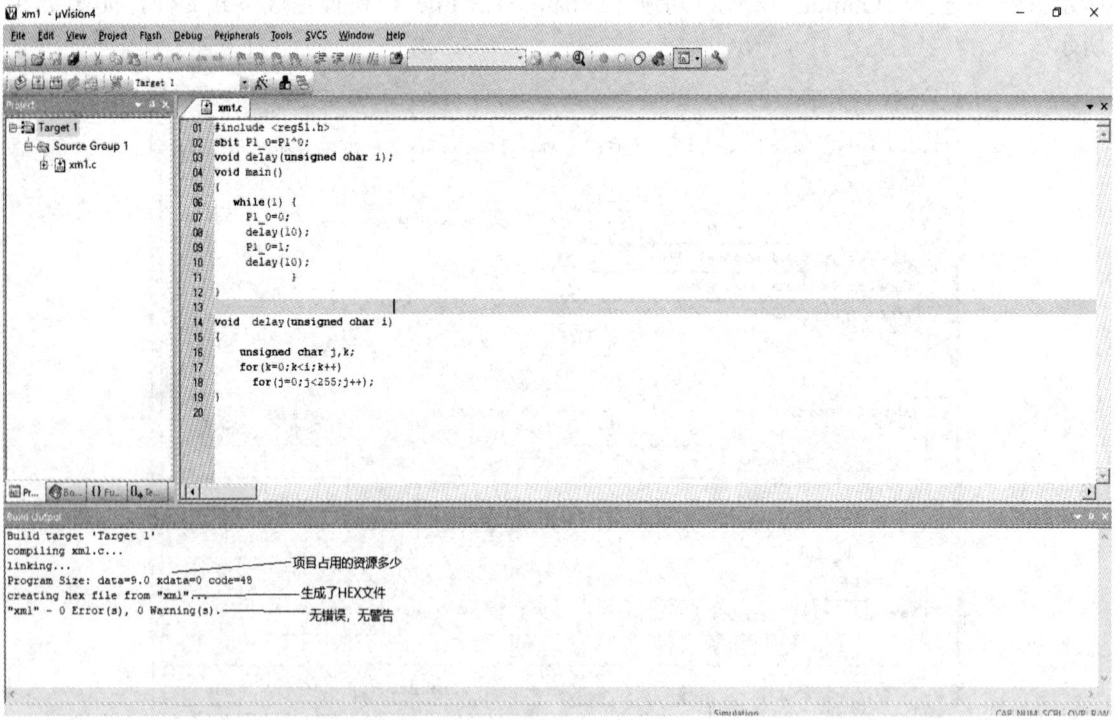

图 1-41　编译结果

(13) 生成 HEX 文件后，打开项目文件夹就可以看到 xm1.hex 文件，如图 1-42 所示。将该文件加载到 Proteus 的单片机芯片中或者烧写到实际电路的单片机芯片中即可运行，从而实现单灯闪烁的效果。

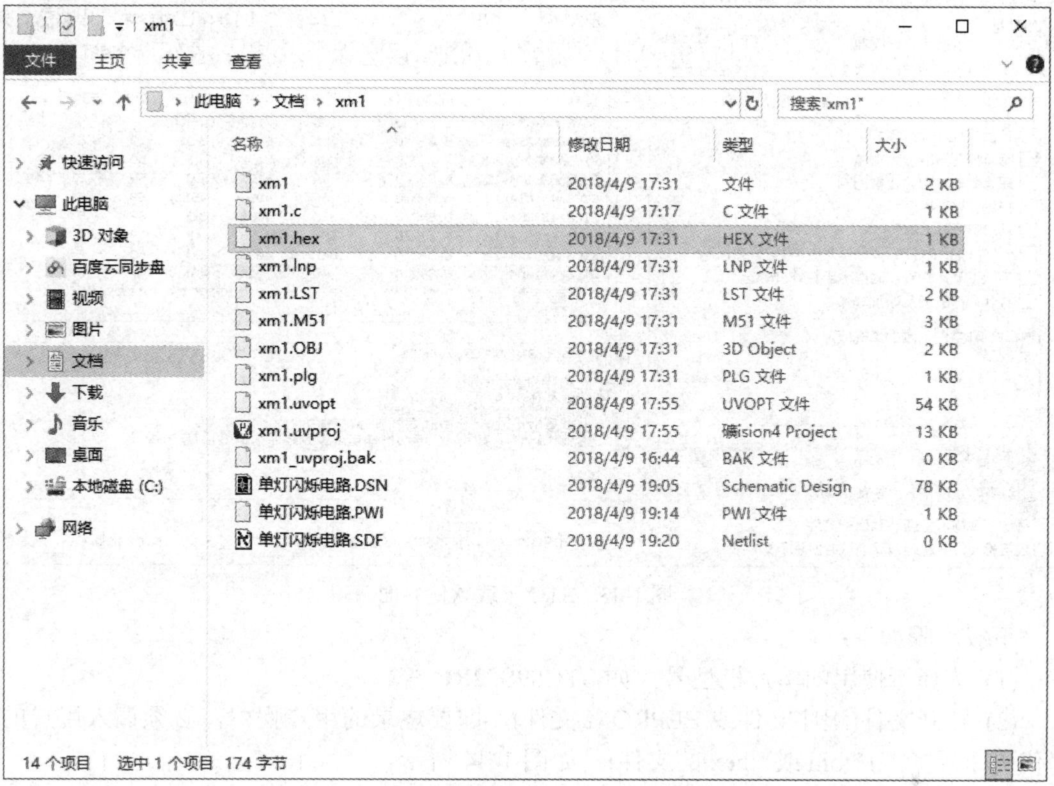

图 1-42　项目编译成功后的 HEX 文件

除了加载 HEX 文件外，Keil μVision 还可以与 Proteus 进行联合调试，在 Keil 中运行 Debug，单步执行程序，即可在 Proteus 中直接看到程序运行结果，从而方便单片机程序的调试。

任务五　单片机下载工具 STC-ISP 软件的使用

把单片机的程序下载到单片机的程序存储器中后，CPU 才能执行程序功能。把程序下载到单片机芯片中的方法有两种：一种是把芯片从电路上取下来，放到专用的烧写器中下载程序；另一种是采用 ISP 的方式下载程序。

什么是 ISP 呢？ISP 意为在线编程，其作用在于下载程序时，单片机不需要从已有的电路中取下来，只需要把单片机上特定的几个接口连接到电脑，在电脑上运行专门的下载软件就可以修改单片机中的程序，使用非常方便。

STC 单片机是宏晶科技公司开发的产品，完全兼容 8051，支持 ISP 在线编程，通过串口和电脑连接就可以下载，使用方便。图 1-43 是下载软件 STC-ISP(V6.86L)的界面。

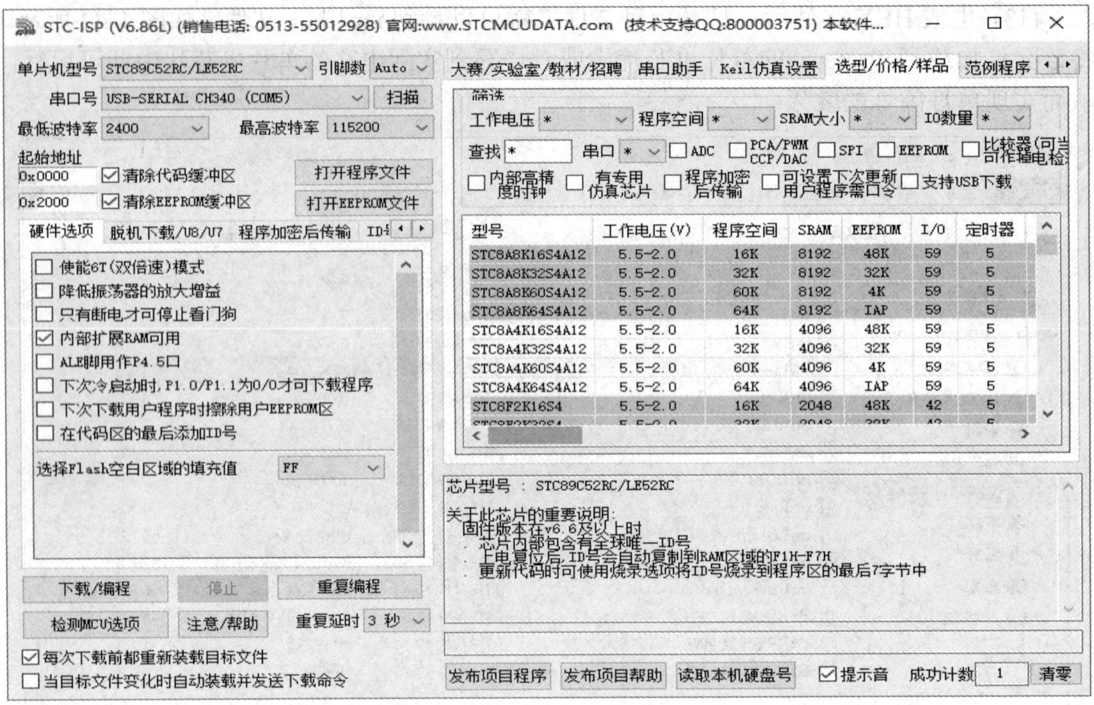

图 1-43　STC 下载软件界面

下载步骤如下：

(1) 选择所使用的单片机型号，如 STC89S52RC 等。

(2) 打开文件(程序文件或 EEPROM 文件)，即要烧录的用户程序，必须调入用户的程序代码(扩展名为*.bin 或*.hex 的文件)，如图 1-44 所示。

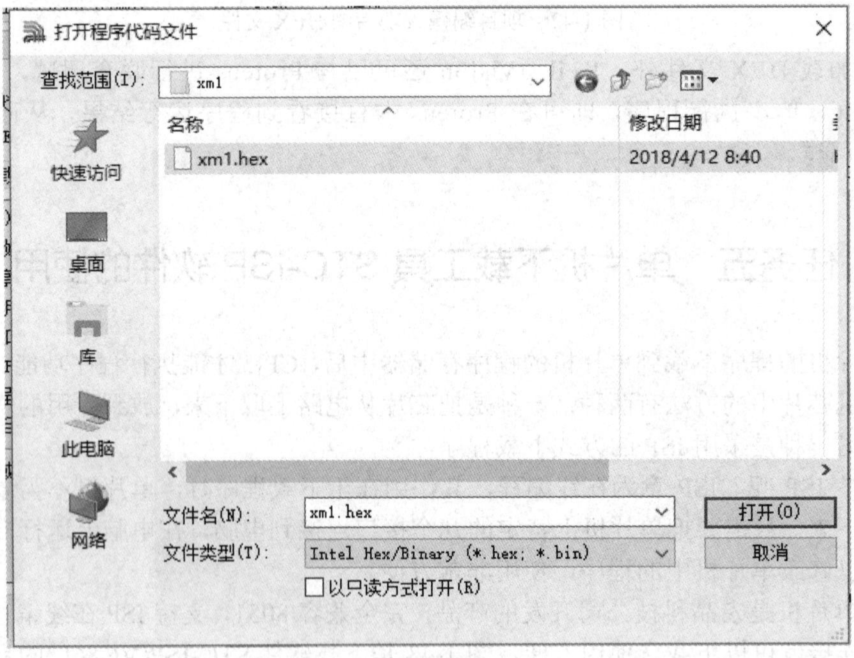

图 1-44　加载 HEX 文件

(3) 选择串行口，即所使用的电脑串口，如串行口 1——COM1，串行口 2——COM2。

笔记本电脑没有串口，则需要使用 USB 转串口进行转换，先接上线，安装好驱动程序，再打开笔记本电脑的设备管理器，查询所扩展的串口是电脑虚拟的第几个 COM(如图 1-45 所示)。目前市面上的开发板大多都集成了 USB 转串口芯片，因此直接用 USB 线连接笔记本和开发板即可使用，不用额外购买 USB 转串口线。

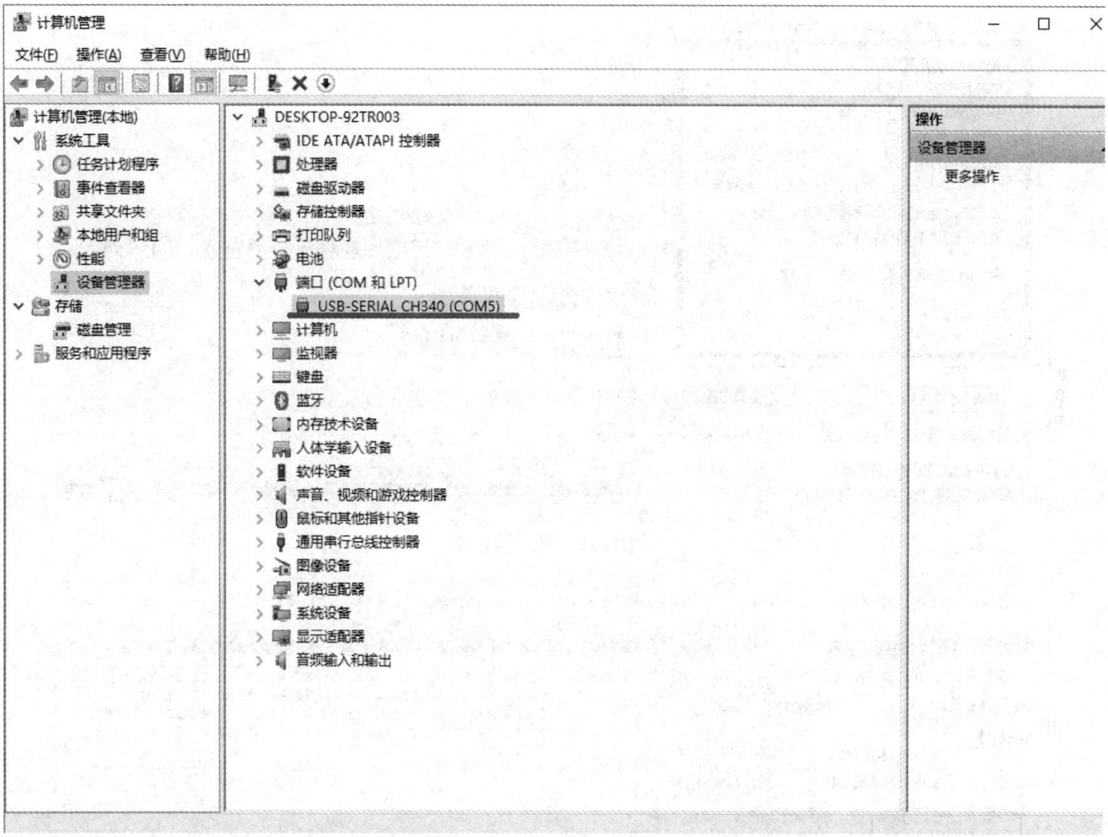

图 1-45　查看计算机的串口

查询好电脑的串口号后，在 STC-ISP 下载控制软件中选择相应的 COM 号，如图 1-46 所示。在此步骤中用户还可以根据实际使用的效果选择最高波特率或最低波特率。

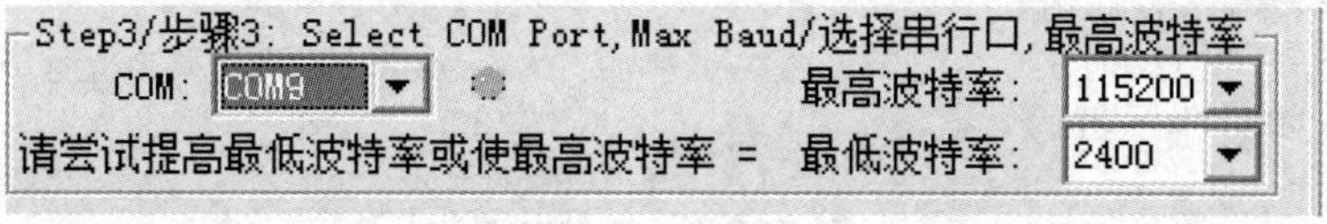

图 1-46　设置串口

(4) 针对具体的单片机在 STC-ISP 下载控制软件中设置各选项，如图 1-47 所示(一般不需要设置)。对于不同的单片机，步骤(4)中的参数是不同的，所以在步骤(1)一定要正确选择单片机的型号。

(5) 单击“下载/编程”按钮将用户的程序下载到单片机，如图 1-48 所示。

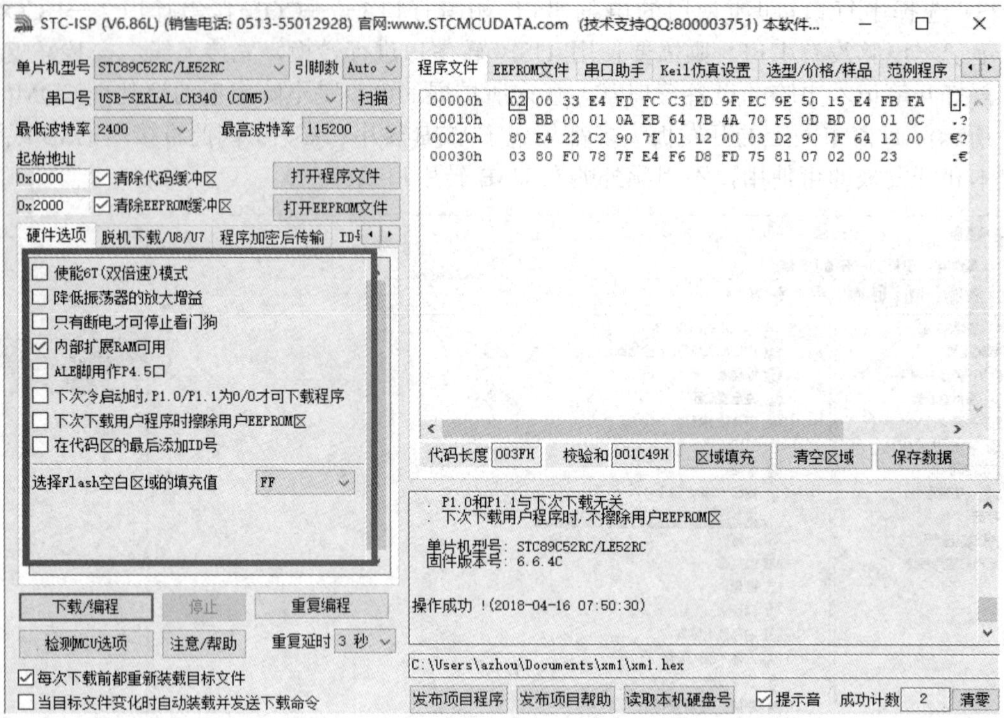

图 1-47　设置选项

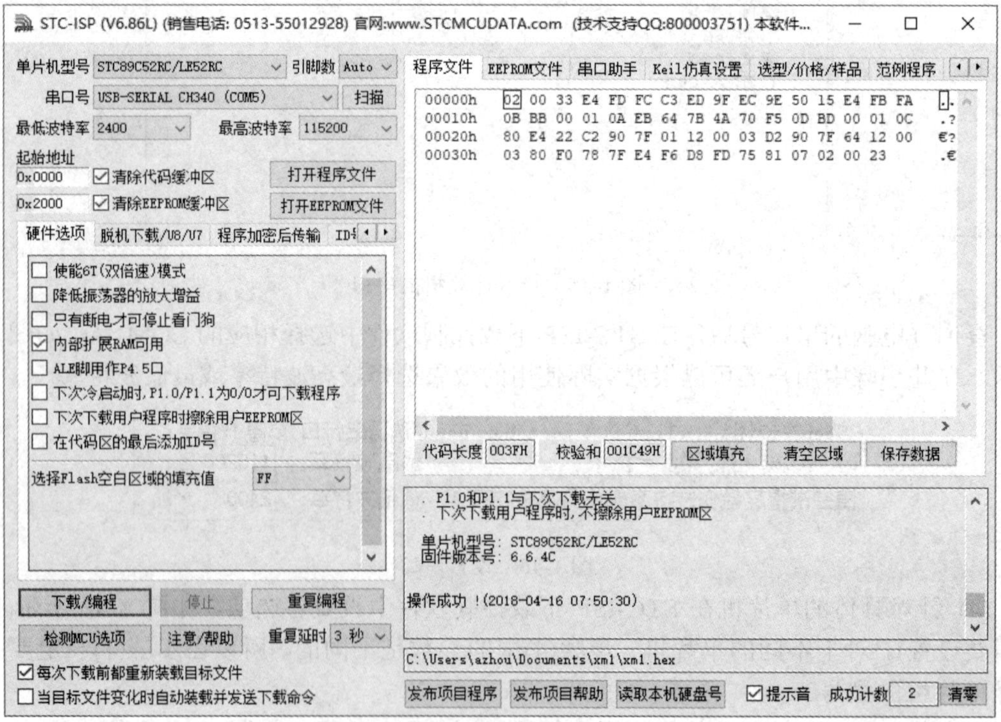

图 1-48　下载成功

下载完成后，可在开发板上看到实验现象，即发光二极管在闪烁。

任务六　项 目 实 施

一、发光二极管闪烁原理

使用AT89C51单片机的一个引脚可以控制一个发光二极管以0.1 s的时间间隔闪烁。单片机要工作，必须有时钟电路、复位电路和电源电路，它们和单片机一起构成的电路称为单片机的最小系统，它是单片机控制电路的基础，是必须掌握的单片机基本电路。

单灯闪烁电路仿真

发光二极管(LED)是一种最常用的指示器件，因其成本低廉和节能的特点大量使用在照明设备中。发光二极管有极性之分，当有足够的正向电流通过时便会发光。电流约为 10～30 mA，若电流太小则不能正常发光。发光二极管工作原理示意图如图 1-49 所示。

单片机系统常常使用+5 V 电源，而发光二极管 VD1 只需要 2 V 左右的电压就可以被点亮，点亮时电流约为 15 mA。如果在发光二极管 VD1 两端直接加+5 V 将有可能烧毁它，因此通常在电路中串联一个限流电阻 R1。假设发光二极管工作电流为 15 mA，正常工作时两端的压降 U_F=2 V，所以电阻 R1 上应该分担的电压为 3 V。于是得电阻 R1 的阻值为：R1 = 3 V/15 mA = 200 Ω。如果此电阻取值较大，则发光二极管亮度不够，取 1 kΩ 以内的阻值即可。

发光二极管闪烁的工作原理示意图如图 1-50 所示。当单片机的 P1.0 口输出低电平(接地)时，发光二极管 VD1 正、负极之间获得电压而被点亮；当 P1.0 口输出高电平(+5 V)时，发光二极管 VD1 则熄灭。所以要实现发光二极管以 100 ms 时间间隔闪烁，需要单片机控制 P1.0 口输出高电平，100 ms 后输出低电平，再反复循环。

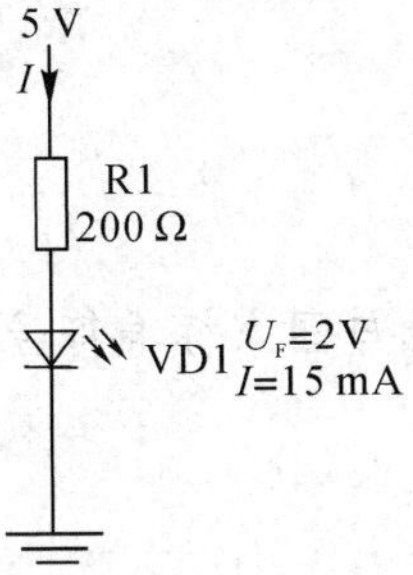

图 1-49　发光二极管工作原理

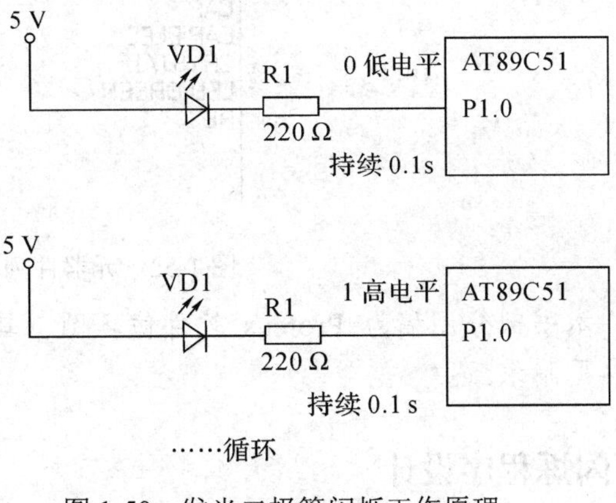

图 1-50　发光二极管闪烁工作原理

二、单灯闪烁电路硬件仿真图设计

单灯闪烁电路非常简单，首先绘制单片机的最小系统，然后把二极管的阴极接单片机

P1.0 口，阳极通过限流电阻接到电源正极即可。用 Proteus 软件设计的硬件电路如图 1-51 所示。仿真时用到的元器件如图 1-52 所示。

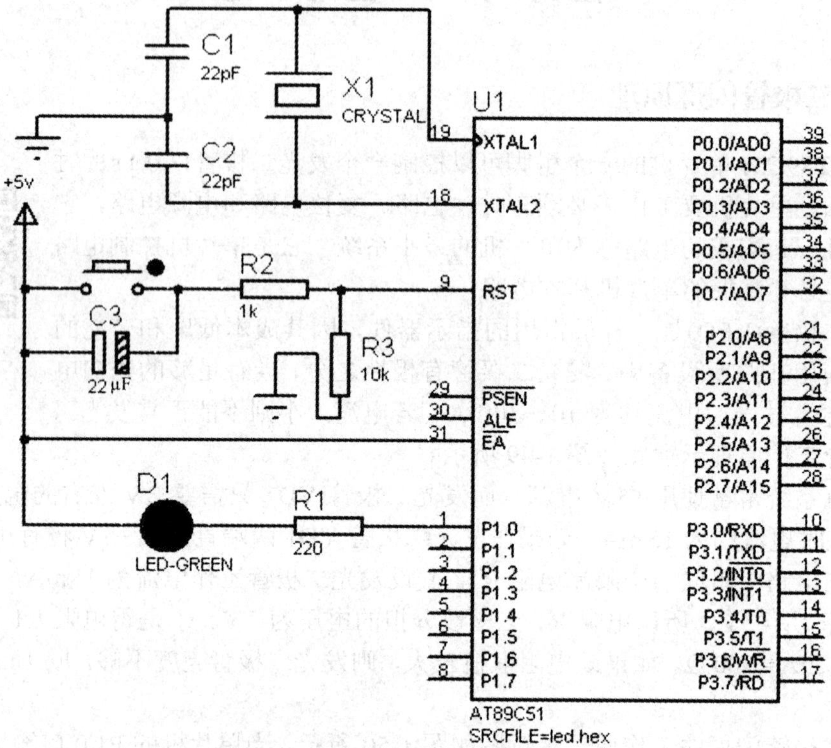

图 1-51　单片机单灯闪烁仿真电路图

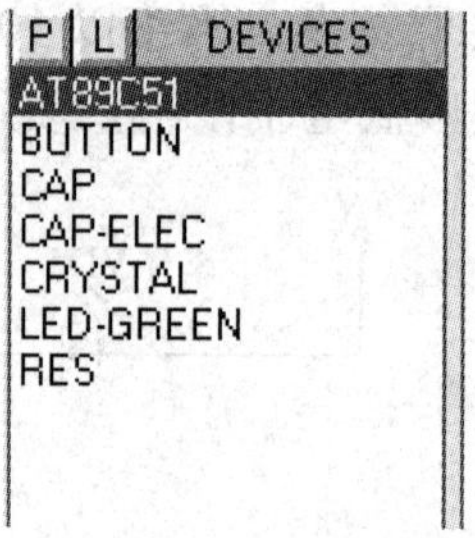

图 1-52　元器件列表

注意：本书部分图稿为 Proteus 软件仿真图，其图形符号与国家标准符号不符，二者对照关系参见附录三。

三、单灯闪烁程序设计

要实现发光二极管以 100 ms 的时间间隔闪烁，就是使单片机控制 P1.0 口先输出高电平，100 ms 后输出低电平，再反复循环。在 Keil C51 中，P1.0 输出高电平的语句为"LED=1;"，P1.0 输出低电平的语句为"LED=0;"，使用循环语句占用 CPU 时间，达到延时 100 ms 的目的。完整的程序如下：

```
#include <reg51.h>
sbit LED = P1^0;

void delay(unsigned int i);
void main()
{
    while(1)
    {
        LED = 0;
        delay(100);
        LED = 1;
        delay(100);
    }
}
//函数名：delay
//函数功能：实现软件延时
//形式参数：unsigned int i;   i 控制外循环次数，共循环 i×124 次，实现 i×1 ms 延时
//返回值：无
void   delay(unsigned int i)
{
    unsigned int j, k;
    for(k=0; k<i; k++)          //双重 for 循环语句实现软件延时
    for(j=0; j<124; j++);       //采用 12 MHz 晶振，则此循环的时间约为 1 ms
}
```

四、单灯闪烁电路仿真调试

使用 Proteus 软件画出单灯闪烁电路仿真图，然后用 Keil μVision4 软件编写程序并生成 HEX 文件，再加载到仿真电路中，运行仿真，观察发光二极管是否一亮一灭在闪烁。如果不能闪烁，先检查发光二极管限流电阻 R1 的值，在 Proteus 中，电阻默认的阻值是 10 kΩ，将其改为 220 Ω。如果电路正常，再检查程序。反复进行，直到正常显示为止。

项 目 小 结

本章从用单片机控制一个发光二极管闪烁入手，讲解了单片机的概念、特点及应用，介绍了单片机的最小系统。单片机能够正常工作的最简电路就是最小系统，最小系统包括电源电路、时钟电路、复位电路三部分。要使用单片机，必须搭建最小系统。

现实生活中使用的是十进制数，而单片机中使用的是二进制数，因此需要掌握二进制数和十进制数的转换。但是二进制数的阅读和书写比较困难，所以引入了十六进制数，十

六进制数跟二进制数的对应关系简单、明了，在进行C51语言编程的时候，所有需要用到二进制数的地方都使用了十六进制数。

除了数值之外，单片机中还会用到编码，单片机中常用的编码是8421BCD码和ASCII码。

单片机编程需要硬件和软件联合调试，首先确定硬件的连接关系，然后才能进行编程。可以使用Proteus软件绘制硬件仿真图，然后利用Keil μVision4编写程序，把程序加载到Proteus中进行仿真。若有单片机开发板，则可以把Keil编写的程序使用下载工具烧写到单片机中进行开发。

单片机芯片种类很多，本书以MCS-51系列单片机为例进行讲解。开发板上可以使用STC89S52RC芯片进行开发，该芯片与8051完全兼容，内部资源更多，而且支持串口烧写程序，使用方便。

本项目使用单片机控制一个发光二极管进行闪烁，在程序层面上使端口输出高、低电平即可。本项目中利用延时函数来控制高、低电平的输出频率，从而达到控制发光二极管闪烁频率的目的。

➤ 动手做一做

自己动手做一个单片机电源电路。

项 目 练 习

一、选择题

1. MCS-51系列单片机的CPU主要由_____组成。

A. 运算器、控制器　　B. 加法器、寄存器

C. 运算器、加法器　　D. 运算器、译码器

2. 单片机ATMEL 89C51要使用自带的ROM，则$\overline{EA}$引脚_____。

A. 必须接地　　B. 必须加+5 V电源

C. 可悬空　　D. 以上三种情况视需要而定

3. 单片机上复位后，PC的内容为_____。

A. 0000H　　B. 0003H

C. 000BH　　D. 0800H

4. ATMEL 89C51单片机的CPU是_____位的。

A. 16　　B. 4

C. 8　　D. 准16位

5. C源程序存盘的后缀名是_____；C项目编译后可执行文件的后缀名是_____。

A. c　　B. hex

C. dsn　　D. txt

6. 单片机ATMEL 89C51有_____根引脚。

A. 28　　B. 40

C. 20　　　　　　　　　　D. 32

二、填空题

1. 除了单片机和电源外，单片机最小系统包括_______电路和__________电路。

2. 当振荡脉冲频率为 12 MHz 时，一个机器周期为_________。

3. AT89C51 系列单片机有______字节的片内 RAM 存储器；有_______个 16 位定时器/计数器；有 4 个______位并口 P0、P1、P2、P3；有_______个全双工的串口；有_____个中断源。

4. 单片机的复位方式有两种，分别为___________和___________。

5. 二进制数与十进制数及十六进制数的相互转换：

$(21)_{10}$=(　　　　　　)$_2$=(　　　　　)$_{16}$。

$(110110)_2$=(　　　　　　)$_{10}$=(　　　　　)$_{16}$。

6. 把十六进制数分别转换成二进制数和十进制数。

$(25)_{16}$=(　　　　　　)$_2$=(　　　　　)$_{10}$。

$(A3B7)_{16}$=(　　　　　　　　　)$_2$=(　　　　　)$_{10}$。

7. 我国使用的汉字编码标准为___________。

8. 十进制码 157 表示的 8421BCD 码是_________。

9. 把 8421BCD 码 10010011 转换为十进制数是___________。

三、简答题

1. 什么是单片机？

2. 单片机的主要特点有哪些？

3. 单片机主要应用在哪些领域？

4. 如何复位单片机？单片机复位电路的作用是什么？

项目二　设计制作流水灯

【能力目标】

(1) 掌握 51 单片机的主要内部资源。

(2) 了解 51 单片机的存储器结构，掌握 C51 中访问 51 单片机各存储区的方法。

(3) 会定义 C51 标识符；会定义无符号字符型、无符号整型、位及特殊功能寄存器位等类型的变量，并能正确对这些变量赋值；会使用 C51 的常用运算符；会使用 C51 的表达式语句、复合语句、分支语句、循环语句、函数语句。

(4) 会分析 C51 的程序结构，熟练编写顺序、分支、循环结构程序和函数。

(5) 掌握 Keil C51 一维数组、字符数组的定义、引用与赋值操作。

(6) 学习 Keil C51 的函数知识，会自定义函数、声明函数、调用函数。

(7) 了解 51 单片机的 4 个并行接口的组成、结构，掌握 4 个并行接口的主要用途。

(8) 掌握通过编程按位、按字节操作单片机并行接口。

(9) 掌握使用 Keil C51 以多种编程方式实现流水灯的控制。

(10) 掌握使用 Keil C51 实现花式流水灯的控制。

【项目要求】

使用单片机的并行接口控制 8 个发光二极管，要求 8 个发光二极管按照 0.2 s 时间间隔依次顺序点亮，实现流水灯控制效果。

任务一　了解 MCS-51 单片机的内部结构

一、MCS-51 系列单片机的基本组成

学习单片机之前必须先要了解其内部结构，MCS-51 单片机内部结构主要由中央处理器(CPU)、时钟电路、存储器(ROM 和 RAM)、定时器/计数器、并行接口、串行接口和中断系统等部分组成，如图 2-1 所示。

单片机内部结构

MCS-51 单片机的主要资源如下：

(1) 中央处理器(CPU)：8 位，完成运算和控制功能。

(2) 内部 RAM：共 256 字节单元，用户使用前 128 个字节单元，用于存放可读写数据，后 128 个字节单元被专用寄存器占用。

(3) 内部 ROM：4 KB 掩膜 ROM，用于存放程序、原始数据和表格。

(4) 定时器/计数器：两个 16 位的定时器/计数器，实现定时或计数功能。

(5) 并行输入/输出(I/O)口：4 个 8 位的 I/O 口 P0、P1、P2、P3。

(6) 串行口：一个全双工串行口。

(7) 中断系统：5 个中断源(外部中断 2 个，定时/计数中断 2 个，串行中断 1 个)。

(8) 时钟电路：可产生时钟脉冲序列，允许晶振频率 6 MHz、12 MHz 和 11.0592 MHz(主要应用在通信中)。

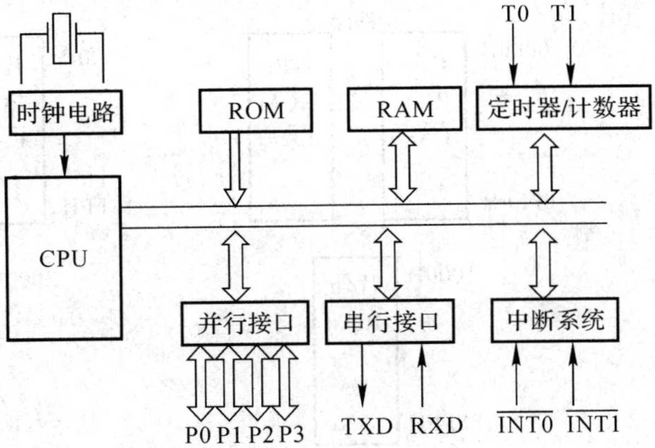

图 2-1　MCS-51 系列单片机的基本组成

二、MCS-51 系列单片机的存储结构

MCS-51 单片机采用的是哈佛结构，即将数据存储器(RAM)和程序存储(ROM)分开的存储器结构，如图 2-2 所示。

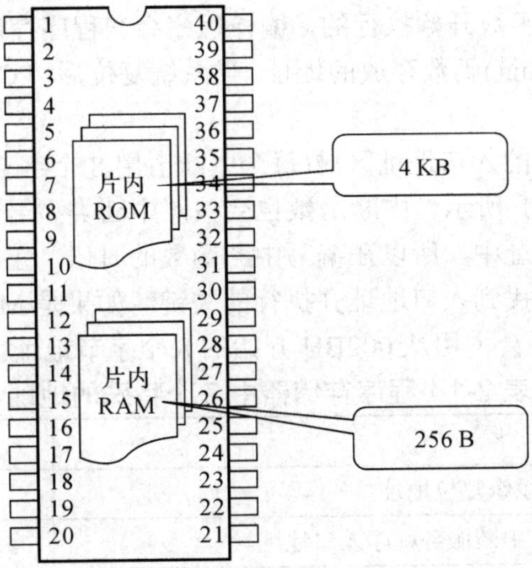

图 2-2　单片机的存储器结构

单片机存储器

MCS-51 单片机存储区可分为 4 个区域：片内数据存储区(idata 区)、片外数据存储区(xdata 区)、片内程序存储区和片外程序存储区(均为 code 区)。

1. 程序存储区

单片机程序存储器用于存放编译好的程序和程序执行过程中不会改变的数据信息，如共阴极和共阳极数码管的段码、点阵的字模数据、字符串信息等。

MCS-51 系列单片机中的 8031 单片机无 ROM，8051 有 4KB 的 ROM，8751 有 4KB 的 EPROM，89C51 有 4KB 的 EEPROM，所以现在很少使用 8031、8051 等单片机，而较多地采用集成了 EEPROM 的 89C51。单片机程序存储器结构如图 2-3 所示。

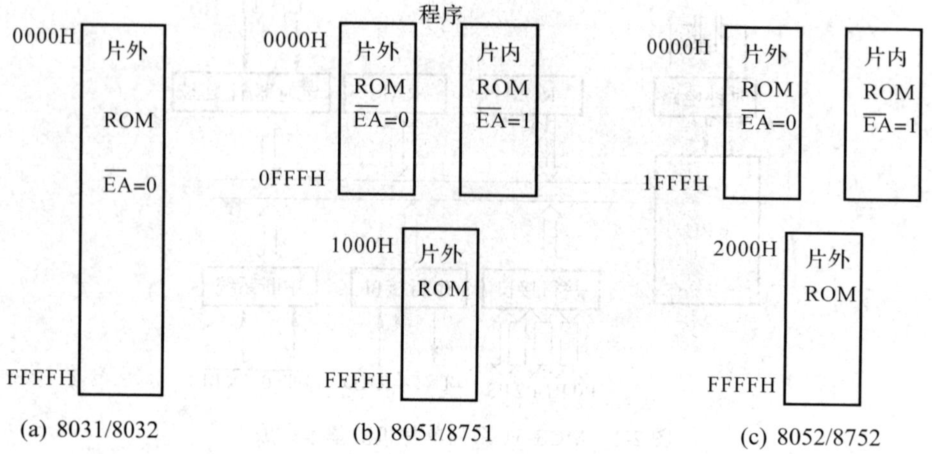

图 2-3　单片机程序存储器结构

MCS-51 系列单片机具有 16 条地址总线，所以最多能访问 2^{16}=64KB 的程序存储器，且片内、片外的程序存储器统一编址。对于带 ROM 的单片机(如 89C51)，一般会把单片机的引脚 $\overline{EA}$ 接电源；对于不带 ROM 的单片机，一般会把单片机的 $\overline{EA}$ 引脚接地(如 8031)。

从表 2-1 可以看出，程序存储器的 0000H～0002H 这 3 个存储单元是一个特殊的存储区域，C 语言是从 main()函数开始执行的，编译程序会在程序存储器的 0000H 处自动存放一条转移指令，跳转到 main()函数存放的地址，当系统复位后，PC=0000H，单片机从 0000H 开始执行程序。

此外，还有 5 个中断的入口地址区域(每个中断占用 8 个字节，共 40 个字节，地址为 0003H～0023H)，如表 2-1 所示。中断函数也会按照中断类型号，自动由编译程序安排存放在程序存储器相应的地址中，所以在编写中断函数的时候，正确指定中断号是非常重要的，是中断函数能否正确找到入口地址并执行的关键。如果是 MCS-52 系列的单片机，则定时器/计数器 2 的中断还会占用从 002BH 开始的 8 个字节地址。

表 2-1　程序存储器中 7 个特殊的地址

名　称	地　址
系统复位地址	0000H
外部中断 0 中断服务程序入口地址	0003H
定时器/计数器 0 中断服务程序入口地址	000BH
外部中断 1 中断服务程序入口地址	0013H
定时器/计数器 1 中断服务程序入口地址	001BH
串行口中断服务程序入口地址	0023H
定时器/计数器 2 中断服务程序入口地址(仅 52 子系列有)	002BH

在单片机 C 语言程序设计中，用户无需考虑程序的存放地址，编译程序会在编译过程中按照上述规定自动安排程序的存放地址。

2. 片内数据存储区

MCS-51 单片机片内共有 256 字节的 RAM，通常分为两个部分：低 128 字节(00H～7FH)和高 128 字节(80H～FFH)，如图 2-4 所示。

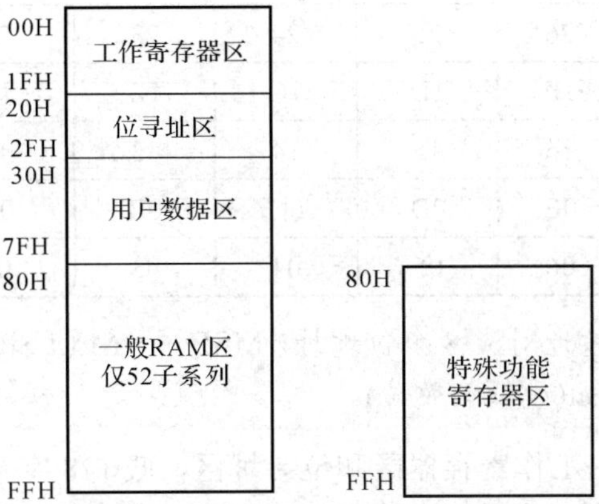

图 2-4　单片机的数据存储器结构

1) 片内 RAM 的低 128 字节

内部 RAM 的低 128 字节地址为 00H～7FH，用于存放程序执行过程中的各种变量和临时数据，称为 data 区域，是单片机的真正 RAM 区域。按照用途可将其分为三个区域：工作寄存器区、位寻址区和用户数据区。

(1) 工作寄存器区。MCS-51 系列单片机有 4 组，每组 8 个(R0～R7)，共 32 个工作寄存器，用于存放操作数和中间结果。4 组寄存器占用了 00H～1FH 单元的地址。采用 C 语言编程后，一般不会直接使用工作寄存器。如果使用汇编或 C 与汇编混合编程，则要清楚其用法。

(2) 位寻址区。内部 20H～2FH 单元既可用作一般的 RAM 单元，也可对其中的每一位进行位操作，因此这一区域也称为位寻址区(BDATA)，如表 2-2 所示。

表 2-2　RAM 位寻址区位地址表

单元地址	MSB ←			单元地址				→ LSB
2F	7F	7E	7D	7C	7B	7A	79	78
2E	77	76	75	74	73	72	71	70
2D	6F	6E	6D	6C	6B	6A	69	68
2C	67	66	65	64	63	62	61	60
2B	5F	5E	5D	5C	5B	5A	59	58
2A	57	56	55	54	53	52	51	50
29	4F	4E	4D	4C	4B	4A	49	48
28	47	46	45	44	43	42	41	40

续表

单元地址	MSB ←			单元地址				→ LSB
27	3F	3E	3D	3C	3B	3A	39	38
26	37	36	35	34	33	32	31	30
25	2F	2E	2D	2C	2B	2A	29	28
24	27	26	25	24	23	22	21	20
23	1F	1E	1D	1C	1B	1A	19	18
22	17	16	15	14	13	12	11	11
21	0F	0E	0D	0C	0B	0A	09	08
20	07	06	05	04	03	02	01	00

注意：一个字节单元地址对应 8 个位地址。MSB——Most Significant Bit(最高有效位)；LSB——Least Significant Bit(最低有效位)。

(3) 用户数据区。除去工作寄存器区和位寻址区，低 128 字节中还余下 80 字节，其单元地址为 30H～7FH，是供用户使用的一般 RAM 区。此区域的使用没有任何规定或限制，是用户编程时主要使用的存储区。

2) 片内 RAM 的高 128 字节

内部 RAM 的高 128 字节地址为 80H～FFH，是专门给特殊功能寄存器 SFR(Special Function Register)使用的。MCS-51 单片机特殊功能寄存器如表 2-3 所示。

表 2-3　MCS-51 单片机特殊功能寄存器

特殊功能寄存器名称	符号	字节地址	位地址与位名称(位地址为十六进制)							
			D7	D6	D5	D4	D3	D2	D1	D0
P0 口	P0	80H	P0.7	P0.6	P0.5	P0.4	P0.3	P0.2	P0.1	P0.0
			87	86	85	84	83	82	81	80
堆栈指针	SP	81H								
数据指针低字节	DPL	82H								
数据指针高字节	DPH	83H								
电源控制	PCON	87H	SMOD	/	/	/	GF1	GF0	PD	IDL
定时/计数器控制	TCON	88H	TF1	TR1	TF0	TR0	IE1	IT1	IE0	IT0
			8F	8E	8D	8C	8B	8A	89	88
定时/计数器方式	TMOD	89H	GATE	C/T	M1	M0	GATE	C/T	M1	M0
定时/计数器 0 低字节	TL0	8AH								
定时/计数器 0 高字节	TH0	8BH								
定时/计数器 1 低字节	TL1	8CH								
定时/计数器 1 高字节	TH1	8DH								

续表

特殊功能寄存器名称	符号	字节地址	位地址与位名称(位地址为十六进制)							
			D7	D6	D5	D4	D3	D2	D1	D0
P1 口	P1	90H	P1.7	P1.6	P1.5	P1.4	P1.3	P1.2	P1.1	P1.0
			97	96	95	94	93	92	91	90
串行口控制	SCON	98H	SM0	SM1	SM0	REN	TB8	RB8	TI	RI
			9F	9E	9D	9C	9B	9A	99	98
串行口数据	SBUF	99H								
P2 口	P2	A0H	P2.7	P2.6	P2.5	P2.4	P2.3	P2.2	P2.1	P2.0
			A7	A6	A5	A4	A3	A2	A1	A0
中断允许控制	IE	A8H	EA		ET2	ES	ET1	EX1	ET0	EX0
			AF		AD	AC	AB	AA	A9	A8
P3 口	P3	B0H	P3.7	P3.6	P3.5	P3.4	P3.3	P3.2	P3.1	P3.0
			B7	B6	B5	B4	B3	B2	B1	B0
中断优先级控制	IP	B8H			PT2	PS	PT1	PX1	PT0	PX0
					BD	BC	BB	BA	B9	B8
程序状态寄存器	PSW	D0H	C	AC	F0	RS1	RS0	OV		P
			D7	D6	D5	D4	D3	D2	D1	D0
累加器	A	E0H	E7	E6	E5	E4	E3	E2	E1	E0
寄存器 B	B	F0H	F7	F6	F5	F4	F3	F2	F1	F0

对于表 2-3，需要注意以下几点：

(1) 离散分布有 21 个特殊功能寄存器(SFR)，用户只能使用这 21 个单元，还有一个不可寻址的特殊功能寄存器 PC，是不占 RAM 单元的。共计 22 个特殊功能寄存器。

(2) 表中有 11 个特殊功能寄存器(加灰度显示，其地址特征是能够被 8 整除)给出了位地址，它们可以进行位寻址。

(3) 对 SFR 只能使用直接寻址方式，书写时可使用寄存器符号，也可用寄存器单元地址。

(4) 对于 MCS-52 系列单片机，新增了 4 个特殊功能寄存器，其特殊功能寄存器有 26 个，增加的是控制定时器 T2 的 T2CON 和定时器 T2 的初值寄存器 TH2、TL2、RCAP2H(外部输入(P1.1)计数器/自动再装入模式时初值寄存器高 8 位)、RCAP2L(外部输入(P1.1)计数器/自动再装入模式时初值寄存器低 8 位)。

3. 片外数据存储区

MCS-51 系列单片机具有 16 条地址总线，所以最多能访问 2^{16}=64 KB 的数据存储区，称为 xdata 区域。

变量存储类型

片外的数据存储区可以根据需要进行扩展。扩展时使用 P0 口提供低

8 位地址(A0～A7)，P2 口提供高 8 位地址(A8～A15)，形成 16 位地址总线。P0 口提供 8 位数据总线进行数据交换。

如果单片机扩展了外部设备，如 A/D 转换器或 D/A 转换器等，以总线方式访问的时候，这些器件的地址按外部 RAM 来访问。

C51 编译器支持的存储器类型如表 2-4 所示。其中，使用较多的是 data、bdata、xdata、code 四种类型，在进行变量定义的时候要特别注意。

表 2-4　C51 编译器支持的存储器类型

存储器类型	描　述
data	直接访问片内 RAM，访问速度最快(128 B)
bdata	可位寻址的片内 RAM，允许位寻址和字节寻址(16 B)
idata	间接访问片内 RAM，允许访问整个内部 RAM(256 B)
pdata	分页访问片外 RAM(256 B)
xdata	访问外部数据存储器和总线方式扩展的外设端口地址(64 KB)
code	程序存储器(64 KB)

任务二　Keil C51 中如何使用单片机资源

Keil C51 相对汇编语言具有易编程，易实现复杂计算，易阅读交流、调试维护，易实现模块化开发和程序可移植性好等优点。此外，它不需要像汇编语言一样分配存储器资源，这些工作由编译器完成，程序员仅需要了解单片机的存储器结构，以及掌握单片机资源的访问方法即可。

一、标识符和关键字

Keil C51 的标识符是在程序中定义的对象，可以是函数、变量、常量、数组、数据类型和程序语句等，一般由字母、数字和下画线组成，标识符的第一个字符必须是字母或下画线。

Keil C51 区分大小写，关键字是一些固定名称或有特殊含义的标识符，在编程的时候不能另作他用，自己定义的标识符(如变量名)不能和关键字相同。关键字在源程序加入 Keil C51 项目文件以后颜色和其他内容不同，很容易区别。例如，a1、_a2、ABC、wd_1、volt1 等为合法的标识符，1a、int、char、bit、sbit、float、sfr、sfr16 等为非法的标识符有。

一般每个软件公司都有一套标识符命名规则，取名时既要便于阅读，还应和要处理的量有一定的联系。在实际给标识符取名时，ABC、a1 这样的变量名并不常用，而 wd_1、volt1 这样字母和数字的组合更常用，wd_1 可以代表 1 个温度值，volt1 可以代表 1 个电压值。

二、Keil C51 数据类型

Keil C51 的数据类型可分为基本数据类型和复合数据类型，主要使用基本类型中的

char、int、float 等。除了基本类型外，Keil C51 还扩展了 bit、sbit、sfr、sfr16 四种变量类型，其中 bit 和 sbit 也是常用的数据类型。

数据类型和变量

1. 常量

常量就是在程序执行过程中值不变的量。Keil C51 的常量有位型、整型、浮点型、字符型、字符串型。

(1) 位型常量。它的值是一个二进制数，为 0 或者 1。

(2) 整型常量。不同数据类型的整型常量表示方法不同，具体有以下三种：

① 十进制数，如 123、0、−89 等。

② 十六进制数以 0x 开头，如 0x34、−0x3B、0x1234、0xABFC 等。

③ 长整型在数字后面加字母 L，如 104L、034L、0xF340L 等。

(3) 浮点型常量。浮点型常量了解即可。

(4) 字符型常量。字符型常量是单引号内的字符，如'a'、'd'等。对于不能显示的控制字符，能在该字符前面加一个反斜杠“\”组成专用转义字符。常用转义字符表可查看 C 语言教程。

(5) 字符串型常量。字符串型常量由双引号内的字符组成，如"test"、"OK"等。当引号内没有字符时，为空字符串。在使用特殊字符时同样要使用转义字符如双引号。在 C 语言中字符串常量是作为字符类型数组来处理的，在存储字符串时系统会在字符串尾部加上\0 转义字符作为该字符串的结束符。字符串常量"A"和字符常量'A'是不一样的，前者在存储时多占用一个字节的字间。

2. 变量

变量是程序执行过程中值不断变化的量。在 Keil C51 中必须先进行定义，用一个标识符作为变量名并指出其数据类型，以便编译器为其分配存储单元，定义后的变量才能使用，且要注意定义的变量名和使用的变量名要完全一致，初学者容易出现定义时变量名是大写的，使用的时候书写成小写的情况。定义一个变量的格式如下：

[存储种类]　数据类型　[存储器类型]　变量名表

在定义格式中数据类型和变量名表是必要的，[存储种类]和[存储器类型]都是可选项。

1) 存储种类

存储种类有四种：自动(auto)、外部(extern)、静态(static)和寄存器(register)，缺省类型为自动(auto)。定义变量时若省略该选项，变量则为自动(auto)变量。

2) 数据类型

Keil C51 支持的数据类型如表 2-5 所示。

表 2-5　Keil C51 支持的数据类型

数据类型	数据类型关键词	长 度	值　　域
字符型	signed char	1 B	−128～+127
无符号字符型	unsigned char	1 B	0～255
整型	signed int	2 B	−32 768～+32 867

续表

数据类型	数据类型关键词	长 度	值 域
无符号整型	unsigned int	2 B	0～65 535
长整型	signed long	4 B	−2 147 483 648～+2 147 483 647
无符号长整型	unsigned long	4 B	0～4 294 967 295
浮点型	float	4 B	±1.176E－38～±3.40E+38
指针	*	1～3 B	对象地址
位	bit	1 bit	0 或 1
特殊功能寄存器位	sbit	1 bit	0 或 1
特殊功能寄存器	sfr	1 B	0～255
16 位特殊功能寄存器	sfr16	2 B	0～65 535

说明：

(1) 在单片机的 C 语言程序设计中，可以通过关键字 sfr 来定义所有特殊功能寄存器，从而在程序中直接访问它们，例如，

```
sfr  P1 = 0x90;    //特殊功能寄存器 P1 的地址是 90H，对应 P1 口的 8 个 I/O 引脚在程序中就
                     可以直接使用 P1 这个特殊功能寄存器了
```

下面语句是合法的：

```
P1 = 0x00;          //将 P1 口的 8 位 I/O 口全部清 0
```

通常情况下，这些特殊功能寄存器已经在头文件 reg51.h 中定义了，只要在程序中包含了该头文件，就可以直接使用已定义的特殊功能寄存器。如果没有头文件 reg51.h，或者该文件中只定义了部分特殊功能寄存器和位，用户也可以在程序中自行定义，但是最好不采用此种方法(因为自己定义的话必须要记住这些特殊功能寄存器的物理地址)，强烈建议采用包含头文件的方法。

(2) 在 Keil C51 中，还可以通过关键字 sbit 来定义特殊功能寄存器中的可寻址位，在项目 1 的程序中，采用了下面语句定义 P1 口的第 0 位：

```
sbit LED = P1^0;
```

由于语句中使用了寄存器 P1，所以也必须在程序的开头包含头文件 reg51.h。其语句为：

```
#include <reg51.h>
```

(3) Keil C51 指针变量。单片机 C 语言支持一般指针(Generic Pointer)和存储器指针(Memory_Specific Pointer)。

• 一般指针：一般指针的声明和使用均与标准 C 语言相同，同时还能说明指针的存储类型。一般指针本身用三个字节存放，分别为存储器类型、高位偏移量、低位偏移量。例如，

```
long * state;           // state 为一个指向 long 型整数的指针，而 state 本身则依存储模式存放
char * xdata ptr;       //ptr 为一个指向 char 数据的指针，而 ptr 本身放于外部 RAM 区
```

以上的 long、char 等指针指向的数据可存放于任何存储器中。

• 存储器指针：基于存储器的指针说明时即指定了存储类型。存放这种指针时，只需一个字节或两个字节就够了，因为只需存放偏移量。例如，

```
char data * str;            //str 指向 data 区中 char 型数据
int xdata * pow;            //pow 指向外部 RAM 的 int 型整数
```

(4) 在 Keil C51 语言程序中，有可能会出现运算中数据类型不一致的情况。Keil C51 允许任何标准数据类型的隐式转换，隐式转换的优先级顺序如下：

bit→char→int→long→float

signed→unsigned

也就是说，当 char 型与 int 型进行运算时，先自动将 char 型转换为 int 型，然后与 int 型进行运算，运算结果为 int 型。

Keil C51 除了支持隐式类型转换外，还可以通过强制类型转换符“()”对数据类型进行转换。分析下面的两段程序，比较其不同。

程序段 1：

```
unsigned long int b;
unsigned int x;
  x = 968;
  b = 100*x;
  b = 96800-65536;
```

程序段 2：

```
unsigned long int b;
unsigned int x;
  x = 968;
  b = (unsigned long int)(x)*100;
  b = 96800;
```

结论：在使用 Keil C51 进行复杂数学运算时，特别是当运算表达式左右两边的数据类型不同时，一定要注意变量(寄存器)字节长度变化问题，必要时要进行强制类型转换，以免造成数据溢出。如上面程序段 1 中，数据就发生了溢出；而程序段 2 则不会发生这种现象，因此一般宜使用程序段 2 的方法，即在可能发生数据溢出时，进行强制类型转换。

3) 存储器类型

存储器类型就是指定该变量在单片机 C 语言硬件系统中所使用的存储区域，并在编译时准确定位。表 2-5 中是 Keil C51 所能识别的存储器类型。要注意的是，在 AT89C51 芯片中，RAM 只有低 128 位，位于 80H～FFH 的高 128 位则在 52 芯片中才有用，并和特殊寄存器地址重叠。

4) 变量名表

变量名可以为 1 个或多个，多个的话使用逗号隔开。例如，

```
unsigned   char   i;
```

定义一个取值范围为 0～255 的无符号字符型变量 i。

```
unsigned   int   k;
```

定义一个取值范围为 0～65 535 的无符号整型变量 k。

```
unsigned   char   i,j;
```

定义取值范围为 0～255 的无符号字符型变量 i 和 j。

```
sbit   p30 = P3^0;
```

定义一个取值范围为 0～1 的特殊功能寄存器位变量 p30，用于访问单片机的 P3.0 引脚。

三、C51 编译器与存储器

1. C51 编译器支持的存储器类型

在变量定义时，如果省略存储器类型，则系统会按编译模式 Small、Compact 或 Large 所规定的默认存储器类型去指定变量的存储区域。无论什么存储模式都能在任何的 8051 存储区范围声明变量，把最常用的命令如循环计数器和队列索引放在内部数据区能显著提高系统性能。还有要指出的就是变量的存储种类与存储器类型是完全无关的。存储模式在单片机 Keil C51 语言编译器选项中设置，如图 2-5 所示。

(1) Small 模式：所有缺省变量参数均装入内部 RAM，优点是访问速度快，缺点是空间有限，只适用于小程序。

(2) Compact 模式：所有缺省变量均位于外部 RAM 区的一页(256 B)，具体哪一页可由 P2 口指定，可在 STARTUP.A51 文件中说明，也可用 pdata 指定，特点是空间较 Small 宽裕，速度较 Small 慢，较 Large 要快，是一种中间状态。

(3) Large 模式：所有缺省变量可放在多达 64 KB 的外部 RAM 区，优点是空间大，可存变量多，缺点是速度较慢。

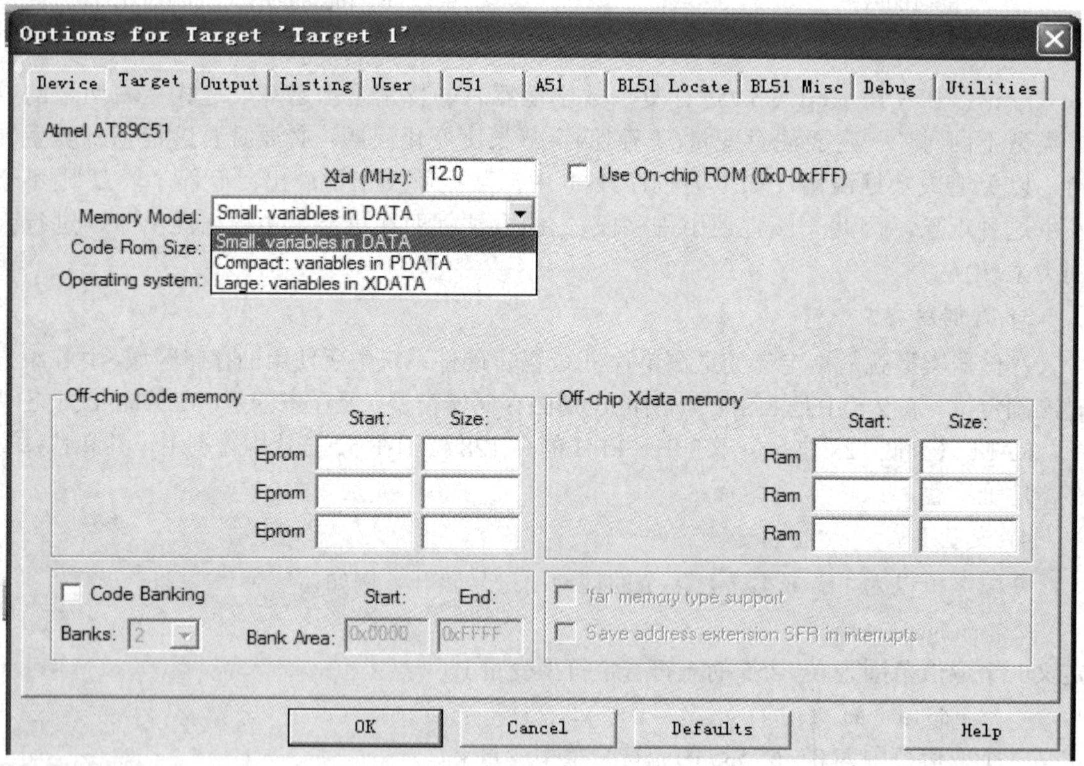

图 2-5　Keil C51 语言编译器存储器类型

2. Keil μVision 编译模式

Keil μVision 编译模式如图 2-6 所示，也有 Small、Compact 和 Large 三种。如果程序

量较大，可以选择 Large 模式。

(1) Small 模式：程序小于或等于 2 KB。

(2) Compact 模式：2 KB 函数，64 KB 程序。

(3) Large 模式：64 KB 程序。

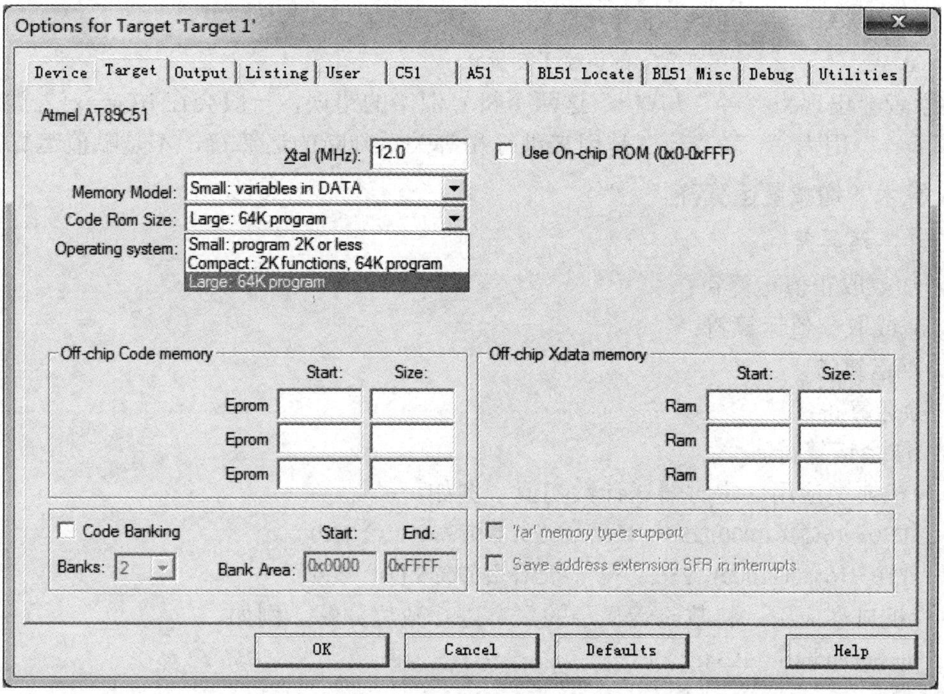

图 2-6　Keil μVision 编译模式

➤ 动手查一查

在单片机应用开发初期，程序员广泛使用汇编语言，查阅资料找到单片机的数据传输汇编指令，然后分析这些指令是如何操作存储器的。

任务三　掌握单片机 Keil C51 的语法基础

一、Keil C51 运算符

Keil C51 运算符有单目、双目和三目运算符。单目就是指需要一个运算对象，双目要求有两个运算对象，三目则要三个运算对象。

运算符和表达式

1. 赋值运算符

通过赋值运算符将一个变量与一个表达式连接起来的式子为赋值表达式，在表达式后面加“;”便构成了赋值语句。

使用“=”的赋值语句格式如下：

变量 = 表达式;

示例如下：

```
a = 0xFF;        //将常数十六进制数 0xFF 赋予变量 a
b = c = 33;      //同时赋值给变量 b、c
d = e;           //将变量 e 的值赋予变量 d
```

初学者会出现将“==”与“=”这两个符号混淆的错误，一般会在 if(a==x)之类的语句中错将“==”用为“=”。“==”是用来进行相等关系判断的运算符，不是赋值运算符。

2. 算术、增减量运算符

1) 算术运算符

+：加或取正值运算符；

–：减或取负值运算符；

*：乘运算符；

/：除运算符；

%：取余运算符。

单片机典型应用：定时器送计数初值，例如，

```
TH0 = (65536-1000)/256;        //送计数值高 8 位给 TH0
TL0 = (65536-1000)%256;        //送计数值高 8 位给 TL0
```

单片机典型应用：将数码管显示的数字进行数位分解，例如，

```
unsigned int a = 1234;
unsigned char d[4];
d[0] = (a/1000)%10;            //取出千位数字
d[1] = (a/100)%10;             //取出百位数字
d[2] = (a/10)%10;              //取出十位数字
d[3] = a%10;                   //取出个位数字
```

除法运算规则和一般的算术运算规则有所不同。如是两浮点数相除，其结果为浮点数，如：10.0/20.0 所得值为 0.5；而两个整数相除时，所得值就是整数，如 7/3 的值为 2。和别的语言一样，Keil C51 的运算符也有优先级和结合性，同样可用括号“( )”来改变优先级。

2) 增减量运算符

++：增量运算符；

--：减量运算符。

这两个运算符是 C 语言中特有的。作用就是对运算对象做加 1 和减 1 运算。要注意的是，运算对象在符号前或后，其含义都是不一样的，虽然同是加 1 或减 1，如：i++ (或 i--)是先使用 i 的值，再执行 i+1(或 i–1)；++i (或 --i)是先执行 i+1(或 i–1)，再使用 i 的值，减量同理。

增减量运算符只允许用于变量的运算中，不能用于常数或表达式。例如，i=100 时，

x=++i;　　　　执行此语句后 x=________; i=______

x=--i;　　　　　执行此语句后 x=________; i=_____

x=i++;　　　　　执行此语句后 x=________; i=_____

x=i--;　　　　　执行此语句后 x=________; i=_____

3. 关系运算符

单片机 C 语言中有 6 种关系运算符：

> 大于　　　　　　< 小于　　　　　　>= 大于等于　　<= 小于等于

== 等于　　　　　　!= 不等于

其中，前四个优先级相同，后两个优先级相同，但是前四个关系运算符的优先级要高于后两个的。

当两个表达式用关系运算符连接起来时就得到了关系表达式。关系表达式通常用来判别某个条件是否满足。要注意的是关系运算符的运算结果只有 0 和 1 两种，也就是逻辑的真与假，当指定的条件满足时结果为 1，不满足时结果为 0。

语句格式如下：

　　表达式 1　关系运算符　表达式 2

如：i<j，i==j，(i=4)>(j=3)，j+i>j。

4. 逻辑运算符

关系运算符反映的是两个表达式之间的大小关系，包括大于、小于、大于等于、小于等于、等于、不等于。逻辑运算符则用于求条件式的逻辑值，用逻辑运算符将关系表达式或逻辑量连接起来就是逻辑表达式了。注意，使用关系运算符的运算结果只有 0 和 1 两种，即逻辑的真与假。换句话说，也就是逻辑量，而逻辑运算符就用于逻辑量的运算。

逻辑表达式的一般形式为：

逻辑与：条件式 1 && 条件式 2

逻辑或：条件式 1 || 条件式 2

逻辑非：! 条件式 2

同样，逻辑运算符也有优先级别，依次为!(逻辑非)→&&(逻辑与)→||(逻辑或)，逻辑非的优先级最高。

5. 位运算符

位运算符的作用是按位对变量进行运算，但是并不改变参与运算的变量的值。如果要求按位改变变量的值，则要利用相应的赋值运算。位运算符是不能用来对浮点型数据进行操作的。单片机 C 语言中共有 6 种位运算符。

位运算表达式的一般形式如下：

　　变量 1　位运算符　变量 2

位运算符的优先级从高到低依次是：~(按位取反)→<<(左移)→>>(右移)→&(按位与)→^(按位异或)→|(按位或)。

6. 复合赋值运算符

复合赋值运算符就是在赋值运算符“=”的前面加上其他运算符。以下是 C 语言中的复合赋值运算符：

+= 加法赋值　>>= 右移位赋值　-= 减法赋值　&= 逻辑与赋值
*= 乘法赋　|= 逻辑或赋值　/= 除法赋值　^= 逻辑异或赋值
%= 取模赋值　~= 逻辑非赋值　<<= 左移位赋值

复合运算的一般形式为：

变量　复合赋值运算符　表达式

其含义就是变量与表达式先进行运算符所要求的运算，再将运算结果赋值给参与运算的变量。这也是 C 语言中简化程序的一种方法，凡是二目运算都能用复合赋值运算符来简化表达。例如，

a+=56　　等价于　a=a+56
y/=x+9　　等价于　y=y/(x+9)

很明显，采用复合赋值运算符会降低程序的可读性，但却能简化程序代码，并能提高编译的效率。对于 C 语言的初学者，编程时最好还是根据自己的理解力和习惯来使用程序表达的方式，不要一味追求程序代码的短小。

7. 逗号运算符

在 C 语言中，逗号还是一种特殊的运算符，也就是逗号运算符，它可将两个或多个表达式连接起来，形成逗号表达式。

逗号表达式的一般形式为：

表达式 1, 表达式 2, 表达式 3, …, 表达式 n

程序运行时，用逗号运算符组成的表达式从左到右依次计算出各个表达式的值，而整个用逗号运算符组成的表达式的值等于最右边表达式的值，也就是“表达式 n”的值。还要注意，并不是在程序的任何位置出现的逗号，都能认为是逗号运算符，如函数中的参数、同类型变量的定义中的逗号只是用于间隔，而不是逗号运算符。

8. 条件运算符

前面我们讲过，单片机 C 语言中有一个三目运算符，即“?:”条件运算符。它能把三个表达式连接构成一个条件表达式。

条件表达式的一般形式如下：

逻辑表达式? 表达式 1 : 表达式 2

简单来说，条件运算符的作用就是根据逻辑表达式的值选择使用表达式的值。当逻辑表达式的值为真(非 0 值)时，整个表达式的值为表达式 1 的值；当逻辑表达式的值为假(值为 0)时，整个表达式的值为表达式 2 的值。要注意的是，条件表达式中逻辑表达式的类型可以与表达式 1 和表达式 2 的类型不一样。

9. 指针和地址运算符

指针和地址运算符为 * (取内容运算)和 & (取地址运算)。

取内容和地址的一般形式分别为：

变量 =* 指针变量
指针变量 =& 目标变量

取内容运算是将指针变量所指向的目标变量的值赋给左边的变量，取地址运算是将目标变量的地址赋给左边的变量。要注意的是：指针变量中只能存放地址(也就是指针型数

据)，一般情况下不要将非指针类型的数据赋值给一个指针变量。

运算符优先级的规则如表 2-6 所示。

表 2-6　运算符的优先级与结合性

运算功能	运算符	优先级	结合性
括号运算符	( )；[ ]	1	从左到右
逻辑非、按位取反等单目运算	-；++；--；!；~；&；*	2	从右到左
算术运算	*；/；%	3	从左到右
	+；-	4	从左到右
左移、右移运算	<<；>>	5	从左到右
关系运算	<；<=；>；>=	6	从左到右
	==；!=	7	从左到右
位运算	&	8	从左到右
	^	9	从左到右
	|	10	从左到右
逻辑与	&&	11	从左到右
逻辑或	||	12	从左到右
条件运算	?:	13	从右到左
赋值运算与复合赋值运算	=；+=；-=；*=；/=；%=；&=；|=	13	从右到左
逗号运算	,	14	从左到右

以上运算符按优先级由高到低共分 15 级，总体规则如下：

(1) 单目运算符优先级最高，双目运算符其次，三目运算符较低。

(2) 双目运算符中，算术运算符优先级较高，关系运算符其次，逻辑运算符较低。位运算符中，移位算术运算符比关系运算符优先级高，关系运算符比位逻辑运算符优先级高。

(3) 圆括号运算符优先级最高，逗号运算符最低。赋值运算符和复合赋值运算符优先级比逗号运算符高。

(4) 同时有多个优先级相同的运算符时，按结合性从左到右或从右到左依次运算。

二、Keil C51 语句

表达式是由运算符及运算对象所组成的具有特定含义的式子。例如，a=a+1 表示把变量 a 的值加 1。

C51 是一种表达式语言，表达式后面加“;”号就构成了一个表达式语句。例如，“a=a+1; ”就是一个表达式语句。

Keil C51 的常见语句有以下几种。

(1) 表达式语句。表达式语句是表达式后加“;”构成的语句，如“x=y*30;”。单独的分号构成空语句，常用于软件延时语句中。

语句及程序结构

(2) 复合语句。复合语句是使用{}将若干条语句组合起来形成的一种功能块。复合语句不需要以“；”结束，但其内部语句仍然以分号结束。

(3) 分支语句。分支语句由关键词 if 和 else 构成。分支语句有三种形式：

- if(条件表达式)语句;
- if(条件表达式)语句 1;
  else 语句 2;
- if(条件表达式 1) 语句 1;
  else if(条件表达式 2) 语句 2;
  else if(条件表达式 3) 语句 3;
  ⋮
  else if(条件表达式 n)语句 n;
  else 语句 n+1;

多分支语句如下：

```
switch(表达式)
{       case    常量表达式 1:  语句 1; break;
        case    常量表达式 2:  语句 2; break;
        case    常量表达式 3:  语句 3; break;
⋮
        case    常量表达式 n:  语句 n; break;
        default:  语句 n+1; break;
}
```

(4) 循环语句。

① 当型循环。一般形式为：

```
while(循环条件表达式)
{循环体};
```

② 直到型循环。一般形式为：

```
do {循环体}
while(循环条件表达式)
```

③ for 循环。一般形式为：

```
for(循环条件表达式 1;   循环条件表达式 2;   循环条件表达式 3)
{循环体}
```

(5) 函数语句。

① 函数的声明语句，如项目 1 中的延时函数声明语句“void delay(unsigned int i)”。

② 函数的定义语句，如项目 1 中的延时函数定义语句“void delay(unsigned int i)”。

③ 函数的调用语句，如项目 1 中的延时函数调用语句“delay(100);”。

④ 用于函数的返回值，语句为“return(表达式);”或“return;”。

以上语句中，表达式语句、复合语句是基础，分支语句、循环语句及函数的声明、函数的定义、函数的调用以及返回语句是程序的骨架，只有两者结合才能构成功能完善的程序。在学习时一定要特别注意领会程序及函数控制语句的用法。

三、单片机 Keil C51 程序结构

单片机 Keil C51 程序设计和其他程序设计一样，一般采用顺序结构、分支结构和循环结构三种基本控制结构，再加上广泛使用的类似于其他语言中的子程序，Keil C51 共有四种常用的程序结构。下面重点介绍顺序结构和分支结构。

1. 顺序结构

顺序结构比较简单，语句按顺序依次执行，如图 2-7(a)所示。

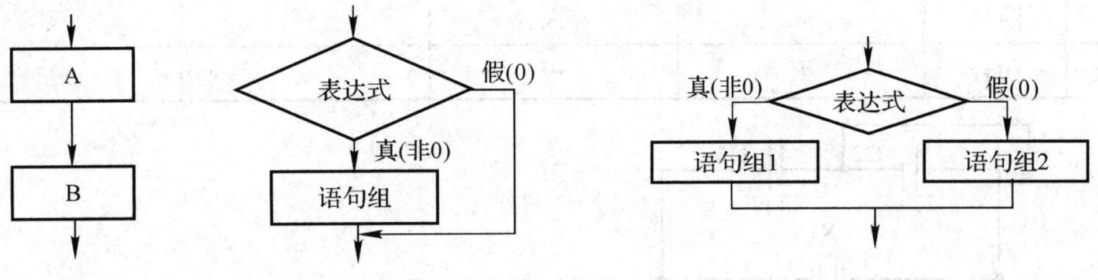

(a) 顺序结构　(b) 单分支结构　(c) 双分支结构

图 2-7　程序结构

2. 分支结构

在某些情况下，计算机要根据不同的条件去执行不同的处理程序，于是程序就产生了分支。分支程序一般可以分为简单分支程序和多分支程序。

1) 简单分支程序

如果给出的条件满足要求，则转向分支程序段，执行完分支程序段后继续执行下一段指令；如果给出的条件不满足要求，则不转向，直接执行下一条指令或执行另一个分支程序。单分支结构如图 2-7(b)所示，双分支结构如图 2-7(c)所示。

2) 多分支程序

多分支结构程序又称散转程序，它是根据输入条件或者运算结果来确定转向相应的处理程序，如图 2-8(a)所示。有时仅判断一个分支条件无法解决问题，需要判断两个或两个以上的条件，通常也称为复合条件，如图 2-8(b)所示。

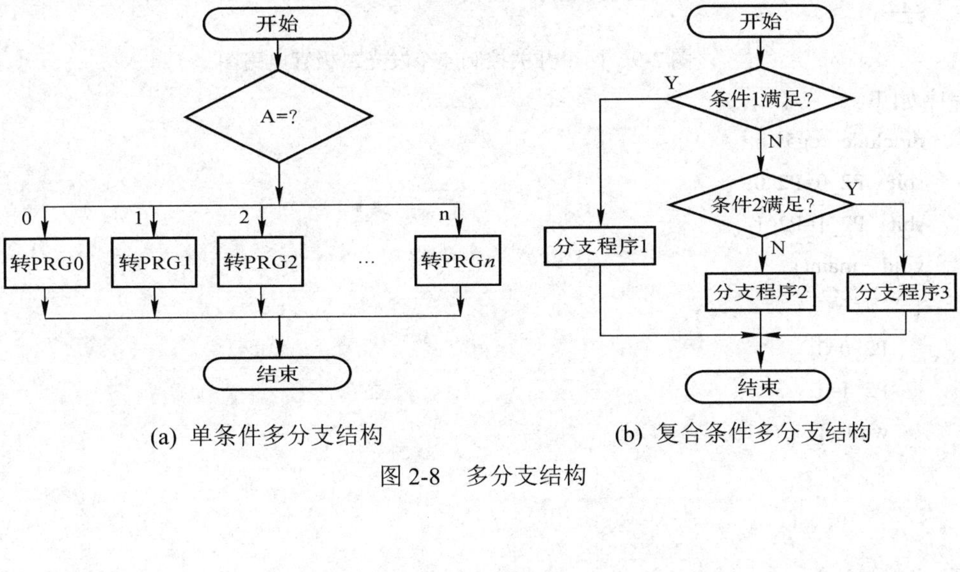

(a) 单条件多分支结构　(b) 复合条件多分支结构

图 2-8　多分支结构

【例 2-1】 电路如图 2-9 所示，单片机的 P2.0 连接了开关 S1，P2.1 连接了开关 S2，P1 端口连接了 4 个发光二极管。编写多分支结构程序，根据两个开关的 4 种状态分情况控制发光二极管的亮灭。执行程序后，4 个发光二极管的状态如表 2-7 所示。

表 2-7　两个开关控制 4 个发光二极管状态

S2	S1	VD4	VD3	VD2	VD1
断开	断开	亮	灭	灭	灭
断开	闭合	灭	亮	灭	灭
闭合	断开	灭	灭	亮	灭
闭合	闭合	灭	灭	灭	亮

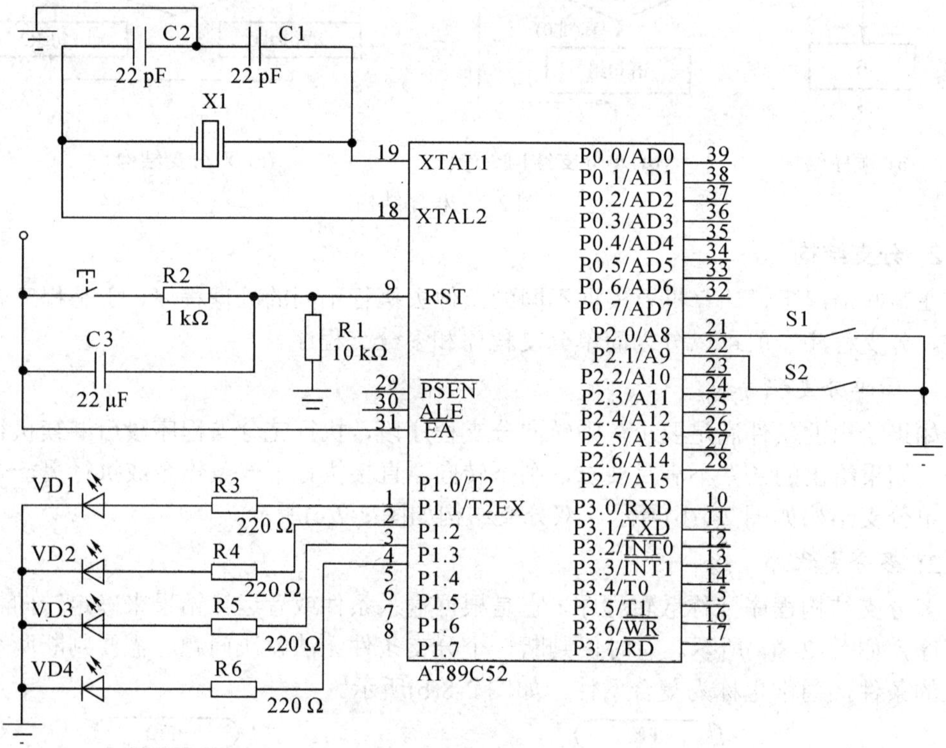

图 2-9　两个开关控制 4 个发光二极管电路图

程序如下：

```
#include<reg51.h>
sbit   P2_0=P2^0;
sbit   P2_1=P2^1;
void   main()
{
    P2_0=1;
    P2_1=1;
    while(1)
    {
```

```
        if((P2_0==0)&&(P2_1==0))         //两个开关均闭合，控制 VD1 亮
            P1=0x01;
        else if(P2_1==0)                 //开关 S2 闭合，控制 VD2 亮
            P1=0x02;
        else if(P2_0==0)                 //开关 S1 闭合，控制 VD3 亮
            P1=0x04;
        else                             //两个开关均断开，控制 VD4 亮
            P1=0x08;
    }
}
```

四、数组

数组就是指一组有序数据的集合，数组中的每一个数据都属于同一个数据类型。组成数组的各个数据分项称为数组元素，数组中的各个元素可以用一个统一的数组名和下标来唯一确定。数组属于常用的数据类型，数组中的元素有固定数目和相同类型，数组元素的数据类型就是该数组的基本类型。例如，整型数据的有序集合称为整型数组，字符型数据的有序集合称为字符型数组。

Keil C51 数组

根据下标的个数，数组可分为一维、二维、三维和多维数组等。根据数组中存放的数据类型可以分为整型数组、字符数组等，常用的是一维、二维和字符数组。

注意： 数组需要先定义，后使用。

1. 一维数组

1) 一维数组的定义

一维数组跟一维空间有点类似，就是只有一个下标标号的数组。

在 C51 语言中，一维数组的一般定义形式如下：

数据类型说明符 数组名[常量表达式];

或

数据类型说明符 数组名[常量表达式] = {初值 1, 初值 2, …, 初值 n};

各部分说明如下：

(1) “数据类型说明符”说明了数组中各个元素存储的数据的类型。

(2) “数组名”是整个数组的标识符，它的取名方法与变量的取名方法相同。

(3) “常量表达式”要求取值要为整型常量，必须用方括号“[]”括起来，用于说明该数组的长度，即该数组元素的个数。

(4) “初值部分”用于给数组元素赋初值，这部分在数组定义时属于可选项。对数组元素，可以在定义时赋值，也可以定义之后赋值。在定义时赋值，后面须带等号，初值须用花括号括起来，括号内的初值两两之间用逗号间隔。既可以对数组的全部元素赋值，也可以只对部分元素赋值。初值为 0 的元素可以只用逗号占位而不写初值 0。

下面是定义数组的两个例子：

```
unsigned  char  x[7];
unsigned  int  y[6] = {1, 3, 5, 7, 9, 11};
```

第一句定义了一个无符号字符数组，数组名为 x，数组中的元素个数为 7。

第二句定义了一个无符号整型数组，数组名为 y，数组中元素个数为 6，定义的同时给数组中的 6 个元素赋初值，初值分别为 1、3、5、7、9、11。

注意：C51 语言中数组的下标是从 0 开始的，因此上面第一句定义的 7 个元素分别是：x[0]、x[1]、x[2]、x[3]、x[4]、x[5]、x[6]。第二句定义的 6 个元素分别是：y[0]、y[1]、y[2]、y[3]、y[4]、y[5]，赋值情况为：y[0]=1；y[1]=3；y[2]=5；y[3]=7；y[4]=9；y[5]=11。

2) 一维数组的数组元素

一维数组中的数组元素也是一种变量，其标志方法为数组名后面跟一个下标。下标表示该数组元素在数组中的顺序号，下标只能为整型常量或者整型表达式。

定义数组元素的形式为：

　　数组名[下标]

例如，

```
Array[4] = 100;  array[8] = 34;  array[10] = 56;
```

注意：数组下标不能越界。

一个数组元素具有和相同类型单个变量一样的属性，可以对它赋值和参与各种运算。

C51 规定在引用数组时，只能逐个引用数组中的各个元素，而不能一次引用整个数组。但如果是字符数组则可以一次引用整个数组。

3) 一维数组的赋值

一维数组初始化赋值的一般格式：

　　数据类型　数组名[常量表达式]＝{初值 1, 初值 2, 初值 3, …, 初值 n}

其他赋值方式如下：

(1) 定义时赋初值：

```
int score[5]={1, 2, 3, 4, 5};
```

(2) 给一部分元素赋值：

```
int score[5]={1, 2};
```

(3) 使所有元素为 0：

```
int score[5]={0};
```

(4) 给全部数组元素赋初值时，可以不指定数组长度：

```
int score[]={1, 2, 3, 4, 5};
```

上述赋值方式中，{} 中的各个数值即为相应数组元素的初值，各值之间用逗号隔开。

【例 2-2】 用数组计算并输出 Fibonacci 数列的前 20 项。

Fibonacci 数列在数学和计算机算法中十分有用。Fibonacci 数列是这样的一组数：第一个数字为 0，第二个数字为 1，之后每一个数字都是前两个数字之和。设计时通过数组存放 Fibonacci 数列，从第三项开始可通过累加的方法计算得到。

程序如下：

```
#include  <reg52.h>        //包含特殊功能寄存器库
```

```
#include   <stdio.h>                //包含 I/O 函数库
void serial_initial(void)           //串口初始化函数定义
{
    SCON = 0x52;                    //串口初始化
    TMOD = 0x20;
    TH1 = 0XF3;
    TR1 = 1;
}
void main()
{
    int   fib[20],i;
    fib[0] = 0;
    fib[1] = 1;
    serial_initial();
    for (i=2; i<20; i++)    fib[i] = fib[i-2]+fib[i-1];
        for (i=0; i<20; i++)
        {
            if (i%5= =0)
                printf("\n");
                printf("%6d", fib[i]);
    }
    while(1);
}
```

程序执行结果：

0	1	1	2	3
5	8	13	21	34
55	89	144	233	377
610	987	1597	2584	4148

2. 字符数组

用于存放字符数据的数组称为字符数组，它是 C 语言中常用的一种数组。字符数组中的每一个元素都用于存放一个字符，也可用字符数组来存放字符串。字符数组的定义与一般数组相同，只是在定义时把数据类型定义为 char。例如，

```
char   string1[10];
char   string2[20];
```

上面定义了两个字符数组，分别定义了 10 个元素和 20 个元素。

在 C51 语言中，字符数组用于存放一组字符或字符串，字符串以“\0”作为结束符，只存放一般字符的字符数组的赋值与使用和一般的数组完全相同。对于存放字符串的字符数组，既可以对字符数组的元素逐个进行访问，也可以对整个数组按字符串的方式进行处理。

【例 2-3】 对字符数组进行输入和输出。

程序如下：

```
#include  <reg52.h>          //包含特殊功能寄存器库
#include  <stdio.h>          //包含 I/O 函数库
void serial_initial(void)    //串口初始化函数定义
{
    SCON=0x52;               //串口初始化
    TMOD=0x20;
    TH1=0XF3;
    TR1=1;
}
void main()
{   char   string[20];
    serial_initial();
    printf("please   type   any   character: ");
    scanf("%s", string);
    printf("%s\n", string);
    while(1);
}
```

五、Keil C51 函数

Keil C51 函数

在 Keil C51 语言程序中，子程序的作用是由函数来实现的。函数是 C51 语言的基本组成模块，一个 C51 语言程序就是由若干个模块化的函数组成的。

Keil C51 程序都是由一个主函数 main( )和若干个子函数构成的，有且只有一个主函数。程序由主函数开始执行，最终由主函数结束。主函数根据需要来调用其他函数，其他函数可以有多个。C51 程序的组成如图 2-10 所示。

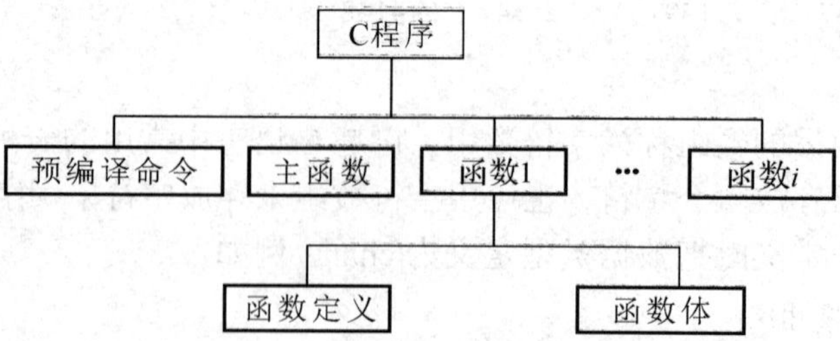

图 2-10　C51 程序的组成

1. 函数的分类

从用户使用角度来看，函数分为两种类型：标准库函数和用户自义函数。

1) 标准库函数

标准库函数是由 Keil C51 的编译器提供的，用户不必定义这些函数，可以直接调用。

Keil C51 编译器提供了 100 多个库函数供用户使用。常用的 Keil C51 库函数包括一般 I/O 口函数、访问 SFR 地址函数等，在 C51 编译环境中，以头文件的形式给出。对于系统提供的标准库函数，在使用之前需要通过预处理命令#include 将对应的标准库函数包含到程序起始位置。常用的库函数参见附录二。

2) 用户自定义函数

用户自定义函数是用户根据需要自行编写的函数，它必须先定义之后才能被调用。

2. 函数的定义

对于用户自定义函数，使用前必须对其进行定义以后方可调用。

函数定义的一般格式如下：

```
函数类型　函数名(形式参数表)　[reentrant] [interrupt m] [using n]
形式参数说明
{
    局部变量定义;
    函数体语句;
}
```

格式说明：

(1) 函数类型。函数类型说明了函数返回值的类型，即前面介绍的各种数据类型。如果函数没有返回值，函数类型可以不写。在实际处理中，一般将它的类型定义为 void。

(2) 函数名。函数名是用户为自定义函数取的名字以便调用函数时使用。它的命名规则与变量的命名规则一样。

(3) 形式参数表。形式参数表用于给出在主调用函数与被调用函数之间进行数据传递的形式参数。形式参数类型必须加以说明。如果函数没有参数传递，在定义时，参数形式可以没有或用 void 说明，但是括号一定不能省略。

【例 2-4】 定义一个函数 max()，返回两个整数的最大值。

程序如下：

```
int  max(int  x, int  y)
{
    int  z;
    z=x>y?x:y;
    return(z);
}
```

也可以用以下方法：

```
int  max(x, y)
int  x, y;
{  int  z;
    z=x>y?x:y;
    return(z);
}
```

(4) 局部变量定义。局部变量定义是对函数内部使用的局部变量进行定义。

(5) 函数体语句。函数体语句是为完成函数的特定功能而设置的语句。

(6) reentrant 修饰符。这个修饰符用于将函数定义为可重入函数。所谓可重入函数，就是允许被递归调用的函数。函数的递归调用是指当一个函数正被调用尚未返回时，又直接或间接调用函数本身。一般的函数做不到这样，只有重入函数才允许递归调用。

(7) interrupt m 修饰符。interrupt m 是 Keil C51 函数中非常重要的一个修饰符，这是因为中断函数必须通过它才能进行修饰。在 C51 程序设计中，当函数定义时使用了 interrupt m 修饰符，系统编译时才将对应函数转化为中断函数，自动加上程序头段和尾段，并按 MCS-51 系统中断的处理方式自动把它安排在程序存储器中的相应位置。中断函数的使用方法参见项目三。

(8) using n 修饰符。修饰符 using n 用于指定本函数内部使用的工作寄存器组，其中 n 的取值为 0～3，表示寄存器组号。

3. 函数的调用与声明

1) 函数的调用

函数调用就是在一个函数体中引用另外一个已经定义的函数，前者称为主调用函数，后者称为被调用函数。函数调用的一般形式如下：

　　函数名(实参列表):

调用有参数的函数时，若实参列表包含多个实参，则各个实参之间用逗号隔开。实参与形参顺序对应，个数应相等，类型应一致。

按照函数调用在主调函数中出现的位置，函数调用方式有以下三种：

(1) 函数语句。将被调用函数作为主调用函数的一个语句。

(2) 函数表达式。函数被放在一个表达式中，以一个运算对象的方式出现。这时的被调用函数要求带有返回语句，以返回一个明确的数值参加表达式的运算。

(3) 函数参数。被调用函数作为另一个函数的参数。

2) 函数的声明

在 Keil C51 中，函数原型的一般形式如下：

　　[extern]　函数类型　函数名(形式参数表):

函数的声明是将函数的名称、类型及形参的类型、个数和顺序通知编译系统，以便调用函数时系统进行对照检查。函数的声明后面要加分号。

如果声明的函数在文件内部，则声明时不用 extern；如果声明的函数不在文件内部，而在另一个文件中，声明时则须带 extern，指明使用的函数在另一个文件中。

【例 2-5】 内部函数的调用。

程序如下：

```
#include  <reg52.h>          //包含特殊功能寄存器库
#include  <stdio.h>          //包含 I/O 函数库
int   max(int x, int y);     //对 max 函数进行声明
void main(void)              //主函数
{
```

```
    int   a, b;
    SCON=0x52;              //串口初始化
    TMOD=0x20;
    TH1=0XF3;
    TR1=1;
    scanf("please input a, b:%d, %d", &a, &b);
    printf("\n");
    printf("max is:%d\n", max(a, b));    // 函数调用，参数为 a、b，函数的返回值作为输出值
    while(1);
}
int   max(int x, int y);
{
    int   z;
    z=(x>=y?x:y);
    return(z);
}
```

函数定义“int　max(int x, int y);”表明函数带两个整型参数 x、y，返回值也是整型的

【例 2-6】 外部函数的调用。

程序如下：

```
//程序 serial_initial.c，没有定义主函数 main()
#include   <reg52.h>          //包含特殊功能寄存器库
#include   <stdio.h>          //包含 I/O 函数库
void serial_initial(void)     //串口初始化函数定义
{
    SCON=0x52;                //串口初始化
    TMOD=0x20;
    TH1=0XF3;
    TR1=1;
}
//程序 fun.c
#include   <reg52.h>          //包含特殊功能寄存器库
#include   <stdio.h>          //包含 I/O 函数库
extern   serial_initial();    //串口初始化函数声明，由于函数在外部定义，所以使用
                              //extern 关键字进行声明
void   main(void)
{   int   a, b;
    serial_initial();              //函数调用，不带参数的函数调用
    scanf("please input a, b:%d, %d", &a, &b);
    printf("\n");
    printf("max is:%d\n", a>=b?a:b);
```

```
    while(1);
}
```

在 Keil C51 编程软件中新建项目，将 serial_initial.c 和 fun.c 同时加入项目中，进行编译与调试。

任务四　了解单片机并行接口的结构及功能

MCS-51 系列单片机有 4 个 8 位并行 I/O 接口：P0、P1、P2 和 P3，它们是 4 个特殊功能寄存器。每个接口都由锁存器、输出驱动器和输入缓冲器组成。单片机与外部设备交换信息时，都是通过端口进行的。

单片机并行接口

4 个 I/O 接口输出时具有锁存功能，输入时具有缓冲功能。在进行写端口操作时，CPU 将内部总线的数据经锁存器和输出驱动器送到端口引脚；在进行读端口操作时，将端口锁存器或引脚数据经输入缓冲器传送至内部数据总线。

4 个 I/O 接口既可作输入口使用，又可作为输出口使用；既可按位操作方式使用单个引脚，又可按照字节操作使用 8 个引脚。

在扩展外部存储器或外部设备时，部分 I/O 接口还具有复用功能。每个 I/O 接口有各自的功能特点，下面分别进行介绍。

一、P0 口

1. P0 口的结构

MCS-51 单片机的 P0 口占用的是 32～39 脚。P0 口是一个三态双向口，它由一个数据输出 D 锁存器、两个三态输入缓冲器、一个输出驱动电路和输出控制电路组成。其中，输出驱动电路由场效应晶体管 VT1 和 VT2 组成，受输出控制电路控制，当栅极输入低电平时，VT1、VT2 截止；当栅极输入高电平时，VT1、VT2 导通；输出控制电路由一个与门、一个非门和一个 2 选 1 多路开关 MUX 构成。图 2-11 为 P0 口的结构图。

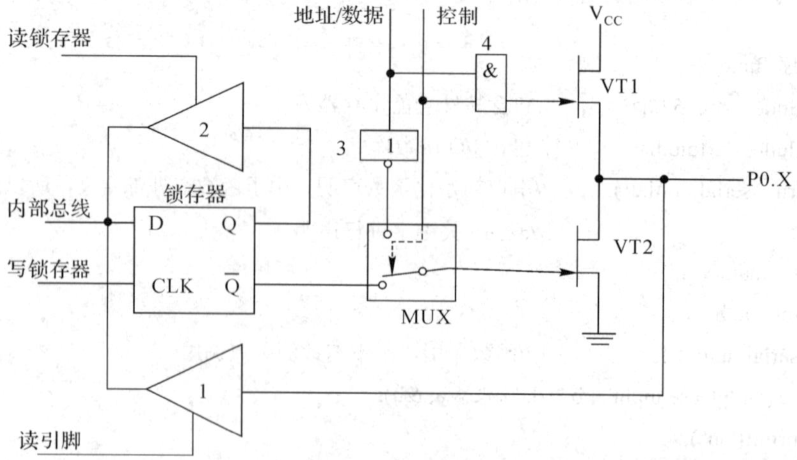

图 2-11　P0 口的结构

2. P0 口的功能

1) 可作为通用 I/O 接口使用

当“控制”端口信号为低电平时，P0 口作为通用 I/O 接口使用。

当 P0 口作为输出口使用时，内部总线将数据送入 D 锁存器，内部的写脉冲加在 D 锁存器时钟端 CLK 上，锁存数据到 Q、$\overline{Q}$ 端，再经过多路开关 MUX，由 VT2 反相后正好是内部总线的数据，送到 P0 口引脚输出。

当 P0 口作为输入口使用时，应区分读引脚和读端口两种情况。

· 所谓读引脚，就是读芯片引脚的状态，这时使用下方的数据缓冲器，由“读引脚”信号把缓冲器打开，将端口引脚上的数据从缓冲器通过内部总线读进来。

· 所谓读端口，就是指通过上面的缓冲器读锁存器 Q 端的状态。读端口是为了适应对 I/O 口进行“读—修改—写”操作语句的需要。

当 P0 口作为通用 I/O 接口时，应注意以下三点：

(1) 输出数据时，VT2 截止，输出级是漏极开路电路，要使“1”信号正常输出，必须外接上拉电阻。

(2) P0 口作为通用 I/O 口输入使用时，在输入数据前，应先向 P0 口写“1”。

(3) P0 口的输出级具有驱动 8 个 LS 型 TTL 负载的能力，输出电流不大于 800 μA。

2) 可作为低 8 位地址线使用

当系统功能扩展时，使“控制”端口信号为高电平，P0 口可作为低 8 位地址线使用。

当 P0 口作为低 8 位地址线使用时，主要从 P0 口输出低 8 位地址。当“控制”信号为高电平时，打开与门，使多路转换开关 MUX 把反相器 3 的输出端与 VT2 接通。如果 P0 输出低 8 位地址信号，当“地址”为高电平“1”时，经反相器 3 使 VT2 截止，而经与门使 VT1 导通，P0.X 引脚为高电平“1”；当“地址”为低电平“0”时，经反相器 3 使 VT2 导通，而经与门使 VT1 截止，P0.X 引脚为低电平“0”，从而实现地址信号的输出。

3) 可作为数据线使用

当系统功能扩展时，使“控制”端口信号为高电平，P0 口可作为数据线使用。

当 P0 口作为数据线使用时，可以从 P0 口输入/输出数据。当“控制”信号为高电平时，打开与门，使多路转换开关 MUX 把反相器 3 的输出端与 VT2 接通。从 P0 口输入数据时，输入数据从引脚下方的三态输入缓冲器进入总线。如果 P0 输出数据信号，当“数据”为高电平“1”时，经反相器 3 使 VT2 截止，而经与门使 VT1 导通，P0.X 引脚为高电平“1”；当“数据”为低电平“0”时，经反相器 3 使 VT2 导通，而经与门使 VT1 截止，P0.X 引脚为低电平“0”，从而实现数据的输出。

二、P1 口

1. P1 口的结构

MCS-51 单片机的 P1 口占用的是 1～8 脚。P1 口是准双向口，它由一个数据输出 D 锁存器、两个三态输入缓冲器、一个输出驱动电路组成。P1 口的结构与 P0 口不同，它没有输出控制电路，输出驱动电路由一个场效应管VT1与内部上拉电阻组成。图2-12为P1口的结构图。

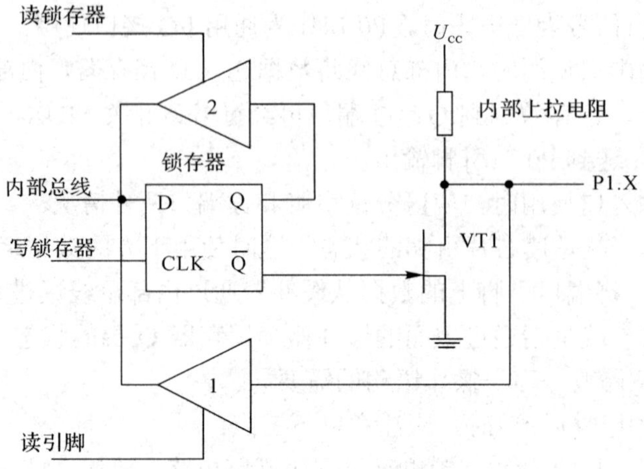

图2-12　P1口的结构

2. P1口的功能

P1口只能作为通用I/O接口使用。根据P1口的组成结构，其输入/输出原理特性与P0口作为通用 I/O 接口使用时一样，当 P1 口作为输出口使用时，可以向外提供推拉电流负载，无需再外接上拉电阻；当 P1 口作为输入口使用时，同样也需要先向锁存器写“1”，使输出驱动电路的场效应管截止，处于高阻状态，然后通过缓冲器进行输入操作。

三、P2口

1. P2口的结构

MCS-51单片机的P2口占用的是21～28脚。P2口也是准双向口，它由一个数据输出D锁存器、两个三态输入缓冲器、一个输出驱动电路和输出控制电路组成。其中，输出控制电路由一个2选1多路开关MUX和一个反相器3构成。输出驱动电路由一个场效应管VT1与内部上拉电阻组成。与P1口相比，它只在输出驱动电路上比P1口多了一个模拟转换开关MUX和反相器3。图2-13为P2口的结构图。

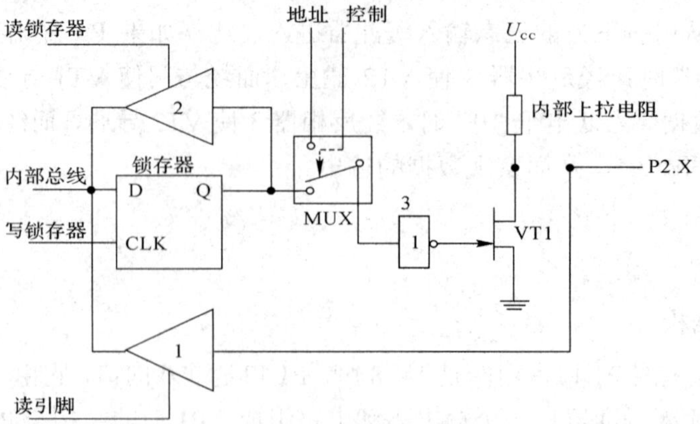

图2-13　P2口的结构

2. P2 口的功能

1) 可作为通用 I/O 接口使用

P2 口电路比 P1 口电路多了一个多路开关 MUX，这一结构与 P0 口相似。当“控制”端口信号为低电平时，P2 口作为通用 I/O 接口使用，其工作原理与 P1 口相同，只是 P1 口输出端由锁存器 $\overline{Q}$ 端接 VT1，而 P2 口是由锁存器 Q 端经反相器 3 接 VT1。

2) 可作为高 8 位地址线使用

P2 口与 P0 口电路一样有一个多路开关 MUX，但 MUX 的一个输入端接入的不再是“地址/数据”，而是单一的“地址”。当系统功能扩展时，使“控制”端口信号为高电平，P2 口作为高 8 位地址线使用，与 P0 口的低 8 位地址线共同构成 16 位地址总线，此时多路开关接通“地址”端。

四、P3 口

1. P3 口的结构

MCS-51 单片机的 P3 口占用的是 10～17 脚。P3 口是准双向口，它由一个数据输出 D 锁存器、两个三态输入缓冲器、一个输出驱动电路组成。其中输出驱动电路由与非门 3、VT1 和内部上拉电阻组成。输入比 P0、P1、P2 口多了一个缓冲器 4。P3 口内部上拉电阻与 P1 口相同，不同的是增加了第二功能控制逻辑。图 2-14 为 P3 口的结构图。

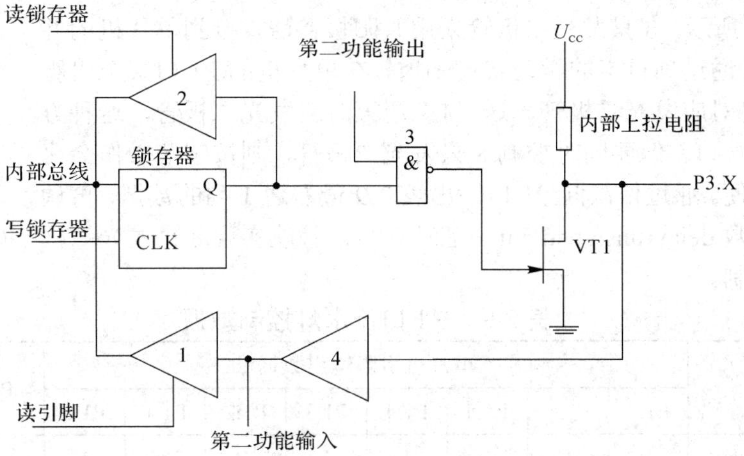

图 2-14　P3 口的结构

2. P3 口的功能

1) 可作为通用 I/O 口使用

当作为通用 I/O 口时，第二功能输出线为高电平，数据输入仍然取自三态缓冲器的输出端。它的工作原理及负载能力与 P1、P2 口的相同。

2) 具有第二功能

P3 口的每个引脚均具有第二功能。具有第二功能的端口，不能同时作为通用 I/O 口使用，但其他未被使用的端口仍可作为通用 I/O 口使用。

不管 P3 口是作为输入口还是作为第二功能信号，输出电路中的锁存器输出和第二功能输出信号都应保持高电平，以使输出电路的场效应管截止。P3 口的第二功能见表 2-8。

表 2-8　单片机 P3 口第二功能说明

单片机引脚	引脚第二功能	第二功能说明
P3.0	RXD	串行通信数据接收端
P3.1	TXD	串行通信数据发送端
P3.2	$\overline{\mathrm{INT0}}$	外部中断 0 请求端
P3.3	$\overline{\mathrm{INT1}}$	外部中断 1 请求端
P3.4	T0	计数器 0 外部输入端
P3.5	T1	计数器 1 外部输入端
P3.6	$\overline{\mathrm{WR}}$	外部数据存储器/外设端口写
P3.7	$\overline{\mathrm{RD}}$	外部数据存储器/外设端口读

任务五　项 目 实 施

一、流水灯原理

如图 2-15 所示，8 只发光二极管采用共阳极接法，接到单片机的并行接口 P1 口。通过项目 1 的学习我们知道，在单片机的 P1 口某个引脚端送“0”点亮对应发光二极管，送“1”熄灭对应发光二极管，这种方式是按位访问端口。但要同时控制 8 只发光二极管，则按字节操作会比按位操作更方便。通过依次向 P1 口输出表 2-9 最右边 1 列的数据，再调用软件延时函数 delay(unsigned int i)延时 0.2 s，就能实现 8 只发光二极管的流水灯控制。

流水灯电路仿真

表 2-9　P1 口流水灯控制数据

显示状态	单片机引脚输出数据								P1 口输出数据
	P1.7	P1.6	P1.5	P1.4	P1.3	P1.2	P1.1	P1.0	
复位状态(全灭)	1	1	1	1	1	1	1	1	FFH
状态 1(D1 亮)	1	1	1	1	1	1	1	0	FEH
状态 2(D2 亮)	1	1	1	1	1	1	0	1	FDH
状态 3(D3 亮)	1	1	1	1	1	0	1	1	FBH
状态 4(D4 亮)	1	1	1	1	0	1	1	1	F7H
状态 5(D5 亮)	1	1	1	0	1	1	1	1	EFH
状态 6(D6 亮)	1	1	0	1	1	1	1	1	DFH
状态 7(D7 亮)	1	0	1	1	1	1	1	1	BFH
状态 8(D8 亮)	0	1	1	1	1	1	1	1	7FH

二、流水灯电路硬件仿真图设计

以 AT89C51 为控制器，加上电容、电阻、发光二极管等器件构成单片机控制 8 个发光二极管的流水灯控制电路，硬件仿真电路图如图 2-15 所示，仿真时用到的器件名称如图 2-16 所示。

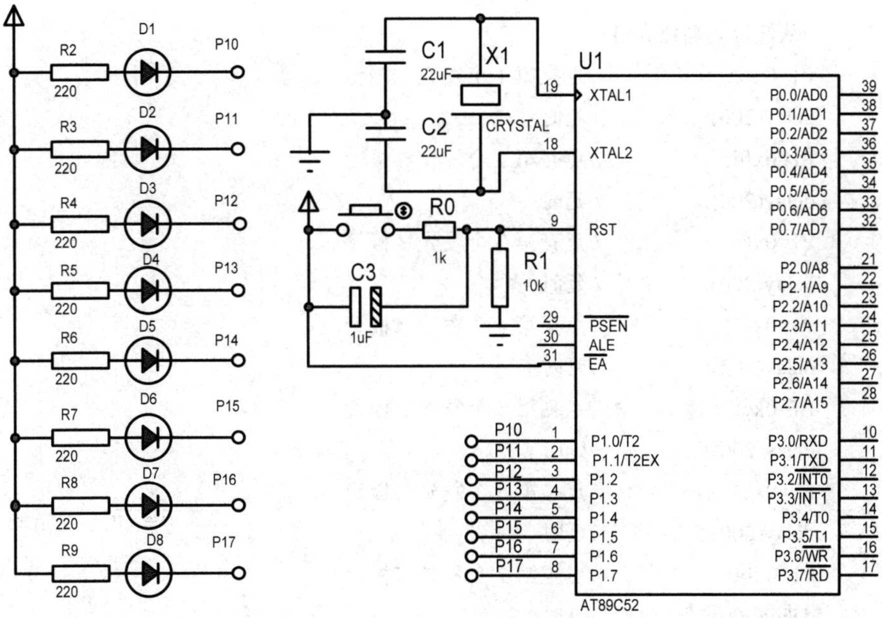

图 2-15　流水灯控制电路

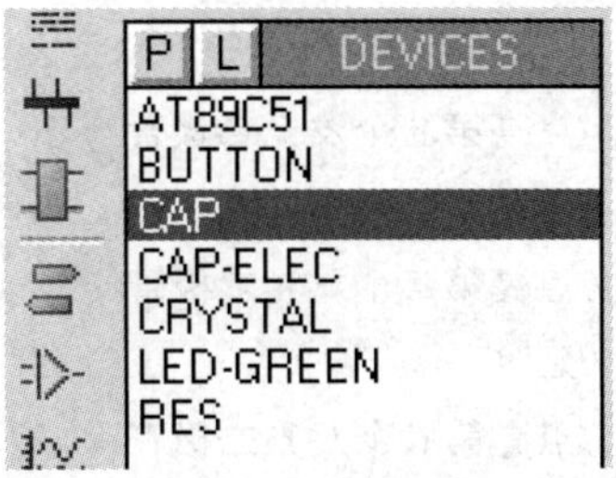

图 2-16　元器件列表

三、流水灯程序设计

流水灯程序设计的步骤如下：

(1) 建立项目文件 xm2.uvproj，选择 CPU 型号 AT89C52 并保存。

(2) 建立 C 源程序，输入以下代码，存为 xm2_1.c，并将其加入到项目文件中。

方法 1：采用顺序结构编程。

```
//程序：xm2_1.c
//功能：采用顺序结构实现的流水灯控制程序
```

```
#include <reg51.h>
void delay(unsigned int i);     //延时函数声明
void main()                     //主函数
{
    while(1)
    {
        //从低位到高位亮灯
        P1=0xfe;                //点亮第 1 个发光二极管
        delay(200);             //延时
        P1=0xfd;                //点亮第 2 个发光二极管
        delay(200);             //延时
        P1=0xfb;                //点亮第 3 个发光二极管
        delay(200);             //延时
        P1=0xf7;                //点亮第 4 个发光二极管
        delay(200);             //延时
        P1=0xef;                //点亮第 5 个发光二极管
        delay(200);             //延时
        P1=0xdf;                //点亮第 6 个发光二极管
        delay(200);             //延时
        P1=0xbf;                //点亮第 7 个发光二极管
        delay(200);             //延时
        P1=0x7f;                //点亮第 8 个发光二极管
        delay(200);             //延时
        //从高位到低位亮灯
        P1=0x7f;                //点亮第 8 个发光二极管
        delay(200);             //延时
        P1=0xbf;                //点亮第 7 个发光二极管
        delay(200);             //延时
        P1=0xdf;                //点亮第 6 个发光二极管
        delay(200);             //延时
        P1=0xef;                //点亮第 5 个发光二极管
        delay(200);             //延时
        P1=0xf7;                //点亮第 4 个发光二极管
        delay(200);             //延时
        P1=0xfb;                //点亮第 3 个发光二极管
        delay(200);             //延时
        P1=0xfd;                //点亮第 2 个发光二极管
        delay(200);             //延时
        P1=0xfe;                //点亮第 1 个发光二极管
```

```
        delay(200);          //延时
    }
}
//函数名：delay
//函数功能：实现软件延时
//形式参数：unsigned int i;  变量 i 控制外循环次数，共循环 i×124 次
//返回值：无
void  delay(unsigned int i)  //延时函数，无符号字符型变量 i 为形式参数
{
    unsigned int j, k;              //定义无符号整型变量 j 和 k
    for(k=0; k<i; k++)              //双重 for 循环语句实现软件延时
        for(j=0; j<124; j++);       //执行 124 次指令，延时约 1 ms
}
```

方法 2：采用循环结构编程。

在项目中移除 xm2_1.c，加入 xm2_2.c。

```
//程序：xm2_2.c
//功能：采用循环结构结合移位指令实现的流水灯控制程序
#include <reg51.h>                  //包含头文件 reg51.h
void delay(unsigned int i);         //延时函数声明
void main()                         //主函数
{
    unsigned char i, w;
    while(1)
    {
        //以下程序实现从低位到高位亮灯
        w=0x01;                     //信号灯显示字初值为 01H
        for(i=0; i<8; i++)
        {
            P1=~w;                  //显示字取反后，送 P1 口
            delay(200);             //延时
            w<<=1;                  //显示字左移 1 位
        }
        //以下程序实现从高位到低位亮灯
        w=0x80;                     //信号灯显示字初值为 80H
        for(i=0; i<8; i++)
        {
            P1=~w;                  //显示字取反后，送 P1 口
            delay(200);             //延时
            w>>=1;                  //显示字右移 1 位
```

```
            }
        }
    }
    void    delay(unsigned int i)          //延时函数，无符号整型变量 i 为形式参数
    {
        unsigned    int    j, k;           //定义无符号整型变量 j 和 k
        for(k=0; k<i; k++)                 //双重 for 循环语句实现软件延时
            for(j=0; j<124; j++);          //采用 12 MHz 晶振，则此循环的时间约为 1 ms
    }
```

方法 3：采用数组存储结构和循环程序结构编程。

在项目中移除 xm2_2.c，加入 xm2_3.c。

```
    //程序： xm2_3.c
    //功能：采用数组实现的流水灯控制程序
    #include <reg51.h>              //包含头文件 REG51.H
    void delay(unsigned int i);     //延时函数声明
    void main()                     //主函数
    {
        unsigned char i;
        unsigned char kk[]={0xfe,0xfd,0xfb,0xf7,0xef,0xdf,0xbf,0x7f};
        while(1)
        {    //以下程序实现从低位到高位亮灯
            for(i=0; i<8; i++)
            {
                P1=kk[i];           //送控制数据
                delay(200);         //延时
            }
            //以下程序实现从高位到低位亮灯
            for(i=0; i<8; i++)
            {
                P1=kk[7-i];
                delay(200);         //延时
            }
        }
    }
    void    delay(unsigned int i)   //延时函数，无符号字符型变量 i 为形式参数
    {
        unsigned int j, k;          //定义无符号字符型变量 j 和 k
        for(k=0; k<i; k++)          //双重 for 循环语句实现软件延时
            for(j=0; j<124; j++);
```

```
}
```

(3) 进行项目文件设置。设置晶振频率为 12 MHz，勾选生成“CREATE HEX”文件。

(4) 编译项目文件。修改程序中的语法错误和逻辑错误，生成“xm2.hex”文件。

四、流水灯电路仿真调试

流水灯电路仿真调试的步骤如下：

(1) 在 Proteus 电路图上双击单片机加载生成的“xm2.hex”文件，单击“开始”按钮进行仿真。

(2) 修改程序或者电路图的错误并重新仿真验证。

注意：由于每个项目中只能有 1 个主函数，因此如果源程序文件都有主函数，则项目中的源程序只能保留一个，避免出现编译错误。

五、花式流水灯

1. 花式流水灯原理

前文中我们通过 3 种编程方法实现了流水灯控制，但是亮灯的方式仍然比较单一，只实现了正反两个方向的流水灯，和平常我们看到的霓虹灯相比，变化的花样不多。那么如何让流水灯变化的花样更多呢？答案其实就在送给端口的数据上，根据表 2-9，给 P1 端口送入不同的值，灯的亮灭变化就不同。P1 端口取值范围为 0～255，所以灯的状态就有 256 种，我们取其中的一些数值组成一个数组，按照方法 3 进行编程，就能很轻松地实现花式流水灯了。另外，我们还可以修改延时的时间，改变亮灯的节奏，使得流水灯效果更佳。

花式流水灯电路硬件仿真图设计如图 2-15 所示。

2. 花式流水灯程序设计

(1) 打开前面建立的项目文件 xm2.uvproj，移出项目中的源程序文件。

(2) 建立 C 源程序。输入以下程序，存盘为 xm2_4.c，并将其加入到项目文件中。

```
//程序：  xm2_4.c
//功能：采用数组实现花式流水灯控制程序
#include <reg51.h>              //包含头文件 reg51.h
void delay(unsigned int i);     //延时函数声明
void main()                     //主函数
{
    unsigned char i;
    unsigned char kk[]={0x7f, 0xbf, 0xdf, 0xef, 0xf7, 0xfb, 0xfd, 0xfe, 0xff, 0x00, 0xf0, 0x0f}    ;
    while(1)
    {
        for(i=0; i<12; i++)
        {
            P1=kk[i];           //高位到低位逐个点亮，全灭，全亮，低 4 位亮，高 4 位亮
```

```
                delay(100);         //延时 0.1 s
            }
            for(i=12; i>0; i--)
            {
                P1=kk[i-1];         //高 4 位亮，低 4 位亮，全亮，全灭，低位到高位逐个点亮
                delay(500);         //延时 0.5 s
            }
        }
    }
    void  delay(unsigned int i)  //延时函数，无符号字符型变量 i 为形式参数
    {
        unsigned int j, k;          //定义无符号字符型变量 j 和 k
        for(k=0; k<i; k++)          //双重 for 循环语句实现软件延时
            for(j=0; j<124; j++);
    }
```

(3) 进行项目文件设置。设置晶振频率为 12 MHz，勾选生成“CREATE HEX”文件。

(4) 编译项目文件。修改程序中的语法错误和逻辑错误，重新生成“xm2.hex”文件。

(5) 加载程序，完成花式流水灯仿真调试。

➢ 动手做一做

除以上所讲的外，你还会想到哪些流水灯样式？动手操作一下，让开发板产生流光溢彩的效果。

项 目 小 结

本项目讲解了单片机内部存储器资源。MCS-51 单片机具有 8 位 CPU，内部数据存储器只有 128 B，内部程序存储器最多支持 64 KB，有两个 16 位的定时计数器、两个外部中断、一个串行口。若使用汇编语言编程，则需要掌握内部资源，在本书中使用 C 语言编程，只需要了解内部的存储器资源概念即可。

Keil C51 是单片机的编程语言，完全兼容普通的 C 语言，增加了 bit、sbit、sfr、sfr16 这几种数据类型。在具体编程的实践中，使用比较多的为 unsigned char、unsigned int、bit、sbit 四种类型，需要重点掌握。因为 MCS-51 单片机没有浮点数处理器，所以不要使用浮点型(float)的数据。

Keil C51 的运算符、语句、程序结构、数组、函数等内容与普通 C 语言完全一致，详细的语法可以参考 C 语言书籍。

单片机通过 4 个 8 位并行 I/O 口与外接设备交换信息。这 4 个并行 I/O 口分别为 P0、P1、P2、P3。4 个并行 I/O 口均可作为通用的 I/O 口与外部设备进行数据传输。P0 作为普通 I/O 口时，必须外接上拉电阻。P1 口只能作为普通 I/O 口使用，其他三个端口均可以用

于其他用途。P0 可以作为数据线或者低 8 位地址线，P2 口可作为高 8 位地址线，P3 口具有第二功能。

在 I/O 口外接发光二极管，通过控制 I/O 口输出的数据可以控制多个发光二极管的亮灭，从而产生不同的显示效果。这就是流水灯的设计原理。重点掌握数组方式来实现流水灯编程。

项 目 练 习

一、选择题

1. 最基本的 C 语言语句是(　　)。

A. 赋值语句　　B. 表达式语句

C. 循环语句　　D. 复合语句

2. C51 程序中，常常把(　　)作为循环体，用于消耗 CPU 时间，产生延时效果。

A. 赋值语句　　B. 表达式语句

C. 循环语句　　D. 空语句

3. 以下 C51 的标识符中，正确的是(　　)。

A. int　　B. @1

C. a11　　D. char

4. C51 语言中，当型循环语句为(　　)。

A. while　　B. do　while

C. for　　D. switch

5. 当 i=9 时，下面的循环执行了(　　)次空语句。

While(i==9);

A. 无限次　　B. 0 次　　C. 8 次　　D. 9 次

6. C51 的数据类型中，unsigned char 型的数据长度和值域为(　　)。

A. 单字节，−128～127　　B. 双字节，−327 688～+32 767

C. 单字节，0～255　　D. 双字节，0～65 535

7. C51 的数据类型中，unsigned int 型的数据长度和值域为(　　)。

A. 单字节，−128～127　　B. 双字节，−327 688～+32 767

C. 单字节，0～255　　D. 双字节，0～65 535

8. MCS-51 单片机共有(　　)个 8 位的并行 I /O 接口。

A. 2　　B. 4　　C. 6　　D. 8

9. MCS-51 单片机的并行 I/O 接口中，当作为通用 I/O 端口使用时，在输出数据时，必须外接上拉电阻的是(　　)。

A. P0 口　　B. P1 口　　C. P2 口　　D. P3 口

10. MCS-51 单片机的并行 I/O 接口中，具有第二功能的是(　　)。

A. P0 口　　B. P1 口　　C. P2 口　　D. P3 口

11. MCS-51 单片机的并行 I/O 接口中，只能用作通用 I/O(输入/输出)端口的是(　　)。

A. P0 口　B. P1 口　C. P2 口　D. P3 口

12. 一个 C 程序包含(　　)个主函数。

A. 2　B. 4　C. 1　D. 3

13. 一个 C 程序总是从(　　)开始执行的。

A. 主函数　B. 子函数　C. 主程序　D. 子程序

二、填空题

1. 用 C51 编程访问 MCS-51 单片机的并行 I/O 端口时，既可以按__________寻址操作，也可以按__________操作。

2. C51 中定义一个位寻址变量 P31 访问 P3.1 引脚的语句是______________________。

3. C51 中定义一个无符号字符型变量 a1 的语句是________________________。

4. C51 中定义一个无符号字符型变量 b1 的语句是________________________。

5. C51 程序设计中的三种基本结构是____________________________________。

6. 表达式语句由__________________________组成。

7. __________语句一般用作单一条件或分支数目较少的场合，如果编写 3 个以上分支的程序，可用多分支选择的__________语句。

8. while 语句和 do while 语句的区别在于：____________语句是先执行、后判断，而__________语句是先判断、后执行。

9. 分析下面的 while 循环，填写执行次数。

(1)
```
i=5;
while(i!=0);    //执行了________次空语句
```

(2)
```
i=0;
while(i!=0);  //执行了________次空语句
```

(3)
```
i=0;
do { ; } while(i!=0);  //执行了________次空语句
```

10. 下面的延时函数 delay()执行了___________次空语句。

```
void  delay(void)
{
    int  i;
    for(i=0; i<124; i++);
}
```

11. 在单片机的 C 语言程序设计中，_________类型数据经常用于处理 ASCII 字符或用于处理小于等于 255 的整型数。

12. 单片机的 I/O 接口中，当外部扩展存储器时，分时复用作为数据线和低 8 位地址线的是____________；具有第二功能的是________；能够提供高 8 位地址的是_______；主要用于输入/输出功能的是_________。

13. 一个 C 程序都是由_________个主函数 main( )和___________个子函数构成的，程序由__________开始执行，最终由_________结束。

14. 在 C51 语言中，字符数组用于存放一组字符或字符串，字符串以________作为结束符。

三、编程题

1. 假定选用晶振频率为 12 MHz，请编写一个软件延时 1 s 的函数。

2. 开关 S1 和 S2 状态相同时，单片机控制 VD1 亮 0.2 s，灭 0.2 s 闪烁；S1 和 S2 状态相异时，控制 VD2 亮 0.5 s，灭 0.5 s 闪烁。画出仿真电路图，并编写程序实现此控制。

3. 单片机 P2 和 P3 口分别接 8 只发光二极管，采用共阴接法，共 16 只发光二极管。要求编程按照表 2-10 中序号 1～9 顺序依次点亮对应行上●位置的发光二极管，时间间隔为 0.5 s。每次到序号 9 点亮后，重新从序号 1 开始点亮，如此循环。表中的○代表熄灭，●代表点亮。为简化题目，控制数据如第 3 和第 4 列所示。

表 2-10　二极管点亮顺序及控制数据

序　号	二极管点亮顺序		数　据	
	P3 口	P2 口	P3 口	P2 口
1	○○○○○○○●	●○○○○○○○	0x01	0x80
2	○○○○○●●○	○●●○○○○○	0x06	0x60
3	○○○●●●○○	○○●●●○○○	0x1c	0x38
4	○●●●●○○○	○○○●●●●○	0x78	0x1e
5	●●●●○○○○	○○○○●●●●	0xf0	0x0f
6	○●●●●○○○	○○○●●●●○	0x78	0x1e
7	○○○●●●○○	○○●●●○○○	0x1c	0x38
8	○○○○○●●○	○●●○○○○○	0x06	0x60
9	○○○○○○○●	●○○○○○○○	0x01	0x80

项目三　设计制作产品计数器

【能力目标】

(1) 理解中断及与中断相关的概念。

(2) 记住 51 单片机中断系统的构成(中断源、中断标志、中断自然优先级)。

(3) 会分析、设置 51 单片机的中断允许控制字 IE、中断优先级控制字 IP。

(4) 会用 51 单片机的中断响应外部事件完成生产线的产品计数并显示。

(5) 理解 8 段数码管的结构、段选码和位选码，会利用数码管显示静态和动态信息。

(6) 初步学会使用 LED 点阵显示信息。

【项目要求】

制作一个生产线上统计产品数量的计数器。使用光电传感器检测，用 AT89C51 作为主控芯片，采用 LED 数码管显示数目。

计数器在生产线上的应用原理如图 3-1 所示，当工件接近光电传感器时，光电传感器产生一个变化的电平，单片机接收到检测电平变化后使计数值加 1，并在 LED 数码管上显示。

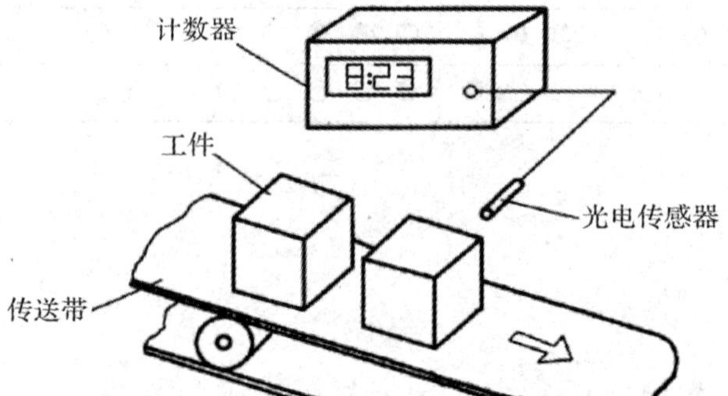

图 3-1　计数器在生产线上的应用

任务一　单片机中断系统的结构及原理

一、中断及相关概念

1. 中断的概念

在日常生活中，中断的例子很常见，如一个人正在看书，有电话或有人敲门都可以打断读书的状态，接了电话或开门后返回继续看书，这就是中断及其处理过程。

在计算机中，由于计算机内部、外部或软硬件等原因，使 CPU 暂停当前正在执行的程序，而自动转去执行预先安排好的为处理该原因所对应的服务程序，执行完服务程序后，再返回被暂停的位置继续执行原来的程序，这个过程就称为“中断”。中断的过程如图 3-2 所示。

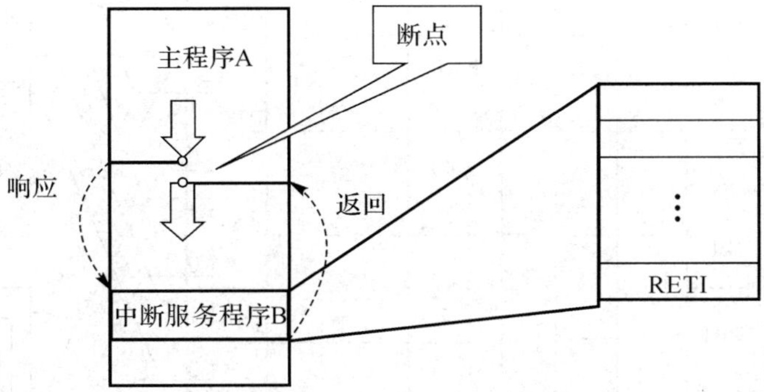

图 3-2　中断的过程

中断

实现中断的硬件系统和软件系统称为中断系统。

关于中断，有以下概念需要理解。

(1) 中断源与中断请求。引起中断的原因或能发出中断申请的来源，称为中断源。中断源要求服务的请求称为中断请求(或中断申请)。

(2) 主程序和中断服务程序。原来正常运行的程序称为主程序。CPU 响应中断后，转去执行相应的处理程序，该处理程序通常称为中断服务程序。主程序被断开的位置(或地址)称为断点。

(3) 中断优先级控制。同时有几个中断源申请中断的时候，通过中断优先级控制判断先响应哪一个中断。

(4) 中断允许和中断屏蔽。CPU 对中断的响应主要受中断允许和屏蔽的控制，如果某个中断源被系统设置为屏蔽状态，则无论中断源是否有中断请求，都不会响应；当中断源被设置为允许状态，又有中断请求，CPU 才会响应。此外，当有高优先级的中断正在响应时，也会屏蔽低优先级中断。

(5) 中断响应和返回。有中断请求，且中断被允许，CPU 响应中断，执行中断服务程序，完成中断服务后返回主程序继续执行，叫中断响应和返回。

2. 中断的应用

中断的主要应用如下：

(1) 同步工作。CPU 可以启动多个外设同时工作，从而提高 CPU 的效率。

(2) 故障、异常处理，如掉电、存储出错、运算溢出的处理。

(3) 实时监控和处理。

二、MCS-51 中断系统的结构

MCS-51 中断系统的结构如图 3-3 所示。MCS-51 单片机中断系统由 5 个中断源、定时器/中断控制寄存器 TCON、串口控制寄存器 SCON、中断允许寄存器 IE、中断优先级寄存器 IP、中断查询电路组成。

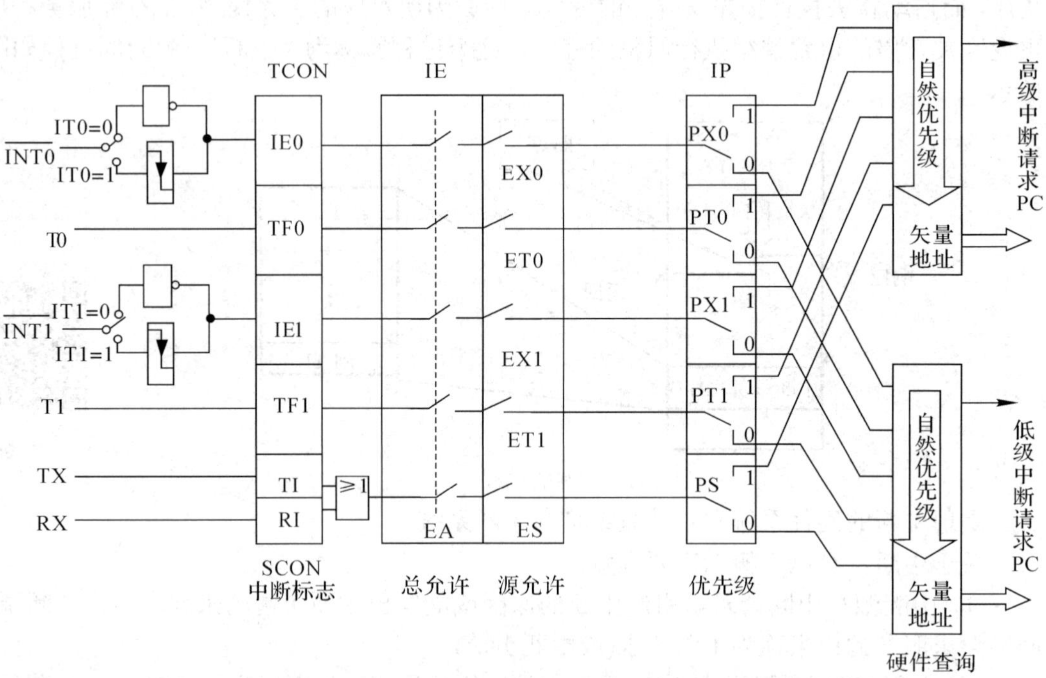

图 3-3　MCS-51 中断系统的结构

1. 中断源

51 系列单片机有 5 个中断源：外部中断源 $\overline{\text{INT0}}$ 和 $\overline{\text{INT1}}$，两个定时器/计数器 T0 和 T1 的溢出中断 TF0、TF1，1 个串口发送 TI 或接收 RI 中断。具体说明如表 3-1 所示。

表 3-1　51 单片机的 5 个中断源

编号	中断源		说　明
1	外部中断 0 请求	$\overline{\text{INT0}}$	通过 IT0 位(TCON.0)决定是低电平有效(IT0=0)还是下降沿有效(IT0=1)。由 P3.2 引脚输入，一旦输入信号有效，即向 CPU 申请中断，并建立 IE0(TCON.1)中断标志
2	外部中断 1 请求	$\overline{\text{INT1}}$	通过 IT1 位(TCON.2)决定是低电平有效(IT1=0)还是下降沿有效(IT1=1)。由 P3.3 引脚输入，一旦输入信号有效，即向 CPU 申请中断，并建立 IE1(TCON.3)中断标志
3	T0 溢出中断请求	TF0	当 T0 产生溢出时，T0 溢出中断标志位 TF0(TCON.5)置位(由硬件自动执行)，请求中断处理
4	T1 溢出中断请求	TF1	当 T1 产生溢出时，T1 溢出中断标志位 TF1(TCON.7)置位(由硬件自动执行)，请求中断处理
5	串行口中断请求	RI 或 TI	当单片机串口接收或发送完一个串行数据帧时，内部串行口中断请求标志位 RI(SCON.0)或 TI(SCON.1)置位(由硬件自动执行)，请求中断处理

2. 中断标志

每个中断源都有一个中断标志，分别在定时器控制寄存器 TCON 和串口控制寄存器 SCON 中。中断标志位的具体说明如表 3-2 所示。

表 3-2　中断标志位

中断标志位		位名称	说　明
中断标志	IE0	TCON.1	IE0=1，外部中断 0 向 CPU 申请中断
中断标志	IE1	TCON.3	IE1=1，外部中断 1 向 CPU 申请中断
T0 溢出中断标志	TF0	TCON.5	T0 被启动工作(开始对时钟脉冲或外部脉冲计数)后，从初值开始加 1 计数，计满溢出后由硬件置位 TF0，同时向 CPU 发出中断请求，此标志一直保持到 CPU 响应中断后才由硬件自动清零。也可由软件查询该标志，并由软件清零
T1 溢出中断标志	TF1	TCON.7	T1 被启动计数(开始对时钟脉冲或外部脉冲计数)后，从初值开始加 1 计数，计满溢出后由硬件置位 TF1，同时向 CPU 发出中断请求，此标志一直保持到 CPU 响应中断后才由硬件自动清零。也可由软件查询该标志，并由软件清零
串行接收中断标志	RI	SCON.0	当串行口允许接收时，每接收完一个串行帧，硬件都使 RI 置位；同样，CPU 在响应中断时不会自动清除 RI，必须由软件清除
串行发送中断标志	TI	SCON.1	CPU 将数据写入发送缓冲器 SBUF 时，启动发送，每发送完一个串行帧，硬件都使 TI 置位；但 CPU 响应中断时并不自动清除 TI，必须由软件清除

当中断源申请中断，中断标志由硬件置位，中断响应后，必须及时清除 TCON、SCON 中的已响应中断请求标志；否则，会引起中断的重复查询和响应。

(1) 外部中断请求的撤销：对于边沿触发方式，由于触发信号过后就消失，撤销自然也是自动的；对于电平触发方式，需通过软硬件结合的方法来实现撤销。

(2) 定时中断请求的撤销：定时中断后，硬件自动清零。

(3) 串行中断请求的撤销：不能自动清零，须用软件的方法在中断服务子程序中进行清零。

3. 定时器/中断控制寄存器 TCON

中断控制寄存器 TCON 是特殊功能寄存器，其地址为 88H，每一位都有其特殊用途，见图 3-4。

TCON 88H	定时器/计数器控制位				外部中断控制位			
	TF1	TR1	TF0	TR0	IE1	IT1	IE0	IT0

图 3-4　TCON 内部位

图 3-4 中，高 4 位是定时器/计数器控制位，低 4 位是外部中断控制位，定时器/计数器的控制位在项目 4 中讲解，在这里只对低 4 位的作用进行讲解。

IT0：外部中断 0 触发方式控制位。IT0=0 时，外部中断 0 是低电平触发，IT0=1 时，外部中断 0 是下降沿触发。

IE0：外部中断 0 中断请求位。外部中断 0 没有中断请求时，IE0=0；当外部中断 0 有中断请求时，硬件会使 IE0=1，向 CPU 提出中断申请。中断返回后，该位会被硬件自动清零。

IT1：外部中断 1 触发方式控制位。IT1=0 时，外部中断 1 是低电平触发，IT1=1 时，外部中断 1 是下降沿触发。

IE1：外部中断 1 中断请求位。外部中断 1 没有中断请求时，IE1=0；当外部中断 1 有中断请求时，硬件会使 IE1=1，向 CPU 提出中断申请。中断返回后，该位会被硬件自动清零。

4. 中断的允许和屏蔽

MCS-51 系列单片机的 5 个中断源都是可屏蔽中断，中断系统内部设有一个专用寄存器 IE，用于控制 CPU 对各中断源的允许或屏蔽。

IE 寄存器的格式如下：

位	7	6	5	4	3	2	1	0	
字节地址：A8H	EA			ES	ET1	EX1	ET0	EX0	IE

IE 寄存器各位的说明如表 3-3 所示。

表 3-3　中断允许/屏蔽控制寄存器 IE

中断允许位		位名	说　明
EX0	$\overline{\text{INT0}}$ 中断允许位	IE.0	EX0=1，允许外部中断 0 中断；EX0=0，屏蔽外部中断 0 中断
ET0	T0 中断允许位	IE.1	ET0=1，允许 T0 中断；ET0=0，屏蔽 T0 中断
EX1	$\overline{\text{INT1}}$ 中断允许位	IE.2	EX1=1，允许外部中断 1 中断；EX1=0，屏蔽外部中断 1 中断
ET1	T1 中断允许位	IE.3	ET1=1，允许 T1 中断；ET1=0，屏蔽 T1 中断
ES	串行口中断允许位	IE.4	ES=1，允许串行口中断；ES=0 屏蔽串行口中断
EA	总中断允许控制位	IE.7	EA=1，开放所有中断；EA=0，屏蔽所有中断

例如，允许外部中断 0 中断，则设置 IE=0X81，或者 EA=1，EX0=1；

允许外部中断 1 中断，则设置 IE=0X84，或者 EA=1，EX1=1；

允许 T0 中断，则 IE=0X82，或者 EA=1，ET0=1；

允许 T1 中断，则 IE=0X88，或者 EA=1，ET1=1；

允许串口中断，则 IE=0X90，或者 EA=1，ES=1；

5. 中断优先级

MCS-51 系列单片机有两个中断优先级：高优先级和低优先级。

每个中断源都可以通过设置中断优先级寄存器 IP 确定为高优先级中断或低优先级中断，实现二级嵌套。同一优先级别的中断源可能不止一个，因此，也需要进行优先权排队。同一优先级别的中断源采用自然优先级。

自然优先级顺序(由高到低)：外部中断 0→T0→外部中断 1→T1→串口中断。

中断优先级寄存器 IP 用于锁存各中断源优先级控制位。IP 中的每一位均可由软件来置 1 或清 0，1 表示高优先级，0 表示低优先级。

IP 寄存器的格式如下：

位	7	6	5	4	3	2	1	0	
字节地址：B8H				PS	PT1	PX1	PT0	PX0	IP

IP 寄存器各位的说明如表 3-4 所示。

表 3-4　中断优先级控制寄存器 IP

中断优先级控制位		位名	说　明
PX0	外部中断 0 中断优先控制位	IP.0	PX0 = 1，高优先级；PX0 = 0，低优先级
PT0	T0 中断优先控制位	IP.1	PT0 = 1，高优先级；PT0 = 0，低优先级
PX1	外部中断 1 中断优先控制位	IP.2	PX1 = 1，高优先级；PX1 = 0，低优先级
PT1	定时器 T1 中断优先控制位	IP.3	PT1 = 1，高优先级；PT1 = 0，低优先级
PS	串行口中断优先控制位	IP.4	PS = 1，高优先级；PS = 0 低优先级

例如，

```
IP=0x06;        //将 T0 中断和外部中断 1 设置为高优先级
```

6. 中断嵌套

当中断系统正在执行一个中断服务时，如果有另一个优先级更高的中断提出中断请求，会暂时终止当前正在执行的级别较低的中断源的服务程序，去处理级别更高的中断源，待处理完毕，再返回到被中断了的中断服务程序继续执行，这个过程就是中断嵌套。二级中断嵌套如图 3-5 所示。

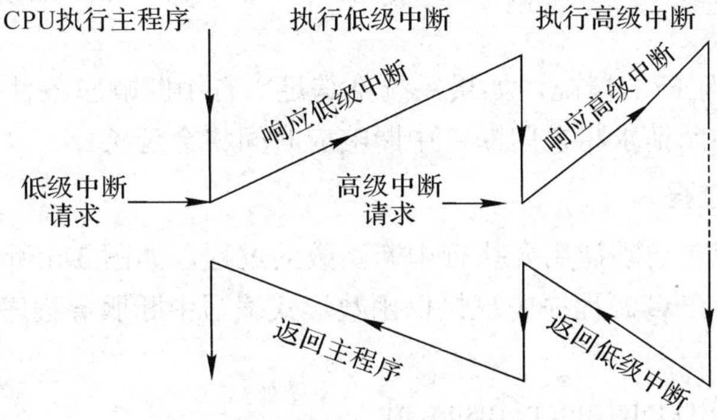

中断嵌套和
中断响应

图 3-5　二级中断嵌套示意图

中断响应优先级原则如下：

- CPU 同时接收到几个中断时，首先响应优先级别最高的中断请求。
- 正在进行的中断过程不能被新的同级或低优先级的中断请求所中断。
- 正在进行的低优先级中断服务，能被高优先级中断请求所中断。

为了实现上述的后两条原则，中断系统内部设有两个用户不能寻址的优先级状态触发器。其中，高优先级状态触发器置 1，表示正在响应高优先级的中断，它将阻断后来所有的中断请求；低优先级状态触发器置 1，表示正在响应低优先级中断，它将阻断后来所有的低优先级中断请求。高优先级状态触发器和低优先级状态触发器同时只能有一个为 1，不能同时置 1。

三、中断响应过程

1. 中断响应

中断响应是指 CPU 对中断源中断请求的响应。CPU 并非任何时刻都能响应中断请求，而是在满足所有中断响应条件、且不存在任何一种中断阻断情况时才会响应。

CPU 响应中断的条件有：

(1) 有中断源发出中断请求；

(2) 中断总允许位 EA 置 1；

(3) 申请中断的中断源允许位置 1。

CPU 响应中断的阻断情况有：

(1) CPU 正在响应同级或更高优先级的中断；

(2) 当前指令未执行完；

(3) 正在执行中断返回或访问寄存器 IE 和 IP。

2. 中断响应时间

中断响应时间是指从中断请求标志位置位到 CPU 开始执行中断服务程序的第一条语句所需要的时间。

(1) 中断请求不被阻断的情况，外部中断响应时间至少需要 3 个机器周期，这是最短的中断响应时间。一般来说，若系统中只有一个中断源，则中断响应时间为 3～8 个机器周期。

(2) 中断请求被阻断的情况，如果系统不满足所有中断响应条件或者存在任何一种中断阻断情况，那么中断请求将被阻断，中断响应时间将会延长。

3. 中断响应的过程

中断响应过程就是自动调用并执行中断函数的过程，如图 3-6 所示。

C51 编译器支持在 C 源程序中直接以函数形式编写中断服务程序。中断函数定义语法如下：

```
void 函数名() interrupt m [using n]
```

其中：m 为中断类型号，C51 编译器允许 0～31 个中断，m 取值范围为 0～31；n 为单片机工作寄存器组(又称通用寄存器组)编号，共四组，取值为0、1、2、3。一般来说，可以不用设置工作寄存器组。

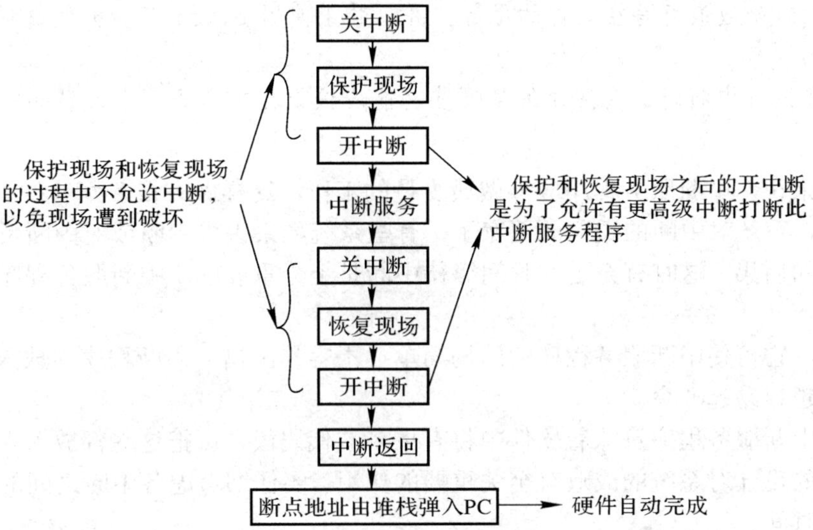

图3-6　中断响应过程流程图

表3-5给出了8051控制器所提供的5个中断源所对应的中断类型号和中断服务程序入口地址。

表3-5　中断源、中断类型号和中断入口地址

中断源	中断类型号(m)	入口地址	说　明
外部中断0	0	0003H	入口地址不需要记忆，但是每个中断源对应的m取值一定要记住。如果在编写对应中断函数的时候这个值不正确，则中断函数找不到入口地址，不能正确被调用
定时器/计数器0	1	000BH	
外部中断1	2	0013H	
定时器/计数器1	3	001BH	
串行口	4	0023H	

注意：

(1) 中断函数不能进行参数传递。

(2) 中断函数没有返回值。

(3) 在任何情况下都不能直接调用中断函数。

(4) 中断函数使用浮点运算要保存浮点寄存器的状态。

(5) 如果在中断函数中调用了其他函数，则被调用函数所使用的寄存器必须与中断函数相同，被调用函数最好设置为可重入的。

(6) 中断服务程序开始和结束的时候会保护现场，并把相应的寄存器入栈。但是这个过程不需要写程序入栈和出栈，C51编译器对中断函数编译时会自动在程序开始和结束处加上相应的内容，具体如下：在程序开始处对ACC、B、DPH、DPL和PSW入栈，结束时出栈。中断函数未加using n修饰符的，开始时还要将R0～R1入栈，结束时出栈；如中断函数加using n修饰符，则在开始将PSW入栈后还要修改PSW中的工作寄存器组选择位。

(7) C51 编译器从绝对地址 8m+3 处产生一个中断向量，其中 m 为中断号，即 interrupt 后面的数字，该向量包含一个到中断函数入口地址的绝对跳转。

(8) 中断函数最好写在文件的尾部，并且禁止使用 extern 存储类型说明，防止其他程序调用。

(9) 在设计中断时，要注意的是哪些功能应该放在中断程序中，哪些功能应该放在主程序中。

一般来说，中断服务程序应该做最少量的工作，这样做有很多好处：

首先，系统对中断的反应面更宽了，有些系统如果丢失中断或对中断反应太慢将产生十分严重的后果，这时有充足的时间等待中断是十分重要的。中断服务程序执行的时间越少越好。

其次，它可使中断服务程序的结构简单，不容易出错。中断程序中放入的东西越多，它们之间越容易起冲突。

简化中断服务程序意味着软件中将有更多的代码段，可把这些都放入主程序中。中断服务程序的设计对系统的成败有至关重要的作用，要仔细考虑各中断之间的关系和每个中断执行的时间。

四、键控发光二极管

键控 LED

在项目一中，通过编程实现了单灯闪烁控制。在实际的应用场合，往往需要通过按键或传感器控制发光二极管状态的变化，硬件仿真电路如图 3-7 所示，将按键连接到外部中断 0 上，按下按键一次，则 D1 的状态改变一次。

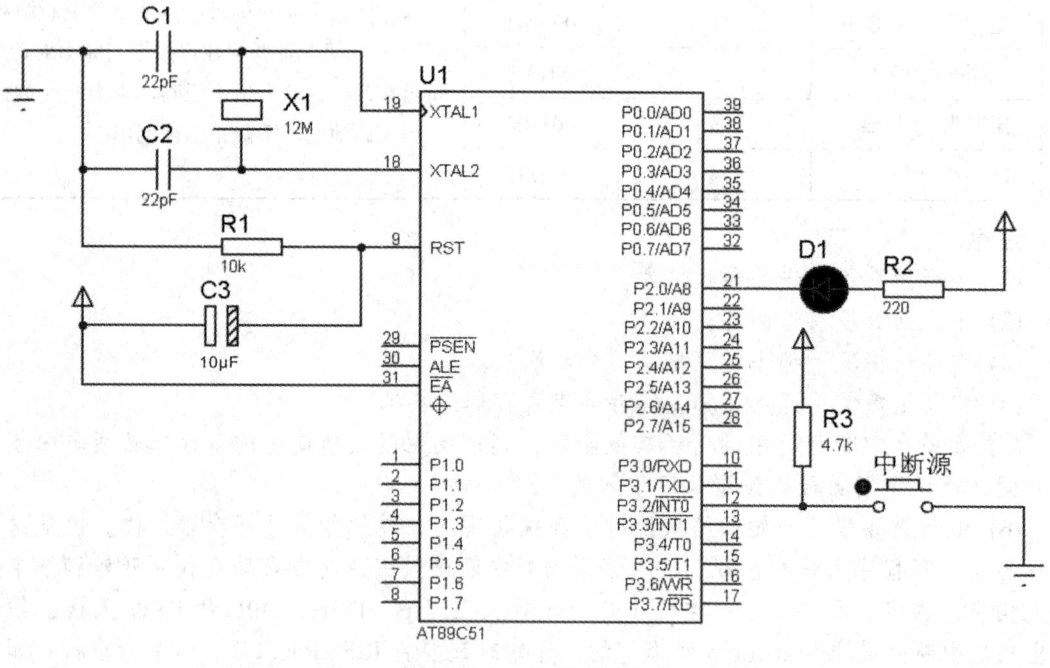

图 3-7　键控发光二极管硬件仿真电路

控制程序如下：

```
/**************************liti31.c*******************************/
#include <reg52.h>
#define uchar unsigned char
#define uint unsigned int
sbit LED = P2^0;

void main()
{
    LED = 1;            //灭 LED 灯
    IT0=1;              //置位 IT0，设置外部中断 0 下降沿触发
    EA =1;              //开中断
    EX0 = 1;            //允许外部中断 0 中断
    while(1);           //等待中断
}

void External_Interrupt_0() interrupt 0     //外部中断 0 中断函数
{
    LED = ~LED;          //改变 LED 状态
}
```

如果将按键替换成传感器，则能自动控制 D1 状态的变化。

➤ 动手做一做

动手搭建一个电路，实现键控流水灯，每次按键实现不同的效果。

任务二　用八段 LED 显示器实现数码显示

在单片机应用系统中，经常用 LED 数码管作为显示输出设备。LED 数码管显示的信息简单、清晰、亮度高，具有使用电压低、寿命长、与单片机接口简单等特点，能实现数字和简单字符的显示。

八段数码显示器

一、LED 数码显示器结构与原理

1. LED 数码显示器结构

LED 数码管显示器由数码管按一定的结构组合起来，单片机应用系统中通常使用的是八段 LED 数码管显示器，它有共阴极和共阳极两种，如图 3-8 所示。

图 3-8(a)是共阴极结构，八段发光二极管的阴极连接到一起，阳极分开控制，使用时

公共端接地，若要哪个发光二极管亮，则对应的阳极接高电平。图 3-8(b)为共阳极结构，八段发光二极管的阳极连接到一起，阴极分开控制，使用时公共端接高电平，若要哪个发光二极管亮，则对应的阴极接低电平。从结构上看，八段 LED 显示器就是八个发光二极管封装在一起形成的显示器件。

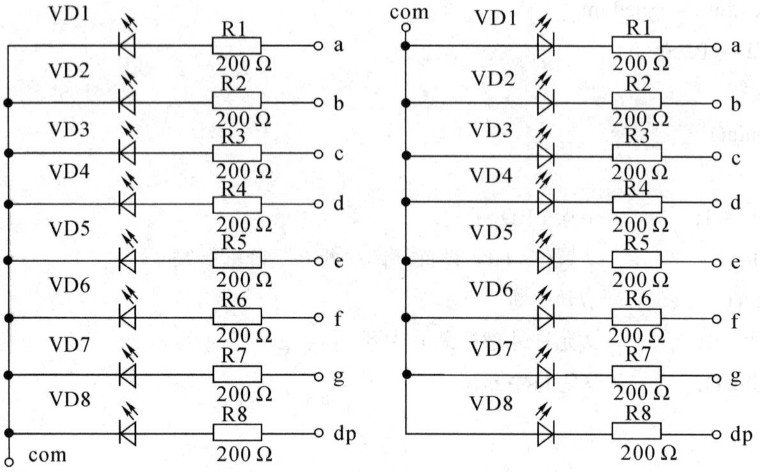

(a) 共阴极结构　　(b) 共阳极结构

图 3-8　八段数码管显示器结构图

2. LED 数码显示器字段码

在前面的项目中我们控制过单发光二极管、流水灯，从这些项目中我们知道，采用共阴极结构，单片机控制某个发光二极管点亮，是通过对引脚送“1”实现的，熄灭则送“0”实现；采用共阳极结构的时候点亮发光二极管是通过对引脚送“0”实现的，熄灭则送“1”实现。因此，要控制 LED 数码管显示数字或字符，本质就变成了控制八个发光二极管的亮灭状态。

图 3-9(a)为数码管的引脚图，图 3-9(b)为引脚对应的字段示意图。

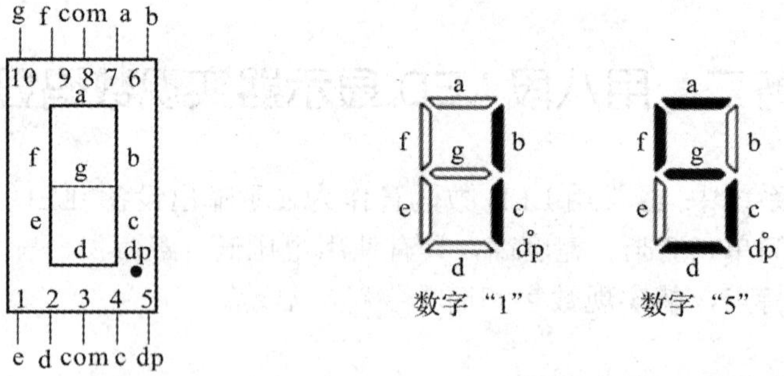

(a) 引脚图　　(b) 引脚对应的字段

图 3-9　数码管

按照 dp、g、f、e、d、c、b、a 的排列顺序向引脚输入 8 位二进制数，就能显示相应的字符“笔画”。

数字和常用字符的显示状态对应的二进制数字称为段码，如表 3-6 所示。

表 3-6　数码管字段码编码

显示字符	共阴极字段码	共阳极字段码	显示字符	共阴极字段码	共阳极字段码
0	3FH	C0H	C	39H	C6H
1	06H	F9H	D	5EH	A1H
2	5BH	A4H	E	79H	86H
3	4FH	B0H	F	71H	8EH
4	66H	99H	P	73H	8CH
5	6DH	92H	U	3EH	C1H
6	7DH	82H	T	31H	CEH
7	07H	F8H	Y	6EH	91H
8	7FH	80H	L	38H	C7H
9	6FH	90H	8.	FFH	00H
A	77H	88H	“灭”	00	FFH
B	7CH	83H	…	…	…

在使用时，如果 LED 数码管是共阳极接法，则使用共阳极段码，共阴极接法则使用共阴极段码。共阴极和共阳极段码互为反码。例如：

要显示数字“1”，则通过单片机引脚控制点亮 b、c 两段即可，如果是共阴极接法，则段码为“0000，0110”即 06H；共阳极则段码为“1111，1001”即 F9H。

要显示数字“5”，则通过单片机引脚控制点亮 a、f、g、c、d 段，如果是共阴极接法，则段码为“0110，1101”即 6DH；共阳极则段码为“1001，0010”即 92H。

二、LED 数码管的译码方式

数码管译码方式

LED 数码管的译码方式是指由显示字符转换得到对应的字段码的方式。

1. 硬件译码方式

硬件译码方式是指利用专门的硬件电路来实现显示字符到字段码的转换，如芯片 SN74LS47N，向其 A(最低有效位)、B、C、D(最高有效位)引脚输入表 3-7 所示的 BCD 码(二进制数)，就可以得到对应的数字显示。

表 3-7　二进制表达的 BCD 码与十进制数

BCD 码	显示数字	BCD 码	显示数字
0000	0	0101	5
0001	1	0110	6
0010	2	0111	7
0011	3	1000	8
0100	4	1001	9

如果通过单片机的 P1 口控制 D～A 四个引脚，则可以使用语句“P2=0x05;”来显示数字 5。

【例 3-1】 编程实现在图 3-10 的 LED 数码管上显示 0～9。

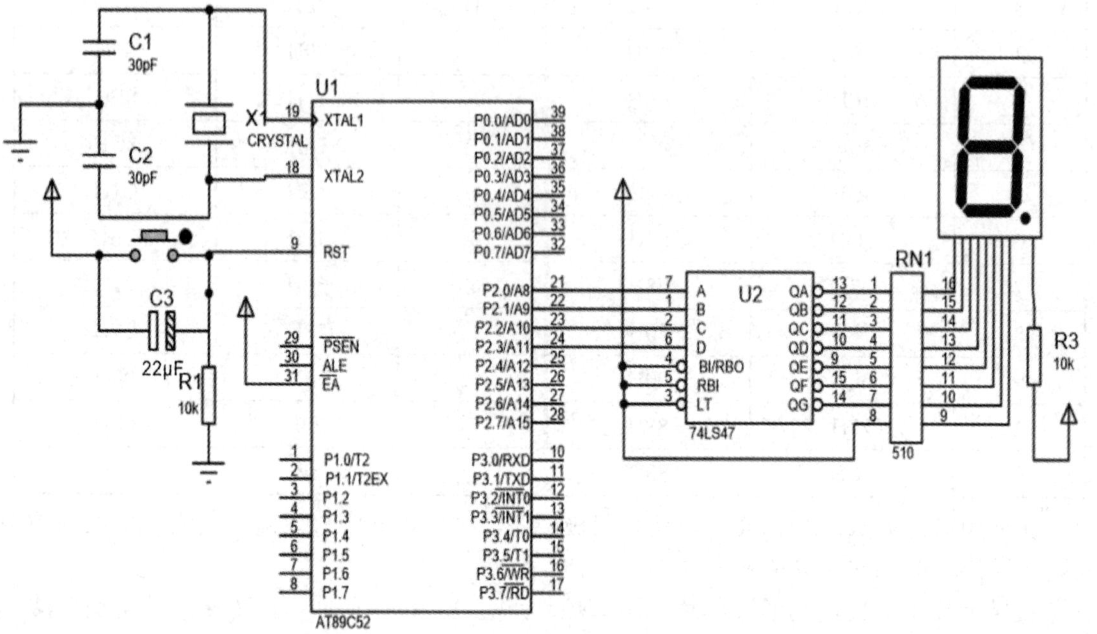

图 3-10　硬件译码仿真电路图

程序如下：

```
/***************************liti32.c*********************************/
#include <reg51.h>
//函数名：delay
//函数功能：实现软件延时
//形式参数：unsigned int i;
//              i 控制外循环次数，共循环 i*124 次，实现 i*1ms 延时
//返回值：无

void    delay(unsigned int i)
{
    unsigned int j, k;
    for(k=0; k<i; k++)          //双重 for 循环语句实现软件延时
        for(j=0; j<124; j++);  //采用 12 MHz 晶振，则此循环的时间约为 1 ms
}

void    main()                    //主函数
```

```
{
    unsigned char i;
    while(1)
    {
        for(i=0; i<10; i++)
        {
            P2=i;               //字型显示码十位送段控制口 P2
            delay(1000);        //延时 1 s
        }
    }
}
```

2. 软件译码方式

软件译码方式是指不采用译码芯片，以编程的方法(如查表法)得到要显示字符的段码值，控制数码管显示相应字符。按照连接方式可分为静态显示和动态显示两种。由于软件译码没有硬件开销，因而在实际系统中经常使用。

1) LED 静态显示

LED 静态显示时，将共阴极数码管的公共端直接接地；共阳极数码管的公共端直接接电源，各段选线分别与单片机 I/O 口线相连。要显示字符，直接在 I/O 线送入相应的字段码。如图 3-11 所示，4 位共阴极数码管需要占用 4×8=32 个单片机引脚，在系统比较复杂时会浪费端口，所以这种方法适合只有一个数码管的简单的显示系统。

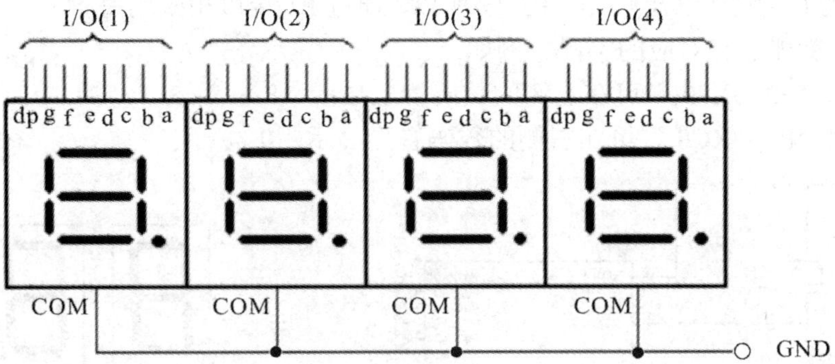

图 3-11　软件译码电路——静态方式

2) LED 动态显示

LED 动态显示是将所有数码管的段选线并接在一起，用一个 I/O 口控制，公共端不是直接接地(共阴极)或电源(共阳极)，而是通过单片机相应的 I/O 口编程控制。动态显示按位轮流点亮各位数码管，即在某一时段，只让其中一位数码管“位选端”有效，并送出相应的字型显示编码。此时，其他位的数码管因“位选端”无效而都处于熄灭状态；下一时段按顺序选通另外一位数码管，并送出相应的字型显示编码，依此规律循环下去，即可使各位数码管分别间断地显示出相应的字符。这一过程称为动态扫描显示。

如图 3-12 所示，可以使用单片机的一个 8 位端口控制图中的 I/O(1)，另一个 4 位端口控制图中的 I/O(2)，只需要 12 个单片机引脚，就能实现 4 位数码管显示的控制，大大节约了单片机端口资源。

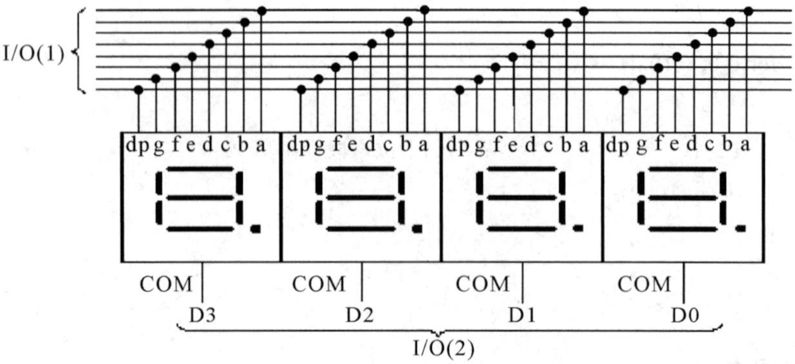

图 3-12　软件译码电路——动态方式

综上所述，LED 显示器从译码方式上分硬件译码和软件译码两种；从显示方式上分静态显示和动态显示两种。在实际应用时，如果数码管个数较少，通常用硬件译码静态显示，在数码管个数较多时，则通常用软件译码动态显示。

三、LED 数码管软件译码静态显示方式

数码管静态显示

图 3-13 所示是一个两位数码管软件译码静态显示的接口电路。图中的两位数码管为共阳极接法，即公共端接高电平(+5 V)，阴极端(a～dp)分别连接到 P2.0～P2.7 以及 P3.0～P3.7。所以，通过 P1 端口相应的引脚送出低电平，就能点亮对应的字段。例如：

使用语句“P2=0X80;”可在左侧的数码管上显示“8”；

使用语句“P3=0XC0;”可在右侧的数码管上显示“0”。

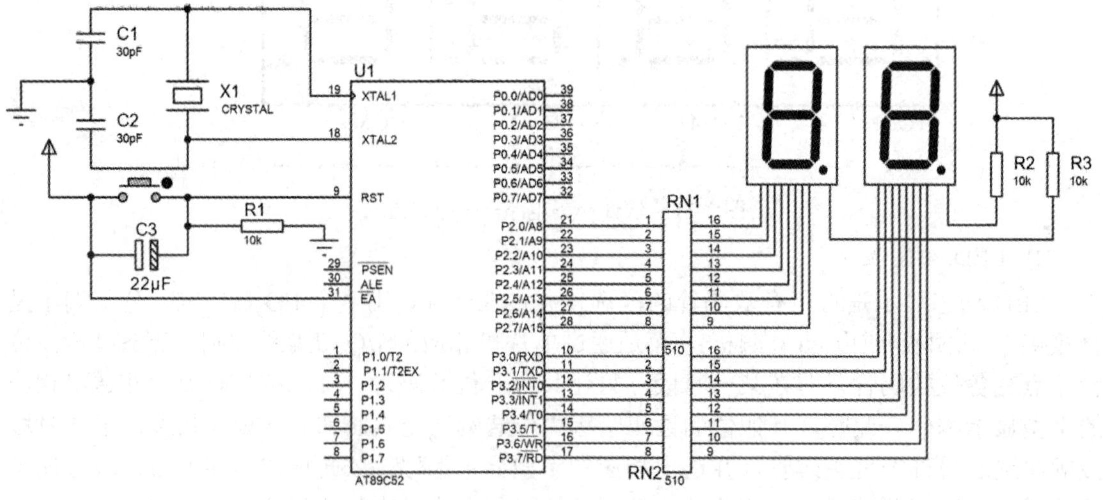

图 3-13　两位数码管软件译码静态显示

【例 3-2】 按照图 3-13 所示电路编写程序，在数码管上显示 59～0 的倒计时秒表。程序如下：

```
/*************************liti33.c********************************/
#include <reg51.h>
//定义数组 led 存放数字 0～9 和点的字型码
unsigned char code led[]={0xc0, 0xf9, 0xa4, 0xb0, 0x99, 0x92, 0x82, 0xf8, 0x80, 0x90};
//函数名：delay
//函数功能：实现软件延时
//形式参数：unsigned int i;   i 控制外循环次数，共循环 i*124 次，实现 i*1 ms 延时
//返回值：无
void   delay(unsigned int i)
{
     unsigned int j, k;
     for(k=0; k<i; k++)          //双重 for 循环语句实现软件延时
        for(j=0; j<124; j++);  //采用 12 MHz 晶振，则此循环的时间约为 1 ms
}
void   main()                    //主函数
{
    unsigned char i;
    while(1)
    {
       for(i=59; i>=0; i--)
       {
           P2=led[i/10];         //十位字段码送段控制口 P2
           P3=led[i%10];         //个位字段码送段控制口 P3
           delay (1000);         //延时 1 s
       }
    }
}
```

四、LED 数码管软件译码动态显示方式

在设计 LED 数码管与单片机接口电路时，要注意选用的是共阳极还是共阴极数码管，此外，由于单片机端口的输出电流较小，在设计多位数码管时，要考虑加驱动电路，避免显示亮度过低，影响显示效果。

数码管动态显示

【例 3-3】 图 3-14 是一个六位软件译码动态显示的接口电路，数码管为共阳极。P0 口通过一个八同相三态缓冲器/线驱动器 74LS245 驱动后接数码管的字段引脚(a～g，dp)，P3 口的 P3.0～P3.5 连接 1 个六门反相驱动器 74LS04，反相器输出端分别接数码管位选引脚(com)。编程动态显示“012345”。

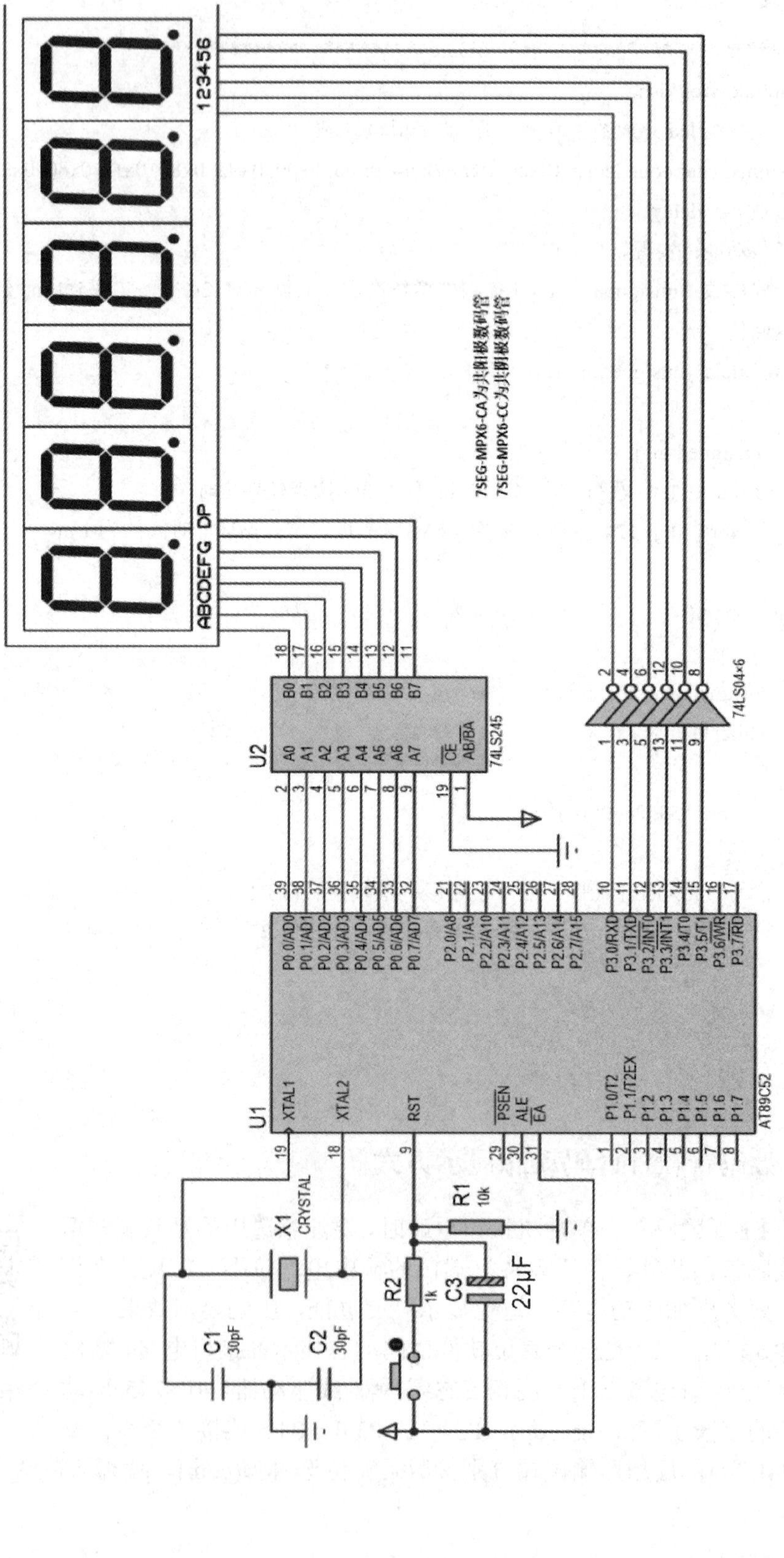

图 3-14　六位数码管动态显示

程序如下：

```
/*****************liti34.c**********************/
#include <reg51.h>
unsigned char code   led[]={0xc0, 0xf9, 0xa4, 0xb0, 0x99, 0x92, 0x82, 0xf8, 0x80, 0x90};
unsigned char hang[]={0x01, 0x02, 0x04, 0x08, 0x10, 0x20};
unsigned char buffer[]={0, 1, 2, 3, 4,5 };
void   delay(unsigned int i)
{   unsigned int j, k;
    for(k=0; k<i; k++)
        for(j=0; j<124; j++);
}
void main()
{   unsigned char i;
    while(1)
    {
        for(i=0; i<6; i++)
        {   P3 = ~hang[i];                //位选码取反后送位控制口 P3
            P0 = led[buffer[i]];          //显示字型码送 P0 口
            delay(2);                     //延时 2ms
            P3 = 0xff;                    //关显示
        }
    }
}
```

➤ 动手做一做

修改程序，实现 LED 数码管滚动显示。

提示：尝试修改延时函数参数值，观察将延时参数设置为 20、100、500 时显示状态的变化，并作以分析。

任务三　用 LED 点阵显示器显示汉字

LED 点阵显示器能够显示文字、图形、图像、动画等，是广告宣传、新闻传播的有力工具。LED 点阵显示器屏幕根据具体要求既可以做成户外广告牌，也可以用作普通显示，其应用广泛。

一、LED 点阵显示器结构

LED 点阵显示器实物如图 3-15(a)所示，引脚排列如图 3-15(b)所示。

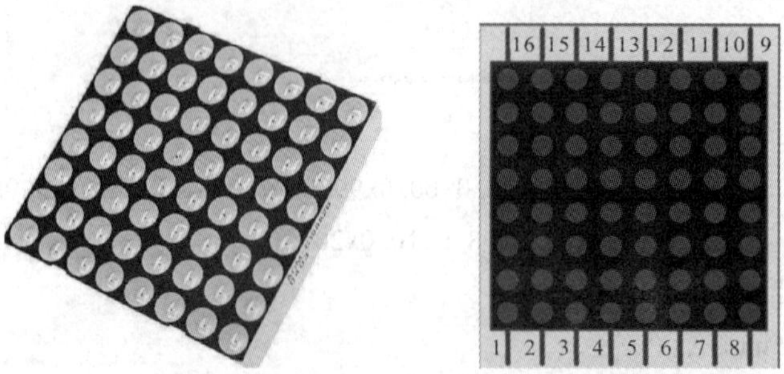

(a) 实物图　　(b) 引脚图

点阵显示器

图 3-15　LED 点阵显示器

LED 点阵显示器是把很多 LED 按矩阵方式排列在一起，通过对每个 LED 进行发光控制，完成各种字符或图形的显示。最常见的 LED 点阵显示模块有 5×7(5 列 7 行)、7×9(7 列 9 行)、8×8(8 列 8 行)结构。

LED 点阵由一个一个的点(LED)组成，总点数为行数与列数之积，引脚数为行数与列数之和。

二、LED 点阵显示器显示原理

8×8 点阵屏的内部电路原理图如图 3-16 所示。点阵屏有两种类型，一类为共阴极(左)，另一类为共阳极(右)，图中给出了两种类型 LED 点阵的内部电路原理及相应的引脚图。

LED 点阵的显示方式是按显示编码的顺序一行一行地显示。每一行的显示时间大约为 4 ms，由于人类的视觉暂留现象，将感觉到 8 行 LED 是同时显示的。若显示的时间太短，则亮度不够；若显示的时间太长，将会感觉到闪烁。若使用共阳极 LED 点阵，可以采用高电平逐行扫描，低电平输出显示信号，即轮流给行信号输出高电平，在任意时刻只有一行发光二极管处于可以被点亮的状态，其他行都处于熄灭状态。

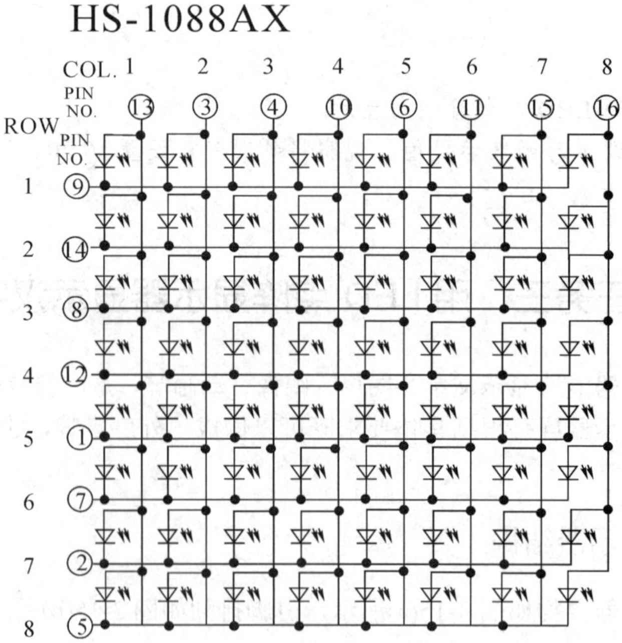

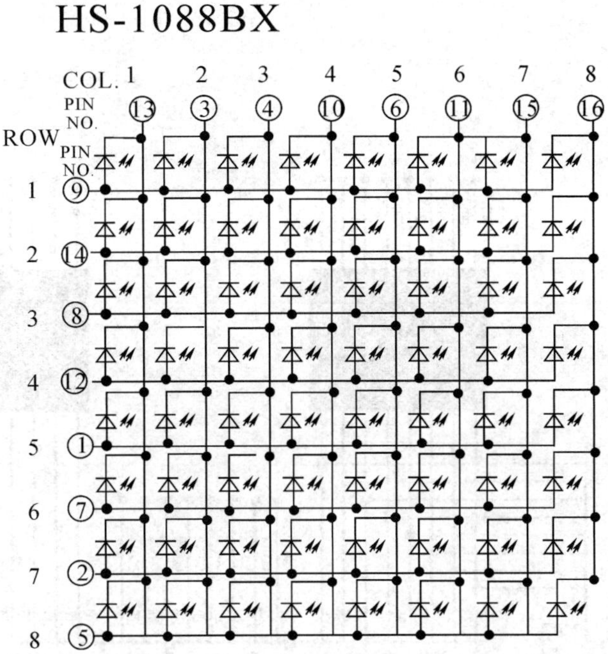

图 3-16　LED 点阵内部电路原理图

例如共阳极屏，如果要显示一个“大”字，则 8×8 的点阵需要点亮的位置如图 3-17 所示(点亮的位置用●表示)。

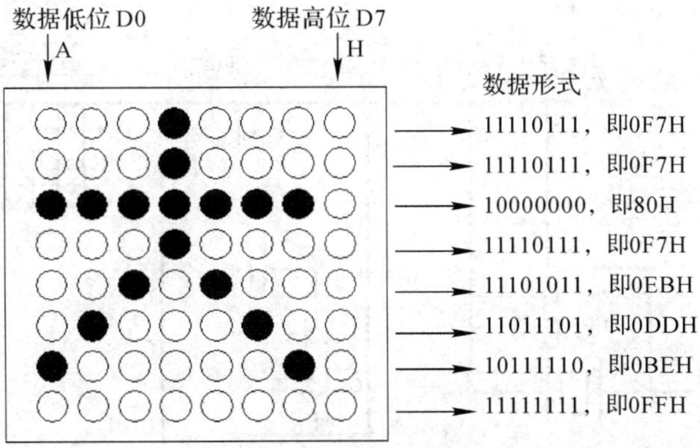

图 3-17　显示“大”字示意图

显示字的过程如下：先给第一行送高电平，同时给列送 0xF7；然后给第二行送高电平，同时给列送 0xF7……；最后给第 8 行送高电平，同时给列送 0xFF。每行点亮 4 ms，利用视觉暂留效果，就可以看到一个稳定的字了。

三、单片机控制 LED 点阵显示器应用举例

【例 3-4】 应用 8×8 点阵显示汉字。

利用 Proteus 仿真 8×8 点阵，硬件仿真电路如图 3-18 所示，在上方的 LED 点阵显示“大”字，下方的 LED 点阵显示“小”字。

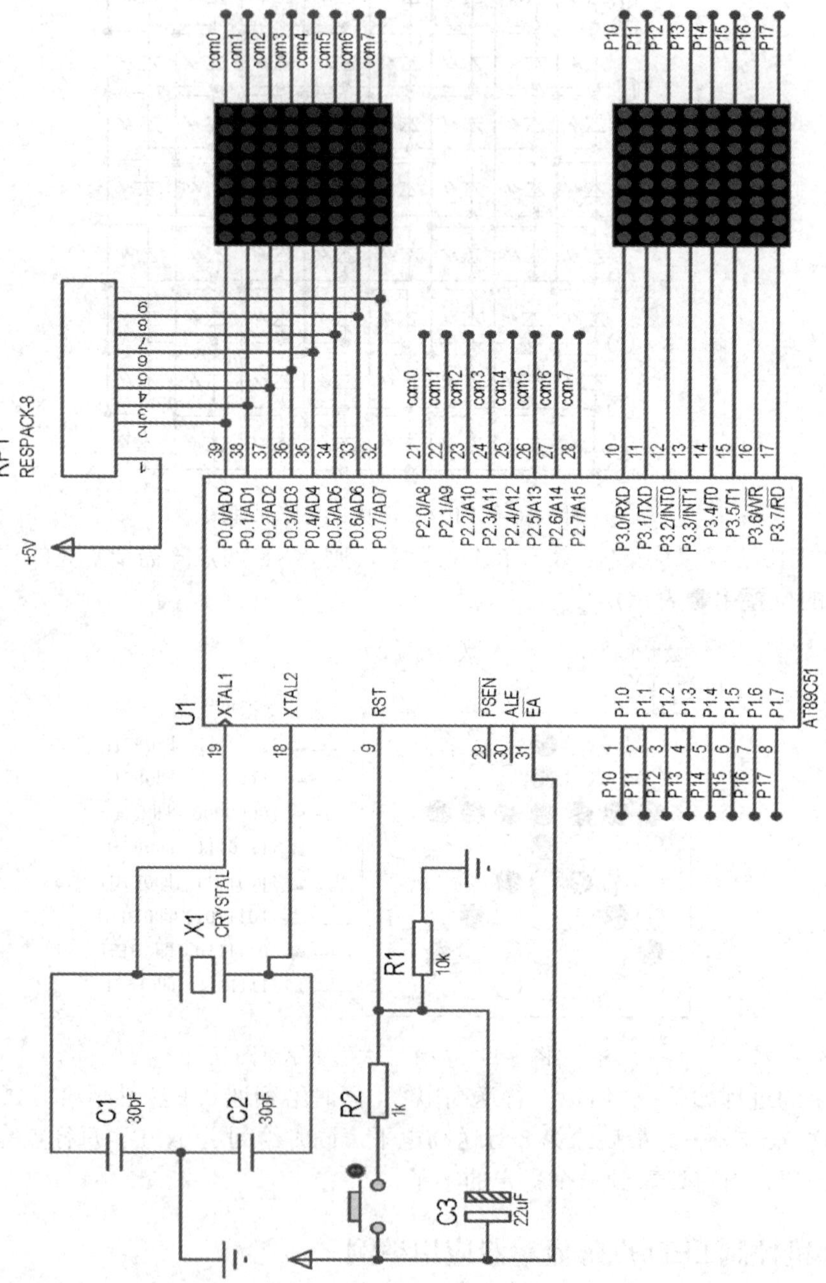

图 3-18　LED点阵和单片机的接口仿真电路

在批量制作标签时，先按字母键“A”，在出现的对话框中输入“Net=P1#”，然后单击单片机 P1.0～P1.7 的线，即可自动加上标签 P1.0～P1.7；然后按字母键“A”，再单击下方 LED 的行线，加上相应标签。上方的标签制作方法类似，只是在对话框中输入的是“Net=com#”。

参考程序如下：

```
/**************************liti35.c******************************/
#include<reg51.h>
//“大”字的字形码
unsigned char code da[] = {0xF7, 0xF7, 0x80, 0xF7, 0xEB, 0xDD, 0xBE, 0xFF};
//“小”字的字形码
unsigned char code xiao[] = {0xF7, 0xF7, 0xF7, 0xE3, 0xD5, 0xB6, 0xE7, 0xF7};
//行选择码
unsigned char code hang[] = {0x01, 0x02, 0x04, 0x08, 0x10, 0x20, 0x40, 0x80};

void delay()                //延时约 4 ms
{
    unsigned char i;
    for(i=0; i<0x40; i++);
}

void main()
{
    unsigned char i;
    while(1)
    {
        for(i=0; i<8; i++)
        {
            P0=hang[i];         //显示“大”字
            P2=da[i];
            P3=hang[i];         //显示“小”字
            P1=xiao[i];
            delay();
            P2=0xFF;            //关闭 LED 点阵，防止出现重影
            P1=0xFF;            //关闭 LED 点阵，防止出现重影
        }
    }
}
```

任务四　项 目 实 施

一、产品计数器原理

学习了 LED 数码管显示器后，可以利用数码管显示固定不变的数字，也能显示不断变化的数字，如产品计数器，在计数期间，这个数值会随着传感器传送过来的信号不断变化。可以将传感器信号接入外部中断，每个传感器信号触发一次外部中断，通过编写外部中断函数，对传感器信号计数，然后编程将计数值送给 LED 数码管显示。这样，随着计数值变化，LED 显示的值也跟着变化，从而实现了产品计数。

产品计数器电路仿真

二、产品计数器仿真电路图设计

在该设计中，利用 4 个数码管显示数量，P2 口输出数码管字段码，P0.0～P0.3 输出字位码，使用 1 Hz 频率计模拟光电传感器；同时，利用外部中断 0 接收频率计发送来的信号，由 AT89C52 进行计数并显示数目。用到的元件清单见图 3-19，仿真电路图见图 3-20。

P	L	DEVICES
7SEG-MPX4-CA		
74LS245		
AT89C52		
BUTTON		
CAP		
CAP-ELEC		
CRYSTAL		
PNP		
RES		

图 3-19　元件清单

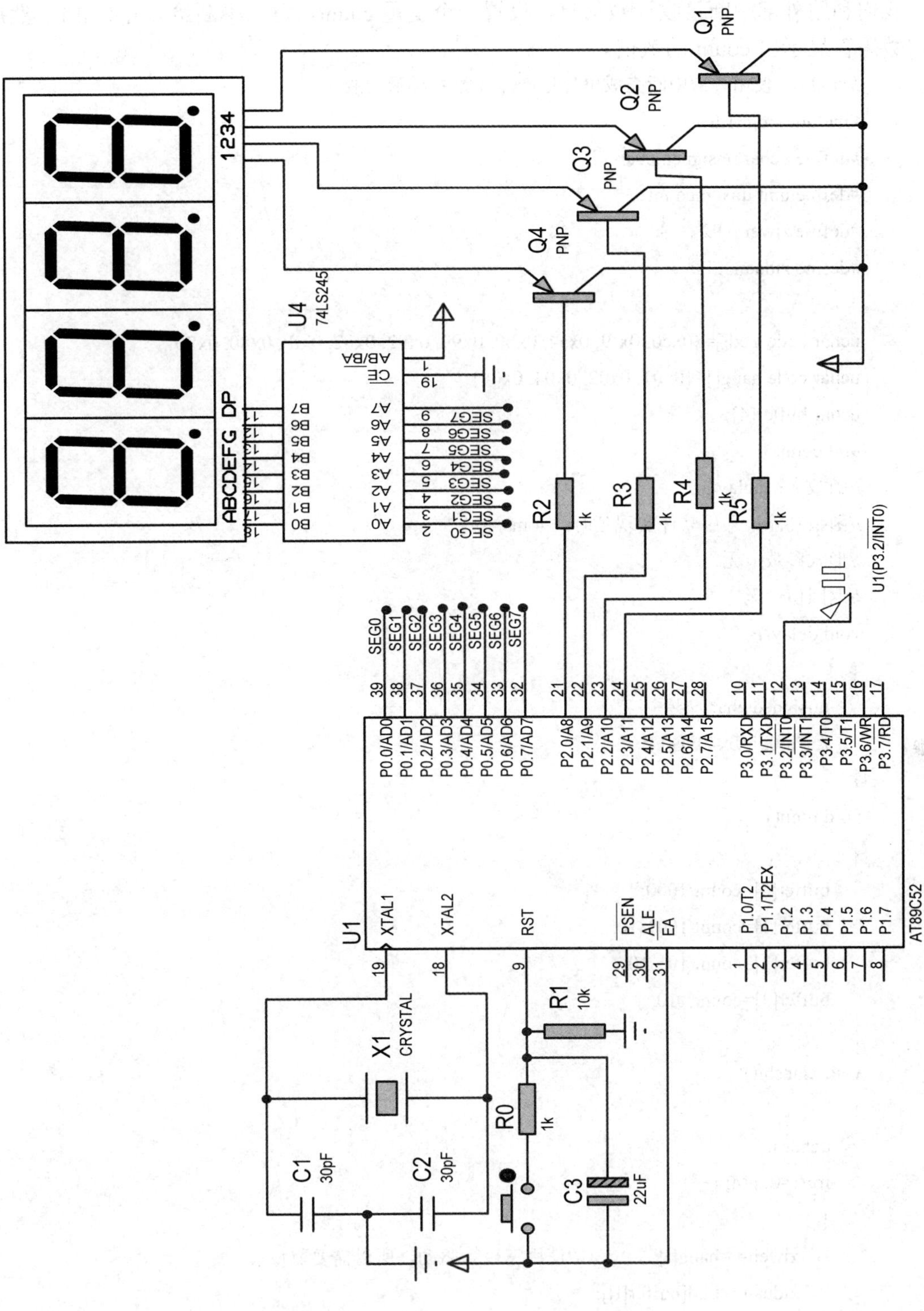

图 3-20　产品计数器仿真电路图

三、产品计数器程序设计

我们利用外部中断接收计数信息，设置一个变量 count，每次中断给 count 加 1，然后利用数码管显示出 count 的数值。

```
//xm3.c  使用外部中断完成单片机产品计数并显示功能
#include<reg51.h>
#define uchar unsigned char
#define uint unsigned int
#define ziwei   P2
#define ziduan   P0

uchar code Led[]={0xc0, 0xf9, 0xa4, 0xb0, 0x99, 0x92, 0x82, 0xf8, 0x80, 0x90};
uchar code hang[]={0x01, 0x02, 0x04, 0x08};
uchar buffer[4];
uint count;
//函数名：delay
//函数功能：采用软件实现延时约 4 ms
//形式参数：无
//返回值：无
void delay()
{
    unsigned char   i;
    for(i=0; i<0x40; i++);
}
void num()
{
    buffer[0]=count/1000;
    buffer[1]=count/100%10;
    buffer[2]=count/10%10;
    buffer[3]=count%10;
}
void xianshi()
{
    uchar i;
    for(i=0; i<4; i++)
    {
        ziwei = ~hang[i];           //使用三极管驱动，所以需要取反
        ziduan = Led[buffer[i]];
        delay();
```

```
        ziduan=0xff;
    }
}
void main()
{
    count=0;
    IT0=1;      //边沿触发
    EA=1;       //开总中断
    EX0=1;      //允许外部中断 0 中断
    while(1)
    {
        num();
        xianshi();
    }
}
void INT_0() interrupt 0     //外部中断 0 的中断函数
{
    count++;
}
```

四、产品计数器电路仿真调试

(1) 在 Proteus 电路图上双击单片机加载生成的 HEX 文件，并进行仿真。

(2) 修改程序或者电路图的错误并重新仿真验证。

➢ 动手做一做

假设生产线上有 20 部手机打包装箱，如果要显示手机的数目应该怎么做？考虑一下有几种实现方式。设计程序，并在开发板上搭建电路实现该功能。

项 目 小 结

本项目介绍了中断及与中断相关的概念。8051 有 5 个中断源，本项目主要讲解两个外部中断的初始化和使用。外部中断 0 使用 P3.2 引脚引入中断信号，外部中断 1 使用 P3.3 引脚引入中断信号。可以通过 IT0(或 IT1)设置中断信号为下降沿触发或者低电平触发，一般情况下，通常使用下降沿触发。外部中断的初始化还需要开中断，设置 IE 寄存器中对应的位为 1，具体的语句为 EX0＝1(或 EX1=1)；EA＝1。

外部中断初始化完成后，中断服务程序实现中断触发后的功能，中断服务函数的定义为“void 函数名() interrupt m”，其中 m 的值确定是哪个中断。

8 段数码管是常见的显示设备，数码管为 8 个发光二极管按照固定的结构组合起来，控制不同的发光二极管亮和灭就可以显示不同的数字。数码管有共阴极和共阳极两种接法，对应着不同的字段码。

数码管显示有静态译码显示和动态译码显示，静态显示常用于只有 1～2 个数码管的情况，若数码管数目较多，则使用动态显示。

项目练习

一、选择题

1. 在 89C51 单片机中，控制中断优先级的寄存器是_____。

A. TCON　　B. IE

C. IP　　D. SCON

2. 在 89C51 单片机中，含有串行口中断标志的寄存器是_____。

A. TCON　　B. IE

C. IP　　D. SCON

3. 在 89C51 单片机中，控制中断允许的寄存器是_____。

A. TCON　　B. IE

C. IP　　D. SCON

4. MCS-51 系列单片机中，CPU 关中断语句是_____。

A. EA=1;　　B. ES=1;

C. EA=0;　　D. EX0=1;

5. 89C51 基本型单片机具有中断源的个数为_____。

A. 4 个　　B. 5 个

C. 6 个　　D. 7 个

6. 当 CPU 响应外部中断 0 的中断请求后，程序计数器 PC 的内容是_____。

A. 0003H　　B. 000BH

C. 0013H　　D. 001BH

7. MCS-51 单片机的外部中断 1 的中断请求标志是_____。

A. ET1　　B. TF1

C. IT1　　D. IE1

8. 当 CPU 响应外部中断 0 的中断请求后，中断函数的中断类型号是_____。

A. 0　　B. 1

C. 2　　D. 3

9. 如果 MCS-51 单片机五个中断源均设置为高优先级，除串行口外，级别最低的中断源是_____。

A. 外部中断 1　　B. 定时器 T0

C. 定时器 T1　　D. 外部中断 0

10. 当外部中断 0 发出中断请求后，中断响应的条件是_____。

A. ET0=1　　B. EX0=1

C. IE=0x81　　D. IE=0x61

11. 在单片机应用系统中，LED 数码管显示电路通常有_____显示方式。

A. 静态　　B. 动态

C. 静态和动态　　D. 查询

12. _______显示方式编程较简单，但占用 I/O 端口线多，一般适用于显示位数较少的场合。

A. 静态　　B. 动态

C. 静态和动态　　D. 查询

13. LED 数码管若采用动态显示方式，下列说法错误的是_____。

A. 将各位数码管的段选线并联

B. 将段选线用一个 8 位 I/O 端口控制

C. 将各位数码管的公共端直接接在+5 V 或者 GND 上

D. 将各位数码管的位选线用各自独立的 I/O 端口控制

14. 共阳极 LED 数码管加反相器驱动(相当于共阴极)显示字符“6”的段码是_____。

A. 06H　　B. 7DH

C. 82H　　D. FAH

15. 一个单片机应用系统用 LED 数码管显示字符“8”的段码是 80H，可以断定该显示系统用的是_______。

A. 不加反相驱动的共阴极数码管

B. 加反相驱动的共阴极数码管或不加反相驱动的共阳极数码管

C. 加反相驱动的共阳极数码管

D. 以上都不对

16. 在共阳极数码管的使用中，若要只显示小数点，则其相对应的字段码是_____。

A. 80H　　B. 10H　　C. 40H　　D. 7FH

二、填空题

1. 89C51 的中断系统由________、_________、_________、_________等寄存器构成。

2. 89C51 的中断源有________、_________、_________、_________、___________。

3. 外部中断 0 的中断请求标志位为_________，定时器 T0 的中断类型号为_________。

4. LED 显示器的显示控制方式有__________显示和__________显示两大类。

5. LED 显示器可以分为__________和__________两大类。

6. 如果定时器/中断控制寄存器 TCON 中的 IT1 和 IT0 位为 0，则外部中断源的中断请求方式为___________。

三、简答题

1. 什么叫中断？中断有何用途？

2. 89C51 有哪几个中断源？如何设定它们的优先级？

3. 外部中断有哪两种触发方式？如何选择和设定？

4. 中断函数的定义形式是怎样的？

5. 简述 LED 数码管显示器的动态显示原理。

四、编程题

1. 编程实现如图 3-21 所示的倒计时的秒表，2 位 LED 数码管显示，采用软件延时方法。

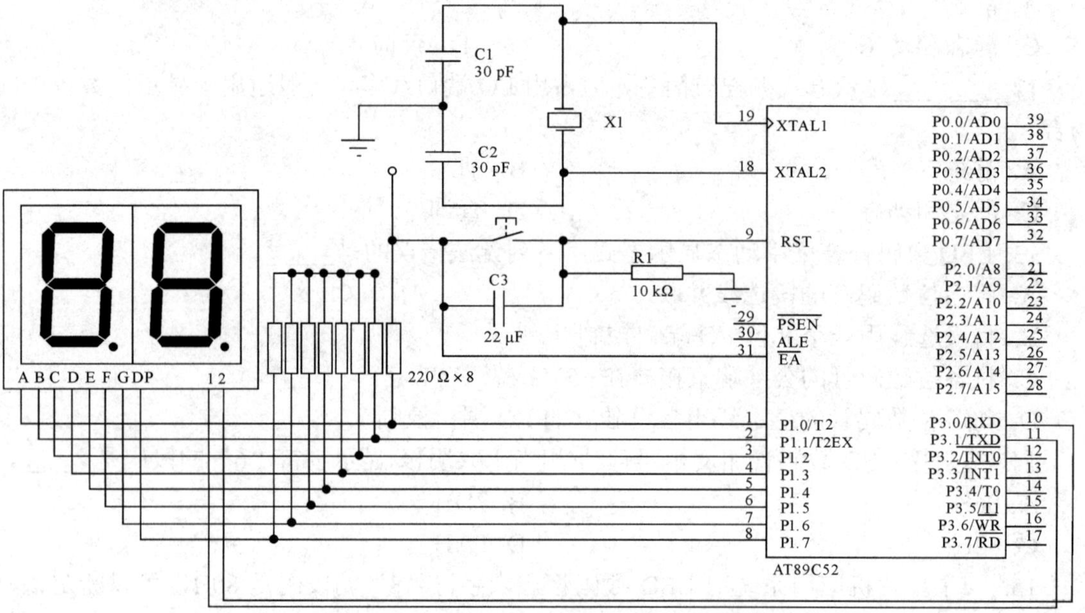

图 3-21　倒计时秒表电路

2. 查阅资料，使用红外光电传感器、LED 数码管、单片机制作一个会场人数统计显示牌(0～9999)。

项目四　设计制作 60 秒定时提醒器

【能力目标】

(1) 学会描述使用定时器进行定时和计数的方法。

(2) 学会分析、设置单片机定时器、方式寄存器 TMOD 和控制寄存器 TCON，计算定时或计数初值并送入 TH0 和 TL0、TH1 和 TL1 中。

(3) 学会编写定时器 T0 和 T1 的中断函数和延时函数。

(4) 掌握定时器/计数器和中断系统、LED 数码管显示的综合应用，进一步熟悉开发工具。

【项目要求】

以 STC89C52 单片机作为主控器，设计一个 60 秒定时提醒器，实现如下功能：

(1) 具有 60 秒递减计时，每隔 1 秒计时器减 1；

(2) 具有时间显示功能；

(3) 具有外部开关，控制启动和复位(回到 60)功能；

(4) 具有提醒功能：当倒计时到零时，停止计时，同时发出声音提醒信号。

任务一　了解单片机定时器/计数器

一、何为定时/计数

定时，就是设定好一个时间。比如，在学校里每节课是 45 分钟，这个设定的时间随着一节课开始而逐步减少，直到 45 分钟时间过去，下课铃响；再如，生活中使用微波炉加热牛奶，定时 30s，随着加热启动，微波炉开始倒计时，直到停止加热。如果使用单片机控制微波炉的加热时间，就是单片机计算单位时间(1 s、1 ms、1 μs)的个数，当计数完成后，将单位时间乘以计数次数就得到定时的时间。

定时器/计数器概念

计数，就是计算某段时间内事件发生的次数。比如生产线上产品计数、会场人数统计、汽车转速测量、人体呼吸频率、心跳频率等都是计数的应用。

二、MCS-51 单片机定时器/计数器结构

AT89C51 单片机内部集成有两个可编程的定时器/计数器：T0 和 T1，它们既可以用于定时，也可以用于对外部脉冲进行计数。此外，T1 还常用作串行接口的波特率发生器。

图 4-1 是定时器/计数器的结构框图。由图可知，定时器/计数器 T0、T1 主要由两对 8 位寄存器(TH0、TL0 和 TH1、TL1)、方式寄存器 TMOD 和控制寄存器 TCON 组成。其中：TH0、TL0 专门用于存放定时器/计数器 T0 的计数值；TH1、TL1 用于存放定时器/计数器 T1 的计数值；TMOD 用于设置 T0、T1 的工作方式；TCON 中的 TR0、TR1 用于控制 T0、T1 的运行；P3.4、P3.5 引脚用于输入计数器方式下的外部计数脉冲信号。

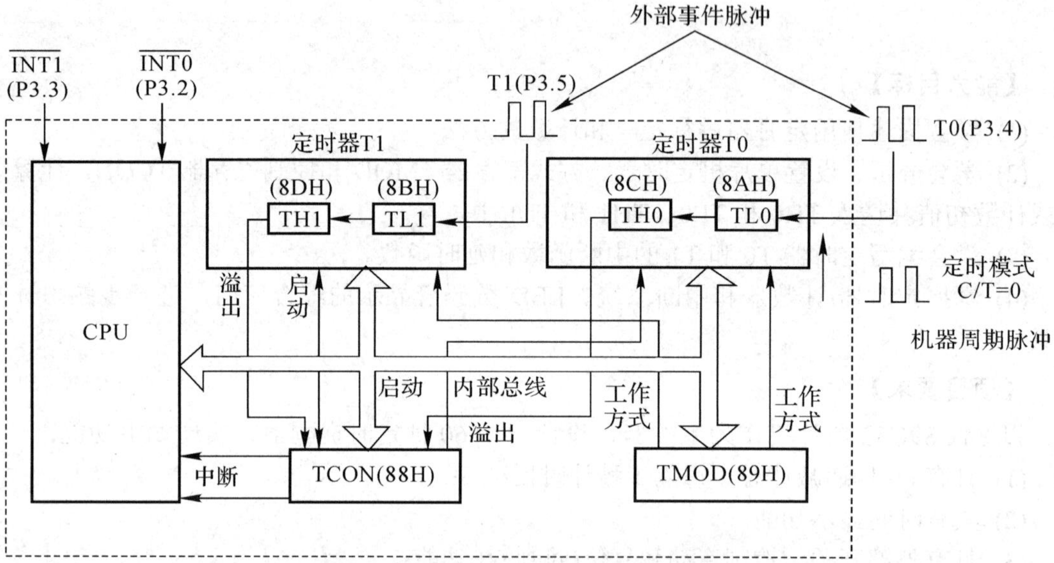

图 4-1　定时器/计数器的结构框图

定时器/计数器 T0、T1 用作定时器时，对机器周期进行计数，每经过一个机器周期计数器加 1，直到计数器计满溢出。因为一个机器周期由 12 个时钟周期组成，所以计数频率为时钟频率的 1/12。因此，定时器的定时时间不仅与计数器的初值即计数长度有关，还与系统的时钟频率大小有关。

定时器/计数器 T0、T1 用作计数器时，对来自输入引脚 T0(P3.4)和 T1(P3.5)的外部信号计数。在每一个机器周期的 S5P2 时刻对 T0(P3.4)或 T1(P3.5)上信号采样一次，如果上一个机器周期采样到高电平，下一个机器周期采样到低电平，则计数器在下一个机器周期的 S3P2 时刻加 1 计数一次。因此，需要两个机器周期才能识别一个计数脉冲，所以外部计数脉冲的频率应小于振荡频率的 1/24。

T0、T1 是加法计数器，每来一个计数脉冲，加法器中的内容加 1 个单位，当由全 1 加到全 0 时计满溢出，因而，如果要计 N 个单位，则应向计数器置初值为 X，且有

$$初值\ X=最大计数值(满值)M-计数值\ N$$

在不同的计数方式下，最大计数值(满值)不一样，一般来说，当定时器/计数器工作于 R 位计数方式时，它的最大计数值(满值)为 2 的 R 次幂。例如，方式 1 为 $2^{16}=65536$，方式 2 和方式 3 均为 $2^{8}=256$。

三、工作方式寄存器 TMOD

TMOD 用于设定定时器/计数器的工作方式，其格式如表 4-1 所示。

表 4-1　工作方式寄存器 TMOD

高 4 位控制 T1				低 4 位控制 T0			
门控位	计数/定时方式选择	工作方式选择		门控位	计数/定时方式选择	工作方式选择	
GATE	$C/\overline{T}$	M1	M0	GATE	$C/\overline{T}$	M1	M0

各位的含义：

GATE：门控位。

· GATE=0 时，$C/\overline{T}$ 运行只受 TCON 中运行控制位 TR0/TR1 的控制。

· GATE=1 时，运行同时受 TR0/TR1 和外中断输入信号的双重控制。只有当 $\overline{INT0}/\overline{INT1}$=1 且 TR0/TR1=1 时，T0/T1 才能运行。

M1、M0：工作方式选择位，如表 4-2 所示。

表 4-2　定时器工作方式说明

M1	M0	工作方式	功　能
0	0	方式 0	13 位计数器
0	1	方式 1	16 位计数器
1	0	方式 2	两个 8 位计数器，初值自动装入
1	1	方式 3	两个 8 位计数器，仅适用 T0

$C/\overline{T}$：计数/定时方式选择位。

· $C/\overline{T}$=1 时，计数工作方式，对外部事件脉冲计数，用作计数器。

· $C/\overline{T}$=0 时，定时工作方式，对片内机周脉冲计数，用作定时器。

TMOD 不能位操作，设置 TMOD 须用字节操作指令。例如，“TMOD=0x01;”表示把定时器 T0 设置为定时状态，工作于方式 1；“TMOD=0x60;”表示把定时器 T1 设置为计数状态，工作于方式 2。

四、控制寄存器 TCON

TCON 用于控制其启动和中断申请，格式见表 4-3。

表 4-3　控制寄存器 TCON

TCON	T1 中断标志	T1 运行标志	T0 中断标志	T0 运行标志	$\overline{INT1}$ 中断标志	$\overline{INT1}$ 触发方式	$\overline{INT0}$ 中断标志	$\overline{INT0}$ 触发方式
位名称	TF1	TR1	TF0	TR0	IE1	IT1	IE0	IT0
位地址	8FH	8EH	8DH	8CH	8BH	8AH	89H	88H

TCON 中各位含义如下：

TF1：定时器 1 溢出标志位。当定时器 1 计满数产生溢出时，由硬件自动置 TF1=1。在中断允许时，向 CPU 发出定时器 1 的中断请求，进入中断服务程序后，由硬件自动清 0。在中断屏蔽时，TF1 可作查询测试用，此时只能由软件清 0。

TR1：定时器 1 运行控制位。由软件置 1 或清 0 来启动或关闭定时器 1。当 GATE=1，且 $\overline{INT1}$ 为高电平时，TR1 置 1 启动定时器 1；当 GATE=0 时，TR1 置 1 即可启动定时器 1。

TF0：定时器 0 溢出标志位。其功能及操作情况同 TF1。

TR0：定时器 0 运行控制位。其功能及操作情况同 TR1。

五、定时器/计数器工作方式

定时器/计数器 T0 有四种工作方式，而定时器/计数器 T1 只有三种工作方式。不同的工作方式其内部的结构有所不同，功能上也有差别。

1. 工作方式 0

方式 0 的结构见图 4-2。当 M1M0 为 00 时，定时器/计数器工作于方式 0。它是一个 13 位计数器，由 TL0 低 5 位和 TH0 高 8 位组成，TL0 低 5 位计数满时不向 TL0 低 6 位进位，而是向 TH0 进位，13 位计满溢出，TF0 置 1。最大计数值为 $2^{13}=8192$。

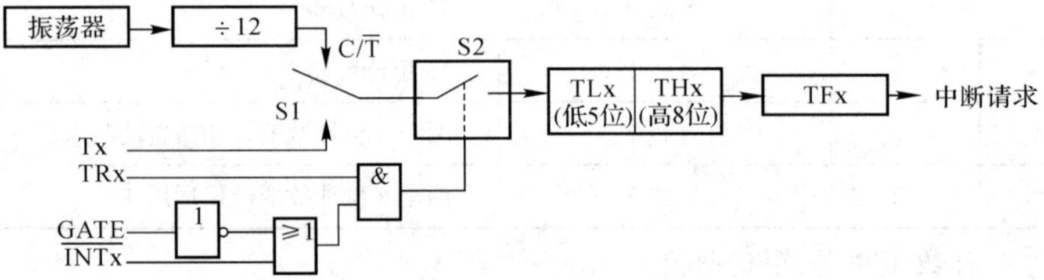

图 4-2　T0、T1 方式 0 结构图

当 $C/\overline{T}=1$ 时，为计数模式，有 *N*=8192－初值；当 $C/\overline{T}=0$ 时，为定时模式，有 *T*=(8192－初值)×机器周期。

方式 0 仅仅是为了让 AT89C51 兼容上一代产品而设计的，因确定其计数初值高 8 位和低 5 位比较麻烦，所以实际应用中常用 16 位的方式 1 取代。

2. 工作方式 1

当 M1M0 为 01 时，定时器/计数器工作于方式 1，方式 1 的结构与方式 0 相同，只是将 13 位变成了 16 位。

在方式 1 下，16 位的加法计数器被全部用上，TL0(或 TL1)作为低 8 位，TH0(或 TH1)作为高 8 位。计数时，当 TL0(或 TL1)计数满时向 TH0(或 TH1)进位，当 TH0(或 TH1)也计数满时，使 TF0(或 TF1)置位，向 CPU 提出中断申请。可以通过中断或者查询的方式来处理溢出信号 TF0(或 TF1)。由于是 16 位计数器，因此最大计数值为 $2^{16}=65\,536$。

当 $C/\overline{T}=1$ 时，为计数模式，有 *N*=65 536－初值；当 $C/\overline{T}=0$ 时，为定时模式，有 *T*=(65 536－初值)×机器周期。

对于 12 MHz 频率的单片机，最长的计时时间为 65 536 μs=65.536 ms。

当计数器计数满并溢出后，计数器的计数过程并不会结束，当再有计数脉冲来时同样会进行加 1 计数，只是这时计数器从 0 开始计数，即满值的计数。如果要重新实现 *N* 个单位计数，则需要重新装入初值。

3. 工作方式2

当M1M0为10时，定时器/计数器工作于方式2。方式2的结构如图4-3所示。

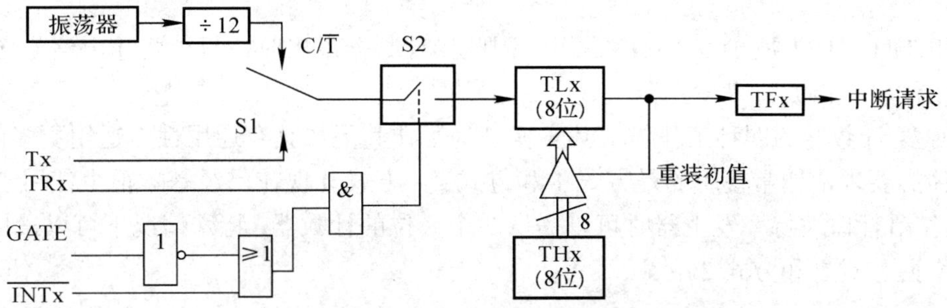

图4-3　T0、T1方式2结构图

方式2下，16位的计数器只用了8位来计数，即用TL0(或TL1)的8位来进行计数，而TH0(或TH1)用于保存初值。最大计数值为$2^8=256$，当TL0(或TL1)计满时则溢出，一方面使TF0(或TF1)置位，另一方面溢出信号又会触发图4-3中的三态门，使三态门导通，TH0(或TH1)的值就自动装入TL0(或TL1)。

当$C/\overline{T}=1$时，为计数模式，有$N=256-$初值；当$C/\overline{T}=0$时，则为定时模式，有$T=(256-\text{初值})\times$机器周期。

对于12 MHz频率的单片机，最长的计时时间为256 μs。

这种方式的优点是定时初值可自动恢复；缺点是计数范围小，适用于需要重复定时，而定时范围不大的应用场合。

由于方式2计满后，溢出信号会触发三态门自动把TH0(或TH1)的值装入TL0(或TL1)中，因而如果要重新实现*N*个单位的计数，则不用重新置入初值。

4. 工作方式3

方式3只有定时器/计数器在T0时才有，当M1M0为11时，定时器/计数器T0工作于方式3，方式3的结构如图4-4所示。

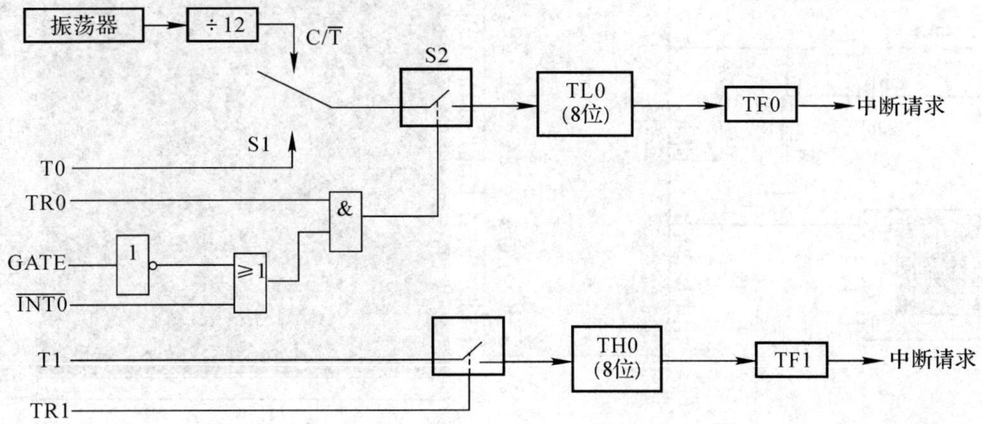

图4-4　T0方式3结构图

方式 3 下，定时器/计数器 T0 被分为两个部分 TL0 和 TH0，其中，TL0 可作为定时器/计数器使用，占用 T0 的全部控制位：GATE、$C/\overline{T}$、TR0 和 TF0；而 TH0 固定只能作定时器使用，对机器周期进行计数，这时它占用定时器/计数器 T1 的 TR1 位、TF1 位和 T1 的中断资源。

由于 TF1、TR1 被 T0 的 TH0 占用，因此当计数器溢出时，只能将输出信号送至串行口，即用作串行口波特率发生器。

定时器/计数器的四种工作方式其实就是为了让其更加具有通用性，适用更多的情况，根据具体的要求，通常使用的是方式 1 和方式 2，方式 0 现在已经基本很少使用了，方式 3 在 T1 作串行口波特率发生器时可以提供 2 个 8 位的计数器，特殊情况下可以采用。所以重点需掌握方式 1 和方式 2。

任务二　定时器/计数器的应用

在实际应用过程中，建议时间短的定时(小于 256 μs)采用方式 2，时间长的定时(大于 256 μs)采用方式 1。

一、工作方式 2 应用举例

【例 4-1】 试用 T1 方式 2 编制图 4-5 所示的实验电路的程序，在 P1.0 引脚处输出周期为 400 μs 的脉冲方波，已知晶振为 12 MHz。

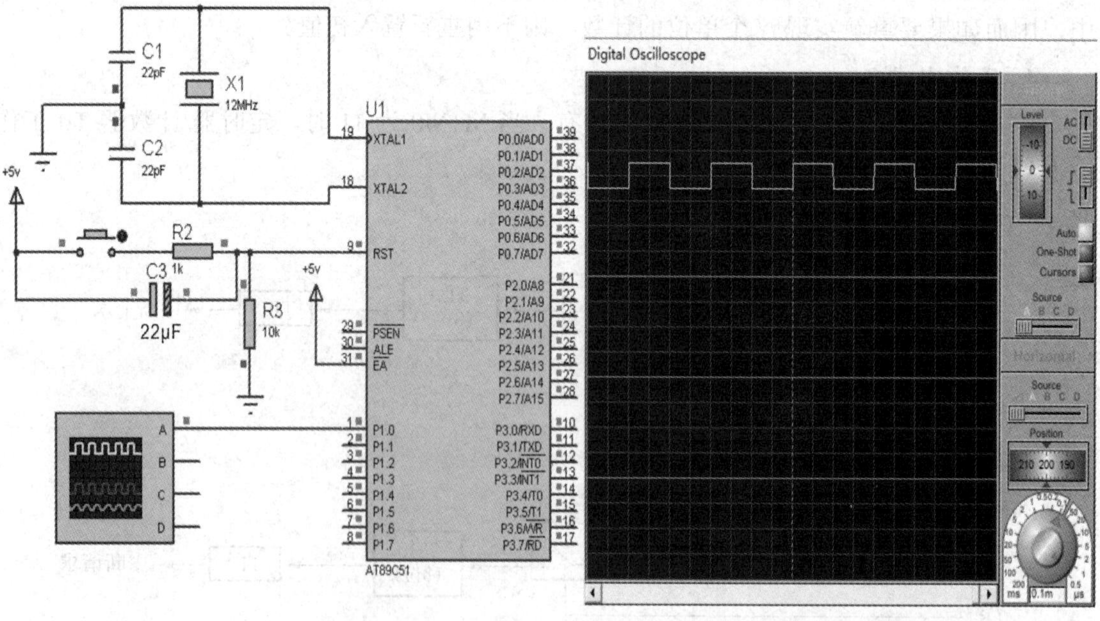

图 4-5　例 4-1 的仿真电路及结果

程序设计过程如下：

(1) 设置 TMOD 方式：

```
0 0 10 0000 B=20H
│ │ │    └──► T0控制位，与T1无关
│ │ └───────► T1方式2
│ └─────────► T1定时器
└───────────► GATE=0
```

定时器/计数器工作方式 2 应用

(2) 计算定时初值。输出周期为 400 μs 的脉冲方波，可以每 200 μs 把 P1.0 引脚上的电平翻转，所以定时的时间为 200 μs。

$$200\ \mu s=(256-初值)\times 1\ \mu s$$

$$初值=256-200$$

$$TH1=256-200$$

$$TL1=256-200$$

(3) 编制程序。

① 采用中断的方式：

```
#include  <reg51.h>
sbit  P1_0=P1^0;
void  main()
{
    TMOD=0x20;                          //定时器 T1 工作于方式 2
    TH1=256-200;                        //送初值，定时 200 μs
    TL1=256-200;
    EA=1;                               //设置总中断允许
    ET1=1;                              //设置允许 T1 中断
    TR1=1;                              //启动定时器 T1
    while(1);                           //等待 T1 中断
}
void  time1_int(void)  interrupt  3     //T1 中断服务程序
{
    P1_0=! P1_0;
}
```

② 采用查询的方式：

```
#include  <reg51.h>
sbit  P1_0=P1^0;
void  main()
{
    char  i;
    TMOD=0x20;
    TH1=256-200;
```

```
        TL1=256-200;
        TR1=1;
        while(1)
        {
           if (TF1)                              //查询计数溢出
           {  TF1=0;
              P1_0=! P1_0;
           }
        }
    }
```

二、工作方式 1 应用举例

【例 4-2】 已知晶振 12 MHz，要求利用定时器 T0 使图 4-6 中 LED 进行秒闪烁，即一秒钟一亮一暗，亮 500 ms、暗 500 ms。仿真电路及结果如图 4-6 所示。

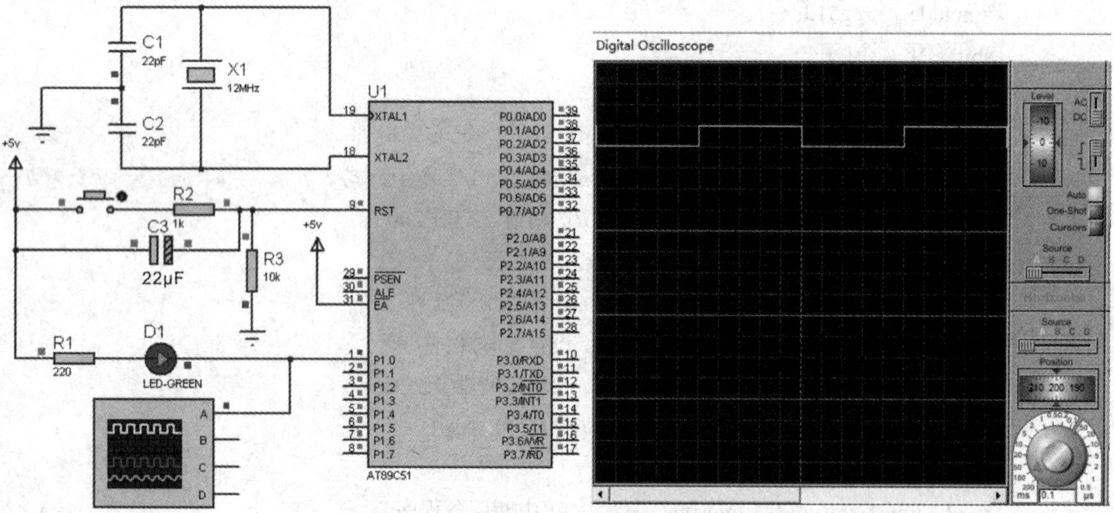

图 4-6　例 4-2 的仿真电路及结果

程序设计过程：

晶振 12 MHz，每机周 1 μs，T0 方式 1 最大定时为 65.536 ms。取 T0 定时 50 ms，计数 10 次，即可实现 500 ms 定时。

(1) 设置 TMOD 方式：

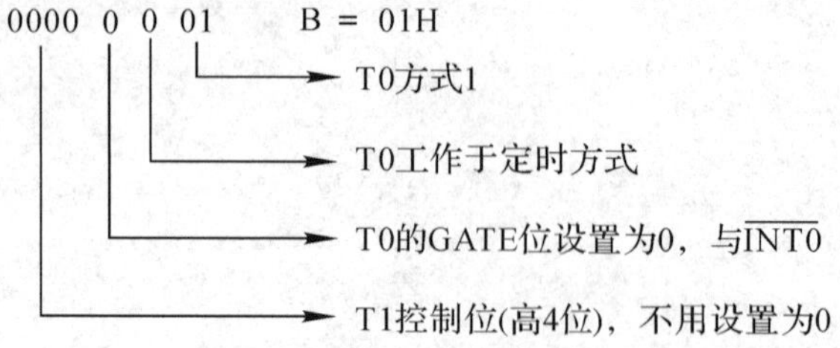

定时器/计数器工作方式 1 应用

(2) 计算定时初值：

$$50\ \text{ms}=(65\,536-\text{初值})\times 1\ \mu\text{s}$$

$$\text{初值}=65\,536-50\,000$$

$$\text{TH0}=(65\,536-50\,000)/256$$

$$\text{TL0}=(65\,536-50\,000)\%256$$

(3) 编制程序(采用中断函数模式)。

```
#include  <reg51.h>
sbit  P1_0=P1^0;
char  i;
void  main()
{
    TMOD=0x01;
    TH0=(65536-50000)/256;
    TL0=(65536-50000)%256;
    EA=1;
    ET0=1;
    i=0;
    TR0=1;
    while(1);
}

void  time0_int(void)  interrupt 1              //中断服务程序
{
    TH0=(65536-50000)/256;
    TL0=(65536-50000)%256;
    i++;
    if (i==10)                                  //计数 10 次，实现 10*50 ms=500 ms 延时
    {
        P1_0=! P1_0;
        i=0;
    }
}
```

➢ 动手做一做

外部中断通常只有两个，但有时候需要更多的外部中断，这时，可以用定时器/计数器构造一个外部中断，实现按一次按键就中断一次。尝试用定时器/计数器 T0 设计该外部中断。

任务三　项 目 实 施

一、60秒定时提醒器原理分析

60 秒定时提醒器要求具备倒计时、显示、启动/复位控制和时间到提醒 4 项功能。本设计采用 51 单片机作为主控制器，利用片内的定时器/计数器模块实现倒计时功能；采用 2 位动态显示方式的数码管(共阳极)显示时间；外接一个开关来控制电路的启动/复位；采用蜂鸣器实现时间到提醒功能。

二、60秒定时提醒器的硬件仿真

60 秒定时提醒器的硬件仿真电路如图 4-7 所示。

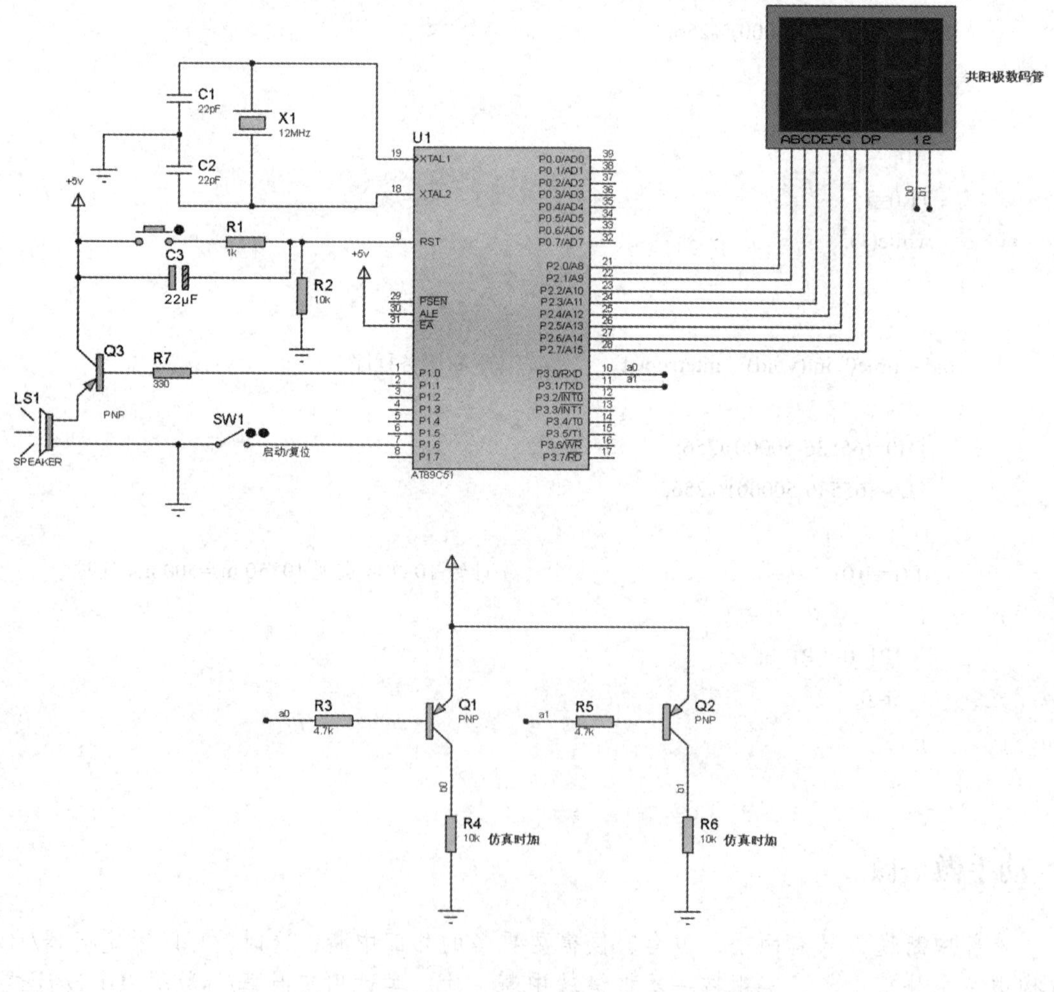

图 4-7　60 秒定时提醒器的硬件仿真电路

三、60 秒定时提醒器的程序设计

程序设计思路：通过主函数和定时器中断函数实现倒计时、显示、启动/复位以及提醒功能。主函数主要实现启动/复位、显示和时间到提醒功能，定时器中断函数实现倒计时功能。

在主函数中，定时器初始化时暂时不启动定时器，利用开关 SW1 的闭合和断开来启动或者停止定时器即可实现 60 秒定时提醒器的启动/复位功能。提醒功能的程序控制思路是定义一个全局变量 timeend，初始值为 0，在定时器中断函数中若倒计时为 0，将 timeend 置为 1，在主函数中根据 timeend 的值来启动或者关闭提醒功能(蜂鸣器报警)。

程序设计如下：

```
#include<reg51.h>
#include<intrins.h>
#define uchar unsigned char
#define uint unsigned int
#define outbit    P3
#define outseg    P2
#define len 2
uchar ledbuf[len];                          //显示缓冲，存储显示字符的字段码
uchar    code    segmap[16] = {0xc0, 0xf9, 0xa4, 0xb0, 0x99, 0x92, 0x82, 0xf8, 0x80, 0x90};
uchar cnt60=60;                             //60 s 倒计时变量
bit timeend=0;                              //时间到标志
sbit spk=P1^0;
sbit    key=P1^6;
#define ON 0
#define OFF 1
void Sleep(uchar count);
void DispLed();
void T0_init();
void main()
{
    T0_init();
    while(1)
    {
        if(key==ON)
        {
            TR0=1;
        }
        else
        {
```

```
                TR0=0;
                cnt60=60;
                timeend=0;
            }
            ledbuf[0]=segmap[cnt60/10];
            ledbuf[1]=segmap[cnt60%10];
            DispLed();
            if(timeend==1)
                spk=!spk;
            else
                spk=1;
        }
}
/* 延时函数 */
void Sleep(uchar count)
{
    uchar i;
    while(count-- != 0) for(i=0;i<255;i++);
}
/* LED 七段码显示函数 */
void DispLed()
{
    uchar i, pos=0x01;             //从左往右显示
    outbit=0xff;                   //全灭
    for(i=0; i<len; i++)           //数码管的显示个数为 len
    {
        outseg = ledbuf[i];        //送字段码
        outbit = ~pos;             //送位选码
        Sleep(1);                  //延时
        pos<<=1;                   //位选控制变量左移，为下一个数码管显示做准备
        outbit=0xff;               //关闭所有数码管
    }
}
/* 定时器 0 初始化函数 */
void T0_init()
{
    TMOD=0x01;
    TH0=(65536-50000)/256;
    TL0=(65536-50000)%256;
```

```
        EA=1;
        ET0=1;
        TR0=0;
    }
    void   time0_int(void)   interrupt 1       //中断服务程序
    {
        static uchar i=0;
        TH0=(65536-50000)/256;
        TL0=(65536-50000)%256;
        i++;
        if (i==20)                      //计数 20 次，实现 20*50 ms=1000 ms=1 s 延时
        {
            i=0;
            if(cnt60>0)
                cnt60--;
            else
            {
                TR0=0;
                timeend=1;
            }
        }
    }
```

四、60 秒定时提醒器仿真调试

60 秒定时提醒器仿真调试步骤如下：

(1) 利用 Proteus 中的 ISIS 软件绘制仿真图；

(2) 用 Keil 软件编写程序，完成编译并生成.hex 文件；

(3) 在 ISIS 软件绘制的仿真图中，双击单片机，导入.hex 文件；

(4) 运行仿真图，进行实验结果验证。

➤ 动手做一做

给 60 秒定时提醒器增加时间暂停/继续功能，搭建硬件电路，并完成程序的编写和软硬件的联调。

项 目 小 结

MCS-51 单片机内部有 2 个定时器/计数器：T0 和 T1，它们既可以作为定时器，又可

以作为计数器。当T0或T1对内部的机器周期进行计数时，作为定时器；对外部输入的脉冲进行计数时，作为计数器。T0或T1共有4种工作方式，即方式0、方式1、方式2和方式3。其中方式1是初值不能自动重装载的16位定时器/计数器，方式2是初值不能自动重装载的8位定时器/计数器。

项目练习

一、选择题

1. 当MCS-51单片机的定时器T0用于定时方式时，__________。

A. 对内部时钟频率计数，一个时钟周期加1

B. 对内部时钟频率计数，一个机器周期加1

C. 对外部时钟频率计数，一个时钟周期加1

D. 对外部时钟频率计数，一个机器周期加1

2. MCS-51单片机的定时器T1工作在计数方式下时，__________。

A. 外部计数脉冲由T1(P3.5)输入

B. 外部计数脉冲由内部时钟频率提供

C. 外部计数脉冲由T0(P3.4)输入

D. 由外部计数脉冲计数

3. 当MCS-51单片机的定时器T1用于定时，采用工作方式1，则工作方式控制字TMOD为________。

A. 01H　　B. 05H　　C. 10H　　D. 50H

4. 当MCS-51单片机的定时器T1用于计数，采用工作方式2，则工作方式控制字TMOD为________。

A. 60H　　B. 02H　　C. 06H　　D. 20H

5. 当MCS-51单片机的定时器T0用于定时，采用工作方式1，则初始化编程语句为________。

A. TMOD=0X01;　　B. TMOD=0X50;

C. TMOD=0X10;　　D. TCON=0X02;

6. 启动T0开始定时/计数是使TCON的________。

A. TF0位置1　　B. TR0位置1

C. TR0位置0　　D. TR1位置0

7. MCS-51单片机的定时器T0停止定时/计数的语句是________。

A. TR0=0;　　B. TR1=0;

C. TR0=1;　　D. TR1=1;

8. 在定时器/计数器的计数初值计算中，若设最大计数值为*M*，则工作方式1下的*M*值为______________；工作方式2下的*M*值为______________。

A. 8192　　B. 256

C. 16　　D. 65536

二、填空题

1. MCS-51 系列单片机有____个定时器/计数器，每个定时器/计数器有____种工作方式。

2. MCS-51 系列单片机的定时器/计数器用作_____器时对内部的机器周期进行计数，用作_____器时对外部输入的脉冲进行计数。

3. MCS-51 系列单片机的定时器/计数器若只用软件启动，与外部中断无关，应使 TMOD 中的___________。

4. 定时器工作方式寄存器 TMOD 的作用是_____________。

5. 定时器控制寄存器 TCON 的作用是______________。

6. T0 的中断类型号为____________。T1 的中断类型号为____________。

7. 假设主频为 12 MHz，则使用 T0 方式 1 定时最大时间为____________，方式 2 定时最大时间为____________。

8. 使用 T1 计数，则方式 1 最大计数值为__________，方式 2 最大计数值为_________。如果计数 100 次，方式 1 的初值为__________，方式 2 的初值为__________。

三、简答题

1. MCS-51 单片机的定时器/计数器的定时和计数功能有什么不同？分别应用在什么场合？

2. MCS-51 单片机的定时器/计数器四种工作方式的特点有哪些？如何进行选择和设定？

项目五　单片机双机通信

【能力目标】

(1) 能够描述串行通信技术的相关概念。

(2) 能够清楚地描述单片机的串口结构、工作方式、波特率设置。

(3) 掌握单片机双机之间的通信软硬件设计。

(4) 掌握单片机和 PC 间的通信模块的使用。

【项目要求】

设计一个暗号验证器，配置两块单片机，分别称为甲机和乙机，实现它们之间的双机通信。甲机给乙机发送数据 0x55，乙机接收到数据后，用 8 只发光二极管以二进制的形式显示接收到的数据，并将接收到的数据返回给甲机。如果甲机接收到数据 0x55，则甲机点亮 1 只发光二极管表示暗号验证成功。

任务一　了解串行通信技术的相关概念

一、串行通信和并行通信

通信是人们之间传递信息的方式。计算机通信将计算机技术和通信技术相结合，完成计算机与外部设备或计算机与计算机之间的信息交换。计算机通信有两种方式：并行通信与串行通信。

并行通信是将数据字节的各位用多条数据线同时进行传送，如图 5-1(a)所示。并行通信的特点是控制简单，传送速度快。由于传输线较多，长距离传送时成本较高，因此仅适用于短距离传送。

串行通信基础知识

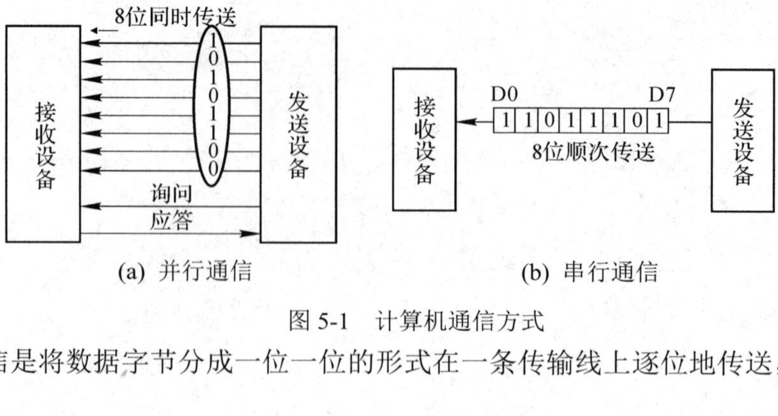

(a) 并行通信　　(b) 串行通信

图 5-1　计算机通信方式

串行通信是将数据字节分成一位一位的形式在一条传输线上逐位地传送，如图 5-1(b)

所示。串行通信的特点是传送速度慢。由于传输线少，长距离传送时成本较低，因此串行通信适用于长距离传送。

二、串行通信制式

串行通信中的数据是在两个站之间进行传送的，按照数据传送方向，串行通信有单工(simplex)、半双工(half duplex)和全双工(full duplex)三种制式。

在单工制式下，通信线的一端是发送器，一端是接收器，数据只能按照一个固定的方向传送。

在半双工制式下，系统的每个通信设备都由一个发送器和一个接收器组成，但同一时刻只能有一个站发送，一个站接收；两个方向上的数据传送不能同时进行。也就是说，该制式下只能一端发送，一端接收，其收发开关一般是由软件控制的电子开关。

全双工通信系统的每端都有发送器和接收器，它们可以同时发送和接收数据，即数据可以在两个方向上同时传送。

三、异步通信和同步通信

按照串行数据的时钟控制方式，串行通信可分为异步通信和同步通信。

1. 异步通信

在异步通信中，数据通常是以字符为单位组成字符帧传送的。字符帧由发送端一帧一帧地发送，每一帧数据是低位在前，高位在后，通过传输线被接收端一帧一帧地接收。发送端和接收端可以由各自独立的时钟来控制数据的发送和接收，这两个时钟彼此独立，互不同步。

在异步通信中，接收端是依靠字符帧格式来判断发送端是何时开始发送、何时结束发送的。字符帧也叫数据帧，由起始位、数据位、奇偶校验位和停止位等四部分组成，如图5-2所示。

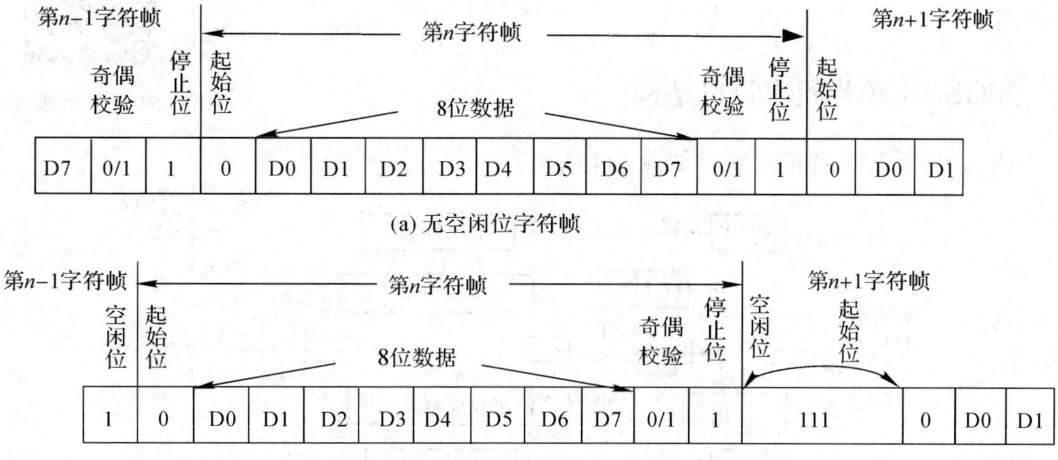

(a) 无空闲位字符帧

(b) 有空闲位字符帧

图 5-2　异步通信的字符帧格式

异步通信的另一个重要指标为波特率。波特率为每秒钟传送二进制数码的位数，也叫比特数，单位为 b/s 或者 bps，即位/秒。波特率用于表征数据传输的速度，波特率越高，数据传输速度越快。

2. 同步通信

同步通信是一种连续串行传送数据的通信方式，一次通信只传输一帧信息。这里的信息帧和异步通信的字符帧不同，通常有若干个数据字符，如图 5-3 所示。图 5-3(a)为单同步字符帧格式，图 5-3(b)为双同步字符帧格式，它们均由同步字符、数据字符和校验字符 CRC 三部分组成。在同步通信中，同步字符既可以采用统一的标准格式，也可以由用户约定。

同步字符1	数据字符1	数据字符2	数据字符3	…	数据字符n	CRC1	CRC2

(a) 单同步字符帧格式

同步字符1	同步字符2	数据字符1	数据字符2	数据字符3	…	数据字符n	CRC1	CRC2

(b) 双同步字符帧格式

图 5-3　同步通信字符帧格式

同步传输方式比异步传输方式速度快，这是它的优势。但同步传输方式也有其缺点，即它必须用一个时钟来协调收发器的工作，所以设备比较复杂。

任务二　熟悉 MCS-51 单片机串行口的结构及工作原理

MCS-51 系列单片机内部有一个可编程全双工串行通信接口，该接口既可以作为一个同步移位寄存器使用，也可作为异步串行通信口使用。

MCS-51 单片机串行接口

一、MCS-51 单片机串行口结构

MCS-51 系列单片机的串口如图 5-4 所示。

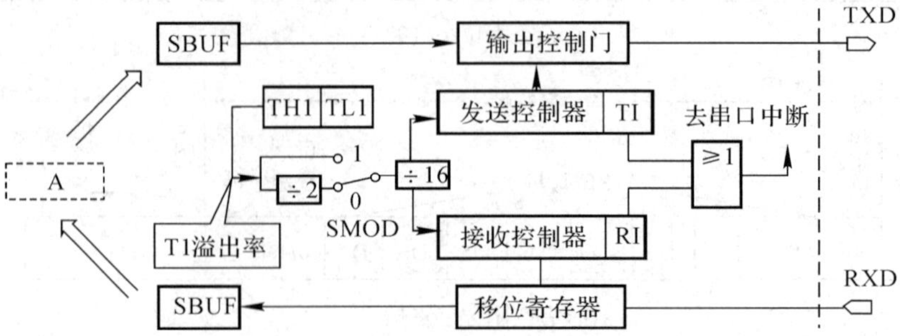

图 5-4　51 单片机串口结构图

串行接口主要由发送数据缓冲器 SBUF、发送控制器、输出控制门、接收数据缓冲器 SBUF、接收控制器、输入移位寄存器和波特率发生器 T1 等组成。

串行口中还有 SCON 和 PCON 两个特殊功能寄存器。特殊功能寄存器 SCON 用于存放串行口的控制和状态信息。定时器/计数器 1(T1)构成串行口的波特率发生器，其波特率是否倍增可由特殊功能寄存器 PCON 的最高位控制。

二、串行口的寄存器

1. 数据缓冲寄存器 SBUF

SBUF 既是发送缓冲寄存器，又是接收缓冲寄存器。当对它执行写 SBUF 指令时，则将数据写入发送缓冲寄存器 SBUF 中并发送出去；当执行读 SBUF 指令时，则从接收缓冲寄存器 SBUF 中读取数据，所以发送、接收数据非常方便。

```
SBUF=a;    //发送数据
b=SBUF;    //接收数据
```

2. 串行控制寄存器 SCON

SCON 用于串行数据通信的控制，其控制字的说明见表 5-1。

表 5-1　SCON 控制字说明

7	6	5	4	3	2	1	0
SM0	SM1	SM2	REN	TB8	RB8	TI	RI

SCON 各位的功能如下：

SM0、SM1 的功能如表 5-2 所示。

表 5-2　串口工作方式表

SM0	SM1	工作方式	功 能 说 明
0	0	0	同步移位寄存器输入/输出，波特率为 $f_{osc}/12$
0	1	1	8 位 UART，波特率可变($2^{SMOD}\times$溢出率/32)
1	0	2	9 位 UART，波特率为 $2^{SMOD}\times f_{osc}/64$
1	1	3	9 位 UART，波特率可变($2^{SMOD}\times$溢出率/32)

SM2：多机通信控制位。

REN：允许接收位。REN=1，允许接收；REN=0，禁止接收。它由软件置位、复位。

TB8：方式 2 或方式 3 中要发送的第 9 位数据，可以按需要由软件置位或清 0。

RB8：方式 2 或方式 3 中要接收的第 9 位数据；在方式 1 中，若 SM2=0，RB8 是已接收的停止位；在方式 0 中，RB8 未使用。

TI：发送中断标志。在方式 0 中，发送完第 8 位数据后，该位由硬件置位。在其他方式下，开始发送停止位时，由硬件置位。TI=1 表示一帧发送结束，可软件查询 TI 标志位，也可经中断系统请求中断。TI 位必须由软件清 0。

RI：接收中断标志。在方式 0，接收完第 8 位数据后，该位由硬件置位。在其他方式下，当收到停止位或第9位时，该位由硬件置位。RI=1，表示一帧接收结束，可以使用软件查询RI标志，也可经中断系统请求中断。RI必须由软件清0。

3. 电源控制寄存器PCON

PCON控制字说明见表5-3。

表5-3　电源控制寄存器PCON

7	6	5	4	3	2	1	0
SMOD	×	×	×	GF1	GF0	PD	IDL

SMOD：串行口波特率倍增位。在工作方式1至工作方式3时，若SMOD=1，则串行口波特率增加1倍；若SMOD=0，波特率不倍增。系统复位时，SMOD=0。

三、串行口工作方式

MCS-51单片机的串行通信工作方式共有4种，分别是方式0、方式1、方式2和方式3，由串行控制寄存器SCON中的SM0、SM1决定。

1. 方式0(SM0 SM1=00)

当单片机工作在方式0时，可作为同步移位寄存器使用，串行数据通过RXD进出，由TXD输出时钟。每次发送或接收数据都以LSB(最低位)作为首位，且每次8位。这时波特率固定为MCU时钟频率的1/12。

2. 方式1(SM0 SM1=01)

当单片机工作在方式1时，TXD用于发送，RXD用于接收。一帧数据为10位，分别为一个起始位(0)、8个数据位(LSB在前)及一个停止位(1)。在接收数据时，停止位存于SCON的RB8内。这时波特率可变，它由定时器1溢出率决定。

数据发送是由一条写SBUF指令开始的。串行口由硬件自动加入起始位和停止位，构成一个完整的帧格式，然后在移位脉冲的作用下，由TXD端串行输出。一个字符帧发送完后，使TXD输出线维持在“1”状态下，并将串行控制寄存器SCON中的TI置1，通知CPU可以发送下一个字节。

接收数据时，REN处于允许接收状态。在此前提下，串行口采样RXD端，当采样到从1向0的状态跳变时，就认定为已接收到起始位。随后在移位脉冲的控制下，把接收到的数据位移入接收缓冲器中，直到停止位到来之后把停止位送入RB8中，并置位中断标志位RI，通知CPU从SBUF取走接收到的数据。

3. 方式2(SM0 SM1=10)

当单片机工作在方式1时，TXD用于发送，RXD用于接收。一帧数据为11位，分别为一个起始位(0)、8个数据位(LSB在前)、一个可编程的第9位数据及一个停止位(1)。波特率可编程为单片机时钟频率的1/32(SMOD=1)或1/64(SMOD=0)。

4. 方式3(SM0 SM1=11)

当单片机工作在方式3时，TXD用于发送，RXD用于接收。一帧数据为11位，分别为一个起始位(0)、8个数据位(LSB为首位)、一个可编程的第9位数据及一个停止位

(1)。事实上，方式 3 除了波特率外其他均与方式 2 相同，其波特率可变且由定时器 1 溢出率决定。

四、串行口波特率

这里着重讲述工作方式 1 的波特率，该波特率由定时器/计数器 1 的计数溢出率和 SMOD 位决定。

在此应用中定时器 1 不能用作中断，但可以工作在定时或计数方式和三种工作方式中任何一个。在最典型应用中，它以定时器方式工作，并处于自动重装载模式(即定时方式 2)。

设计数初值为 COUNT，单片机的机器周期为 T，则定时时间为(256－COUNT)×T。从而在 1 s 内发生溢出的次数(溢出率)为

$$溢出率=\frac{1}{(256-\mathrm{COUNT})\times T}=\frac{f_{\mathrm{osc}}}{12\times(256-\mathrm{COUNT})}$$

$$波特率=\frac{2^{\mathrm{SMOD}}}{32(256-\mathrm{COUNT})\times T)}=\frac{2^{\mathrm{SMOD}}\times f_{\mathrm{osc}}}{32\times 12\times(256-\mathrm{COUNT})}$$

例如，SMOD＝0，T＝2 μs(即 6 MHz 的晶振)，COUNT＝243＝F3H，代入上式得波特率为 1200 b/s；SMOD＝1，T＝2 μs(即 6 MHz 的晶振)，COUNT＝243＝F3H，代入上式得波特率为 2400 b/s。

常用的波特率设置参数见表 5-4。

表 5-4　常用的波特率设置参数

波特率	f_{osc}/MHz	SMOD	定时器 1		
			C/$\overline{\mathrm{T}}$	工作方式	初始值
方式 0：1 Mb/s	12	×	×	×	×
方式 2：375 kb/s	12	1	×	×	×
方式 1、3：62 500 b/s	12	1	0	2	FFH
方式 1、3：19 200 b/s	11.0592	1	0	2	FDH
方式 1、3：9600 b/s	11.0592	0	0	2	FDH
方式 1、3：4800 b/s	11.0592	0	0	2	FAH
方式 1、3：2400 b/s	11.0592	0	0	2	F4H
方式 1、3：1200 b/s	11.0592	0	0	2	E8H

任务三　实现 MCS-51 单片机与 PC 之间的通信

在一些工业控制过程中，经常需要以多台单片机作为下位机执行对被控对象的直接控

制，以一台 PC 为上位机完成复杂的数据处理，组成一种以集中管理、分散控制为特点的集散控制系统。主机(上位机)的作用一是要向从机发送各种命令及参数；二是要及时收集、整理和分析从机发回的数据。从机(下位机)被动地接收并执行主机发来的命令，并且根据主机的要求向主机回传相应的实时数据，报告其运行状态。

串行接口技术可以使系统的硬件设计大大简化，且具有很高的可靠性，同时系统的更改和扩充极为容易。MCS-51 系列单片机内部有一个异步通信的全双工的串行通信接口，因此可以很方便地构成一个主从式系统。

一、串行接口的种类

根据串行通信格式及约定(如同步方式、通信速率、数据块格式等)不同，形成了许多串行通信接口标准，如常见的 UART(串行异步通信)接口、USB(通用串行总线)接口、I^2C(集成电路间的串行总线)、SPI(串行外设)接口、485 总线、CAN 总线(局域网总线，用于汽车)、Profibus、CC-link 等。本章主要介绍 RS-232C 接口和 USB 接口。

二、RS-232C 接口

1. RS-232C 总线的概念

RS-232C 总线标准用于实现 PC 与单片机之间的串行通信，RS-232C 是由美国电子工业协会(EIA)公布的应用最广的串行通信标准总线，适用于短距离或带调制解调器的通信场合，后来公布的 RS-422、RS-423 和 RS-485 串行总线接口标准在传输速率和通信距离上有很大的提高。

在一对一接头的情况下：

RS-232 可做到双向传输，全双工通信，最高传输速率为 20 kb/s。

RS-422 只能做到单向传输，半双工通信，最高传输速率为 10 Mb/s。

RS-485 双向传输，半双工通信，最高传输速率为 10 Mb/s。

2. RS-232C 标准信号定义

RS-232C 标准规定设备间使用带“D”型 25 针连接器的电缆通信。一般都使用 9 针 D 型连接器，其实物如图 5-5 所示。

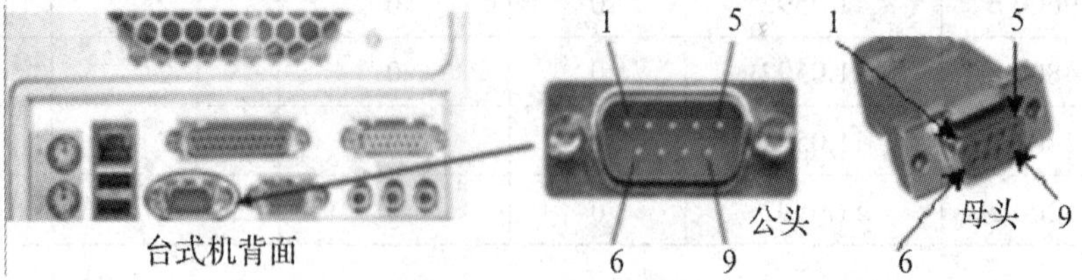

图 5-5　计算机串口

计算机串行通信中的主要信号如表 5-5 所示。如果采用台式机，较老的机型一般自带串口，新机型或笔记本电脑不带串口的比较常见，可以购买 USB 转串口的线进行转换，把 USB 转换为串口使用。

表 5-5　RS232C 连接器主要信号

信　号	符号	25 芯连接器引脚号	9 芯连接器引脚号
请求发送	RTS	4	7
清除发送	CTS	5	8
数据设置准备	DSR	6	6
数据载波探测	DCD	8	1
数据终端准备	DTR	20	4
发送数据	TXD	2	3
接收数据	RXD	3	2
接地	GND	7	5

3. RS-232C 标准的其他定义及特点

(1) RS-232C 是电压型负逻辑总线标准，逻辑 0 电平为+5～+15 V，逻辑 1 电平为−5～−15 V。

(2) RS-232C 标准规定的数据传输速率有 50 b/s、75 b/s、110 b/s、300 b/s、600 b/s、1200 b/s、2400 b/s、4800 b/s、9600 b/s 及 19 200 b/s。

(3) 在不增加其他设备的情况下，RS-232C 标准的电缆长度最大为 15 m。不适于接口两边设备间要求绝缘的情况。

注意：单片机采用 TTL 电平(即高、低电平的电压范围分别为+2～+5 V 和 0～+0.8 V)，RS-232C 的逻辑 0 电平为+5～+15V，逻辑 1 电平为−5～−15V，所以采用 RS-232C 标准时，必须进行信号电平转换。MC1489、MC1488、MAX232 和 ICL232 是常用的电平转换芯片。由于 MC1489、MC1488 使用双电源供电，电路设计比 MAX232 复杂，所以下面介绍更常用的 MAX232。

4. MAX232(或 ICL232)简介

MAX232 的内部结构如图 5-6 所示。

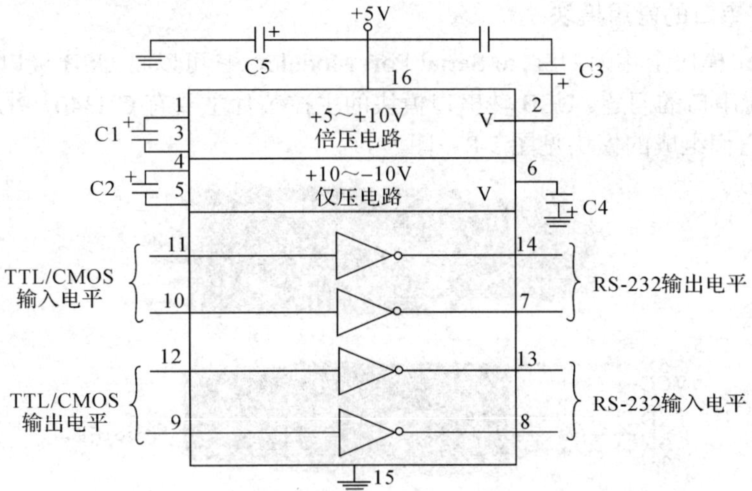

图 5-6　MAX232 的内部结构

如果采用 MAX232，C1～C5 均可取 1.0 μF；如果采用 MAX232A，C1～C5 均可取 0.1 μF。MAX232 内部有电压倍增电路和电压转换电路，4 个反相器，并且只需+5V 单一电源，便能实现 TTL/CMOS 电平与 RS-232 电平转换。RS-232 转串口电路见图 5-7。

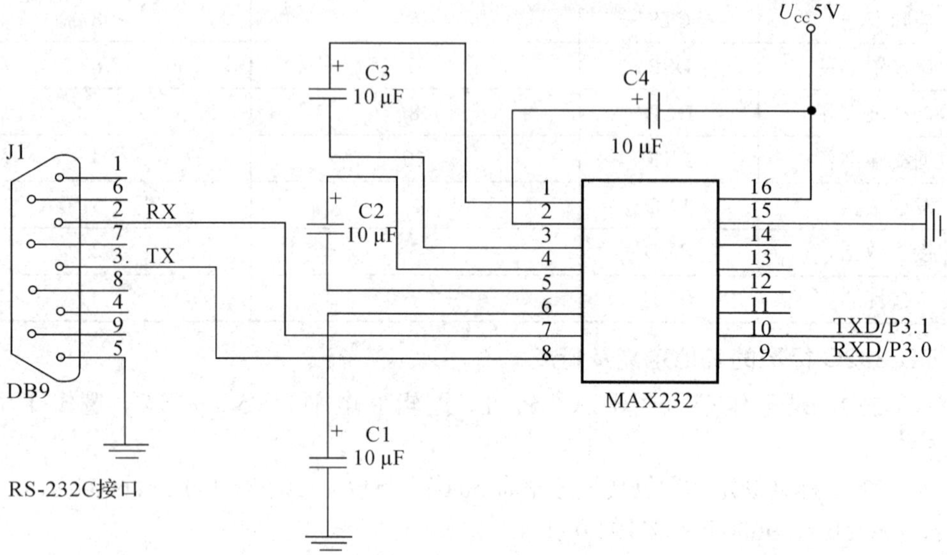

图 5-7　RS-232 转串口电路

三、USB 转串口模块

1. USB 转串口的定义

USB 转串口即实现计算机 USB 接口到通用串口之间的转换，为没有串口的计算机提供快速的通道，而且，使用 USB 转串口设备等于将传统的串口设备变成了即插即用的 USB 设备。USB 接口是每台电脑必不可少的通信接口之一，它的最大特点是支持热插拔、即插即用、传输速度快。

2. USB 转串口的常用模块

USB 转串口模块全称为 USB to Serial Port Module，它可以将 USB 接口虚拟成一个串口，解决电脑无串口的问题。USB 转串口模块的主控芯片主要有 CH340、PL2303、CP2102 和 FT232，由它们组成的模块见图 5-8～图 5-11。

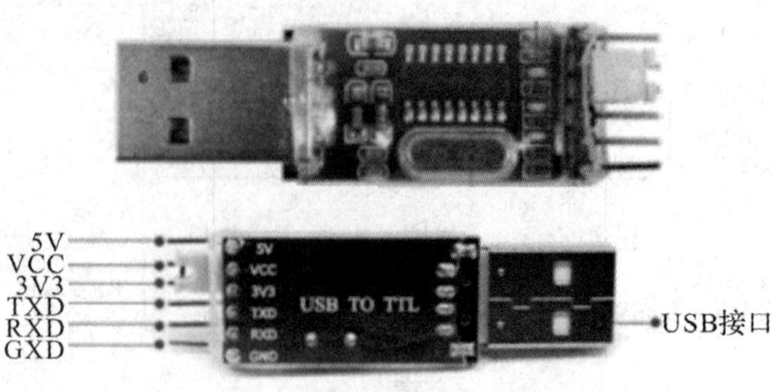

图 5-8　USB 转串口模块(使用 CH340)

图 5-9　USB 转串口模块(使用 PL2303)

图 5-10　USB 转串口模块(使用 CP2102)

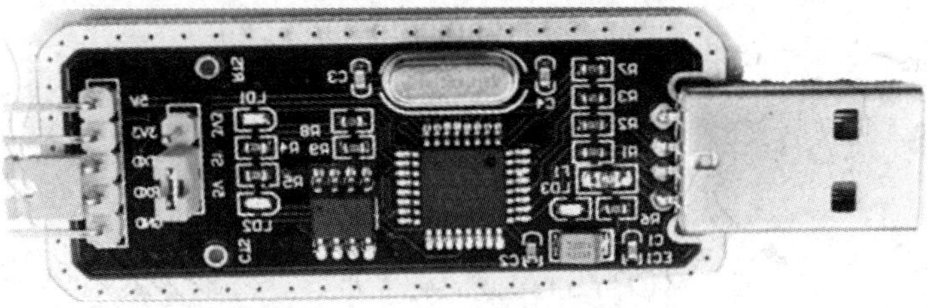

图 5-11　USB 转串口模块(使用 FT232)

51 单片机常常选用 CH340 的 USB 转串口的接口来实现与电脑的通信，且在使用过程中，需要安装相应的驱动程序。在调试 PC 是否能与单片机进行收发通信时，可以在网上下载“串口调试助手”辅助测试。

任务四　项 目 实 施

一、暗号验证器原理分析

暗号验证器要求利用单片机的全双工串行接口(P3.0 和 P3.1 引脚)来完成设计。根据功能要求，甲机硬件电路包括最小系统、单个发光二极管指示电路和通信接口电路；乙机硬件电路包括最小系统、8 只发光二极管显示电路和通信接口电路。暗号验证器的原理框图如图 5-12 所示。

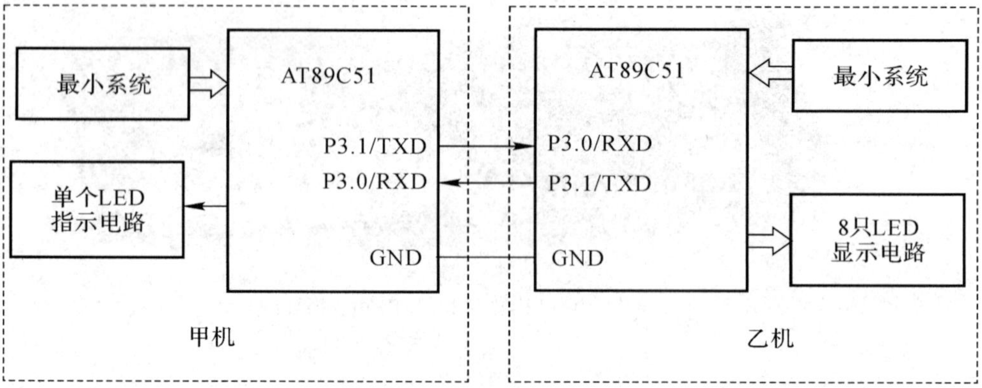

图 5-12　暗号验证器的原理框图

二、暗号验证器硬件仿真图设计

暗号验证器需要的元器件如图 5-13 所示，硬件仿真如图 5-14 所示。现有甲、乙两个单片机，甲机 TXD 连接乙机的 RXD，甲机 RXD 连接乙机的 TXD，从而保证甲、乙两个单片机进行全双工通信。甲机 P1.0 端口连接一个发光二极管，用于指示暗号是否验证成功；乙机 P2 端口连接 8 个发光二极管，用于显示甲机发送给乙机的数据。

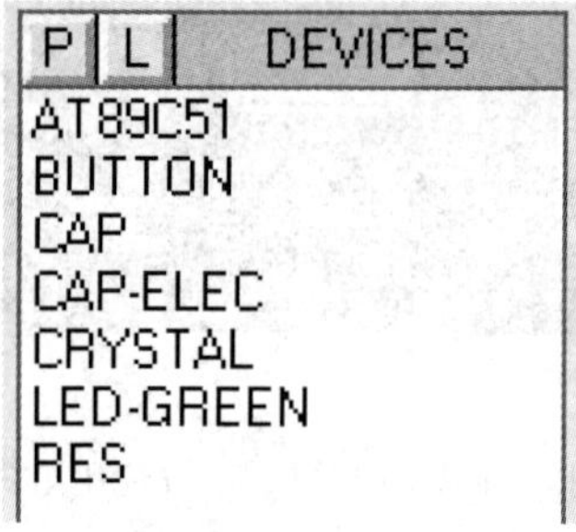

图 5-13　元器件列表

三、暗号验证器程序设计

1. 程序设计思路

甲机先发送数据 0x55，再接收回传的数据，如果接收到的回传数据也是 0x55，则点亮发光二极管，表示暗号验证成功。乙机先接收数据，并用 8 只发光二极管显示接收的数据，同时把接收的数据发送回去。

2. 编程注意事项

(1) 两片单片机的波特率必须相同。

(2) 发送程序段采用查询方式，放在主函数 main 中执行；接收程序段采用中断方式来实现。

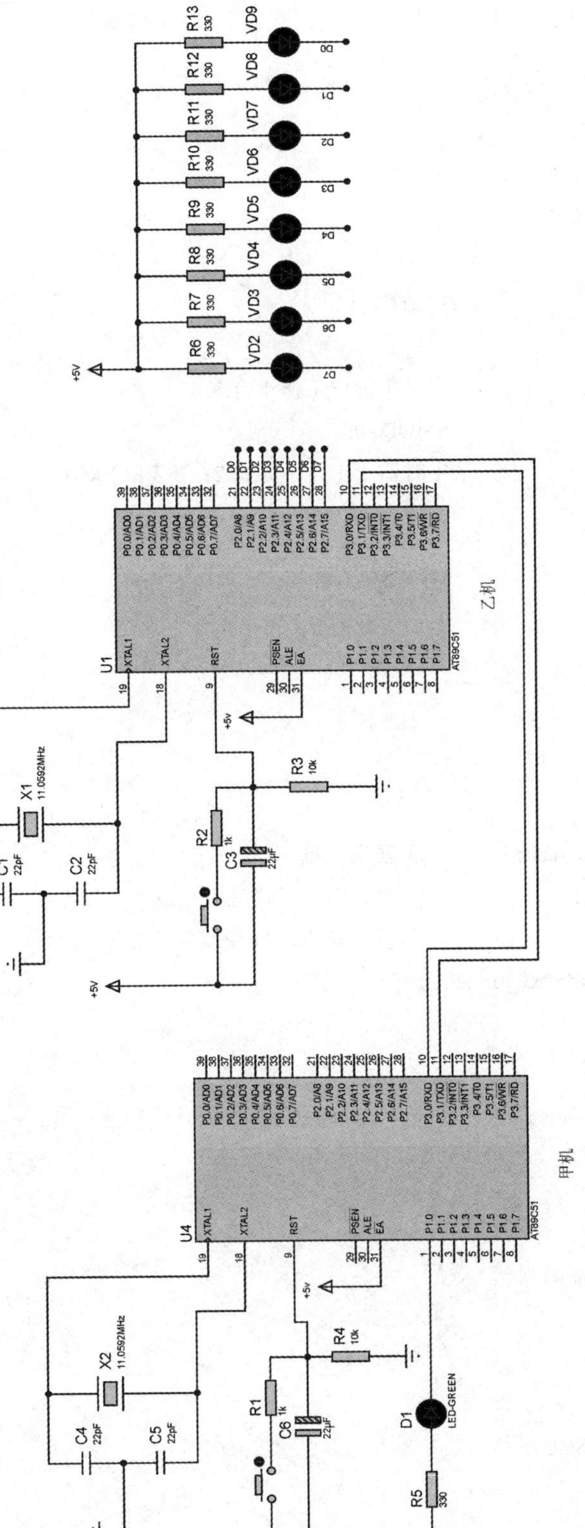

图 5-14　暗号验证器仿真电路

3. 甲机的程序

程序如下：

```
/*甲机的串口通信收发程序*/
#include <reg51.h>
unsigned char rxd_data=0;
#define txd_data 0x55
sbit led=P1^0;
void main()                    //主函数
{
    SCON=0x50;                 //定义串行口工作于方式 1
    PCON=0X00;                 //SMOD=0;
    TMOD=0x20;                 //定时器 1 工作于方式 2；主频 12 MHz
    TL1=0xf4;                  //波特率为 2400 b/s
    TH1=0xf4;
    TR1=1;
    led=1;
    ES=1;
    EA=1;
    while(1)
    {
        SBUF=txd_data;         //发送数据
        while(!TI);            //查询等待发送是否完成
        TI=0;                  //发送完成，TI 由软件清 0
        if(rxd_data==txd_data)
            led=0;
            else
            led=1;
    }
}

void rxd() interrupt 4
{
    if(RI==1)
    {
        rxd_data=SBUF;
        RI=0;
    }
}
```

4. 乙机的程序

程序如下：

```
/*乙机的串口通信收发程序*/
#include <reg51.h>
unsigned char rxd_data=0;
#define led P2
bit rxdflag=0;
void main()                    //主函数
{
    SCON=0x50;                 //定义串行口工作于方式 1
    PCON=0x00;                 //SMOD=0;
    TMOD=0x20;                 //定时器 1 工作于方式 2；主频 12 MHz
    TL1=0xf4;                  //波特率为 2400 bps
    TH1=0xf4;
    TR1=1;
    led=0xff;
    ES=1;EA=1;
    while(1)
    {
        if(rxdflag==1)
        {
            SBUF=rxd_data;
            while(!TI);
            TI=0;
            rxdflag=0;
        }
    }
}
void rxd() interrupt 4
{
    if(RI==1)
    {
        rxd_data=SBUF;
        led =~ rxd_data;
        RI = 0;
        rxdflag=1;
    }
}
```

四、暗号验证器仿真调试

暗号验证器仿真调试步骤如下：

(1) 利用 Proteus 中的 ISIS 软件绘制仿真图；

(2) 用 Keil 软件编写甲机的控制程序，完成编译并生成 jia.hex 文件；

(3) 用 Keil 软件编写乙机的控制程序，完成编译并生成 yi.hex 文件；

(4) 在 ISIS 软件绘制的仿真图中，双击左边的单片机，导入 jia.hex 文件；双击右边的单片机，导入 yi.hex 文件；

(5) 运行仿真图，进行实验结果验证；

(6) 建议修改一下乙机的波特率，使其与甲机不一致，重新实验并观察现象。

项 目 小 结

计算机的通信方式有并行通信和串行通信。按数据传送的方向，串行通信有单工、半双工和全双工三种制式。按照时钟的控制方式，串行通信可分为异步通信和同步通信。MCS-51 单片机内部有一个全双工的串行异步通信接口(P3.0/RXD 接收，P3.1/TXD 发送)，可以实现两个单片机之间的双机通信。如果要实现单片机与 PC 之间的通信，则要借助 USB 转串口的模块来完成。

➤ 动手做一做

设计一个传递数字的游戏，甲机向乙机发送数字“1”，乙机显示出来；过两秒钟后，乙机向甲机发送数字“2”，甲机显示出来；过两秒钟后，甲机向乙机发送数字“3”，乙机显示出来……；依此循环，当显示到数字“10”时停止游戏。

项 目 练 习

一、选择题

1. MCS-51 系列单片机的串行口是(　　)。

A. 单工　　B. 全双工　　C. 半双工　　D. 以上都不是

2. 表示串行数据传输速度的指标为(　　)。

A. USART　　B. UART　　C. 字符帧　　D. 波特率

3. 单片机输出信号为(　　)电平。

A. RS-232C　　B. TTL　　C. RS-449　　D. RS-232

4. 单片机与 PC 进行通信，可以采用(　　)方法来实现。

A. 直接连接　　B. RS-232C 转串口

C. USB 转串口　　D. B 和 C 均可以

5. 串行口工作在方式 0 时，串行数据从(　　)输入或输出。

A. RI　　B. TXD　　C. RXD　　D. REN

6. 当采用中断方式进行串行数据的发送时，发送完一帧数据后，TI 标志要(　　)。

A. 自动清零　　B. 硬件清零

C. 软件清零　　D. 软、硬件清零

7. 当采用定时器 1 作为串行口波特率发生器使用时，通常定时器工作在方式(　　)。

A. 0　　B. 1　　C. 2　　D. 3

8. 串行口工作在方式 0 时，其波特率(　　)。

A. 取决于定时器 1 的溢出率

B. 取决于 PCON 中的 SMOD 位

C. 取决于时钟频率

D. 取决于 PCON 中的 SMOD 位和定时器 1 的溢出率

9. 串行口工作在方式 1 时，其波特率(　　)。

A. 取决于定时器 1 的溢出率

B. 取决于 PCON 中的 SMOD 位

C. 取决于时钟频率

D. 取决于 PCON 中的 SMOD 位和定时器 1 的溢出率

二、简答题

1. 什么是串行异步通信？

2. 列举出三种以上的串行通信总线。

项目六　设计制作数字电压表

【能力目标】

(1) 会根据测量精度要求和A/D转换器主要性能指标进行A/D转换器选型。

(2) 会设计A/D转换器与单片机的应用电路。

(3) 会编写A/D转换芯片应用程序。

(4) 会进行单片机、A/D转换芯片、中断系统、LED数码管显示的综合应用，进一步熟悉开发工具。

【项目要求】

(1) 使用模/数转换芯片TLC549和测温芯片LM35设计一个测温电路。

(2) 使用模/数转换芯片ADC0808设计一个电压测量电路。

任务一　了解A/D转换器

一、A/D转换器的概念和分类

A/D转换器即模/数转换器，简称ADC，是指将模拟信号转变为数字信号的电子元件。通常的A/D转换器是将输入电压信号转换为数字信号输出。由于数字信号本身不具有实际意义，仅仅表示相对大小，故模/数转换器都需要一个参考模拟量作为转换的标准，比较常见的参考标准为最大的可转换信号大小，而输出的数字量则表示输入信号相对于参考信号的大小。

A/D转换器的种类很多，按工作原理的不同，可分成间接ADC和直接ADC。

间接ADC是先将输入模拟电压转换成时间或频率，然后再把这些中间量转换成数字量，常用的有中间量是时间的双积分型ADC。

直接ADC则将输入模拟电压直接转换成数字量，常用的有并联比较型ADC和逐次逼近型ADC。

并联比较型ADC采用各量级同时并行比较，各位输出码也是同时并行产生，因此转换速度快是它的突出优点，同时转换速度与输出码位的多少无关。并联比较型ADC的缺点是成本高、功耗大。因为n位输出的ADC需要$2n$个电阻、$2n-1$个比较器和D触发器，以及复杂的编码网络，其元件数量随位数的增加以几何级数上升，所以这种ADC适用于要求高速、低分辨率的场合。

逐次逼近型 ADC 是另一种直接 ADC，它也产生一系列比较电压，但与并联比较型 ADC 不同，它是逐个产生比较电压，逐次与输入电压分别比较，并以逐渐逼近的方式进行模/数转换。逐次逼近型 ADC 每次转换都要逐位比较，需要 $n+1$ 个节拍脉冲才能完成，所以它的转换速度比并联比较型 ADC 慢，比双积分型 ADC 要快得多，属于中速 ADC 器件。另外，当位数较多时，它需用的元器件比并联比较型少得多，所以它是集成 ADC 中应用较广的一种。

双积分型 ADC 属于间接 ADC，它先对输入采样电压和基准电压进行两次积分，以获得与采样电压平均值成正比的时间间隔，同时在这个时间间隔内用计数器对标准时钟脉冲(CP)计数，计数器输出的计数结果就是对应的数字量。双积分型 ADC 的优点是抗干扰能力强，稳定性好，可实现高精度模/数转换；主要缺点是转换速度低，大多应用于精度要求较高而转换速度要求不高的仪器仪表中，例如用于多位高精度数字直流电压表中。

根据 A/D 转换器与单片机的接口方式不同，A/D 转换器可分为串行输出 A/D 转换器和并行输出 A/D 转换器两种。

按 A/D 转换器输入模拟量的极性分，有单极性和双极性两种。

根据 A/D 转换的二进制位数不同，可分为 8 位、10 位、12 位、16 位和 24 位 A/D 转换器。

二、A/D 转换器的主要性能指标

1. 分辨率

分辨率是指 A/D 转换器对输入模拟量的辨别能力，即转换后输出的数字量最低有效位所能代表的输入模拟电压的变化量。A/D 转换器的分辨率通常用数字量的位数来表示，如 8 位、10 位、12 位、16 位、24 位等。

例如，对于 8 位的 A/D 转换器 ADC0809，当参考电压输入端接入的电压为 5 V 时，其分辨率为 $5/2^8=20$ mV，这表明当输入模拟电压增加 20 mV 时，转换后的数字量才能增加 1；对于 24 位的 A/D 转换器 AD7713，当参考电压输入端接入的电压为 5 V 时，其分辨率为 $5/2^{24}=0.0003$ mV，这表明当输入模拟电压增加 0.0003 mV 时，转换后的数字量就能增加 1。

注意： A/D 转换器的位数越大，表示分辨率越高、灵敏度越高。

2. 量程

量程是指 A/D 转换器的输入电压范围，有单极性和双极性两种，如 0～5 V、0～±5 V 等。

3. 转换时间

转换时间是指 A/D 转换器完成一次模/数转换所需要的时间，一般以 μs 为单位。

4. 量化误差(非线性误差)

量化误差通常以输出误差的最大值的形式给出，它表示 A/D 转换器实际输出的数字量和理论输出数字量之间的差别，常以最低有效位的倍数表示。例如进行量化时引起的误差小于等于 ±1/2 LSB，就表明实际输出的数字量和理论上应得到的输出数字量之间的误差小于最低位的半个字。

三、A/D 转换器选型原则

在实际应用系统开发过程中，如果需要采集模拟信号进行处理，则需要用到 A/D 转换器，在选择 A/D 转换器芯片型号时需要遵循以下原则：

(1) 根据输入的模拟信号的电压范围和极性进行选择。

(2) 根据应用系统的误差要求，按照 A/D 转换器的分辨率和量化误差两个性能指标进行选择。

(3) 根据输入的模拟信号的变化速度，按照 A/D 转换器的转换时间这一性能指标进行选择。

(4) 根据微处理器的接口特性，合理考虑 A/D 转换器的输出状态，即采用串行输出 A/D 转换器还是并行输出 A/D 转换器。

(5) 在满足条件的情况下，尽量选用设计者熟悉的型号进行开发设计。

任务二　使用 TLC549 设计测温器

一、TLC549 芯片概述

1. 芯片简介

TLC549 是德州仪器公司(TI)生产的一种低价位、高性能的 8 位 A/D 转换器，采用了 CMOS 工艺，它以 8 位开关电容逐次逼近的方法实现 A/D 转换，能方便地采用 SCLK、$\overline{CS}$、SDO 三线串行接口方式与各种微处理器连接，构成各种廉价的测控应用系统。

TLC549 工作原理

TLC549 的主要特性有：

- 采用 CMOS 技术，输出完全兼容 TTL 和 CMOS 电路。
- 芯片内有软件可控的采样-保持电路。
- 总失调误差最大值为±0.5 LSB。
- 典型内部系统时钟为 4 MHz。
- 供电电源范围为 3～6 V。
- 8 位 A/D 转换结果。
- 转换时间最大值为 17 μs。
- 输入/输出时钟小于 1.1 MHz。
- 低功耗，最大功耗为 15 mW。
- 工作温度范围：0℃～70℃(TLC549C)；−40℃～85℃(TLC549I)。

2. 芯片引脚功能及内部框图

TLC549 芯片的引脚排列如图 6-1 所示。

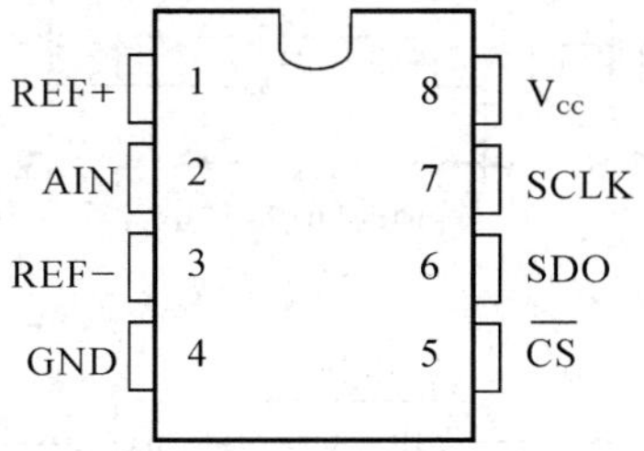

图 6-1　TLC549 的引脚图

芯片各引脚使用要点如下：

REF+：正基准电压输入端，2.5 V≤U_{REF+}≤U_{CC}+0.1 V。

REF−：负基准电压输入端，−0.1 V≤U_{REF-}≤2.5 V，且要求 $U_{REF+}-U_{REF-}$≥1 V。

V_{CC}：系统电源 3～6 V。

GND：接地端。

$\overline{CS}$：芯片选择输入端，要求输入高电平 U_{IN}≥2 V，输入低电平 U_{IN}≤0.8 V。

SDO：转换结果数据串行输出端，与 TTL 电平兼容，输出时高位在前，低位在后。

AIN：模拟信号输入端，信号电压范围 0～U_{CC}，当 U_{AIN}≥U_{REF+}时，转换结果为全"1"(0FFH)，U_{AIN}≤U_{REF-}时，转换结果为全"0"(00H)。

SCLK：外接输入/输出时钟输入端，用于同步芯片的输入/输出操作，无需与芯片内部系统时钟同步。

TLC549 芯片的功能框图如图 6-2 所示。

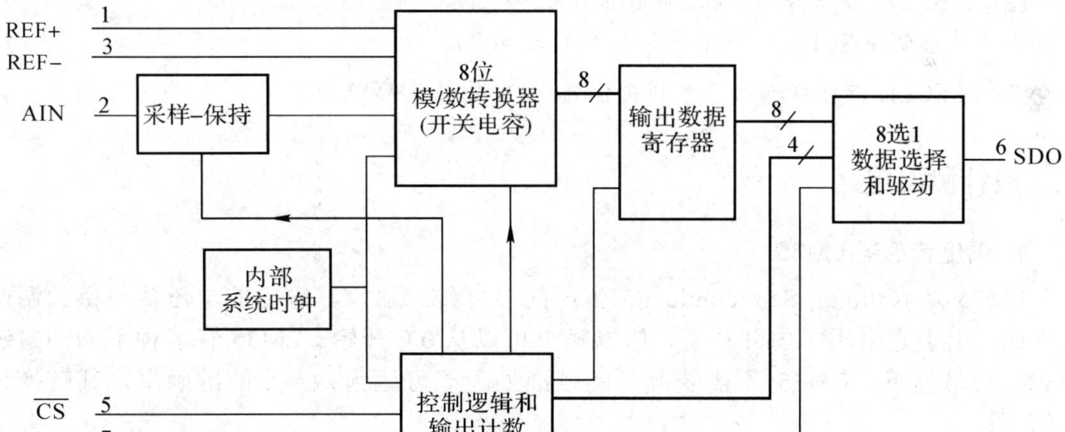

图 6-2　TLC549 芯片的功能框图

3. TLC549 的工作时序

当 TLC549 芯片的$\overline{CS}$为高电平时，数据输出端(SDO)处于高阻状态，且 SCLK 无效。$\overline{CS}$控制功能允许在同时使用多片 TLC549 时共用 SCLK，以减少多路(片)ADC 并用时的 I/O 控制端口。TLC549 的工作时序如图 6-3 所示。

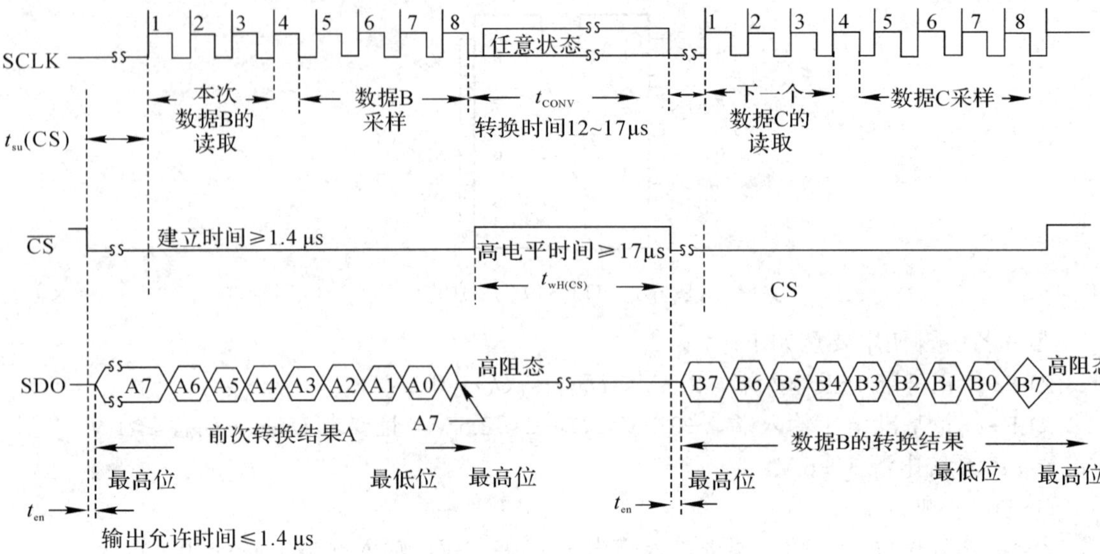

图 6-3　TLC549 的工作时序

当 TLC549 芯片的 $\overline{CS}$ 为低时，TLC549 进入 A/D 转换工作状态，工作过程如下：

(1) 将 $\overline{CS}$ 设置为低电平。在 SCLK 端连续输入 8 个时钟信号，在每个时钟的下降沿，从 TLC549 芯片的 SDO 端依次输出转换结果的 D7～D0 位。

TLC549 应用举例

注意：SCLK 下降沿产生后，400 ns 后新的位被写到数据线上，在编写程序时需要在 SCLK 为低电平后至少延时 400 ns。

(2) 在 SCLK 端连续输入 8 个时钟信号，$\overline{CS}$ 设置为高电平。

二、设计测温电路

1. 温度传感器 LM35

LM35 是 National Semiconductor 生产的温度传感器，其输出的电压值与摄氏温度成正比，由于它采用了内部补偿，所以输出可以从 0℃开始。LM35 有多种不同的封装形式。在常温下，LM35 不需要额外的校准处理即可达到±1/4℃的准确率，其转换公式如下：

$$U_O = T \times 10\ \text{mV/℃}$$

LM35 的主要特性有：

(1) 工作电压：直流 4～30 V。

(2) 输出电压：+6～-1.0 V。

(3) 精度：0.5℃(在+25℃时)。

(4) 比例因数：线性+10.0 mV/℃。

(5) 校准方式：直接用摄氏温度校准。

(6) 额定使用温度范围：−55℃～+150℃。

LM35 虽有多种不同的封装形式，但其主要功能引脚有三个：$+V_S$(正电源输入端)、GND(接地端)、V_{OUT}(电压输出端)。LM35 有单电源和正、负双电源两种供电模式，正、负双电源的供电模式可实现负温度的测量。两种供电模式如图 6-4 所示。

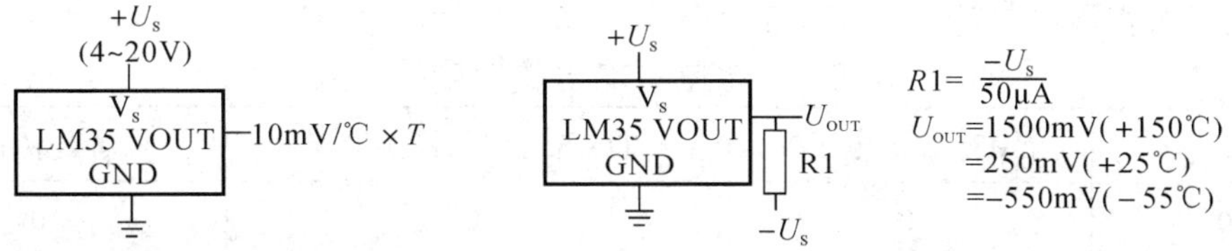

(a) 单电源供电模式(2℃~150℃)　　(b) 双电源供电

图 6-4　LM35 的供电模式

2. 电路设计

用 Proteus 设计的基于 TLC549 和 LM35 的测温仿真电路及用到的元器件如图 6-5 所示。

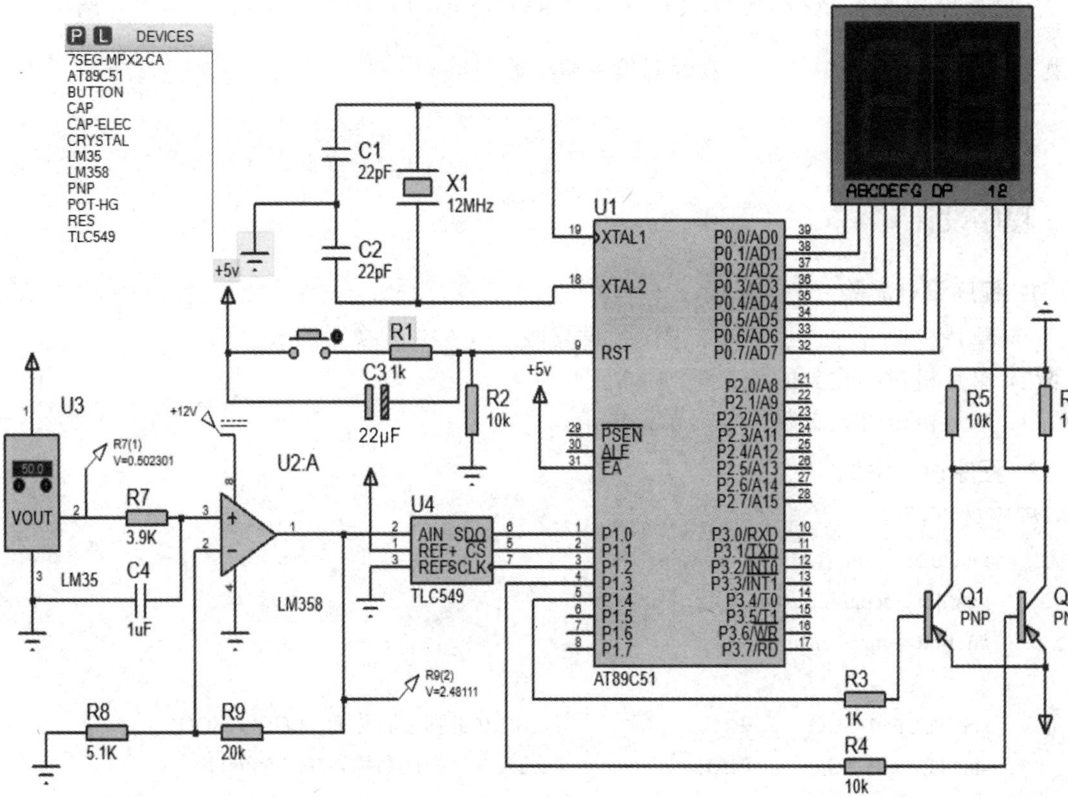

图 6-5　基于 TLC549 和 LM35 的测温电路

电路中，LM35 采用 5 V 单电源方式供电，温度每变化 1℃，输出电压变化 10.0 mV，设定温度测定范围为 0～100℃，则 LM35 输出电压变化范围为 0～1 V，经运放 LM358 将其放大 5 倍，考虑到 LM358 不是轨到轨输出运放，供电电压使用了 +12 V，以确保输出电压能够到达 5 V。将 TLC549 参考电压也设定为 0～5 V，充分利用测量范围。

电路设计结果使得温度在 0～100℃之间变化时，输入 TLC549 的电压为 0～5 V。TLC549 输入模拟量与输出的数字量之间的关系为

$$\frac{\text{输入模拟量 } U_{\mathrm{i}}}{\text{输出的数字量 } D_{\mathrm{o}}}=\frac{U_{\mathrm{REF+}}-U_{\mathrm{REF-}}}{2^{8}}=\frac{5}{255}$$

由上式可得温度与输出数字量的关系如表 6-1 所示。

表 6-1　温度与输出数字量的关系

温度/℃	LM35 输出电压/V	TLC549 输入模拟量/V	输出数字量
0	0	0	0
10	0.1	0.5	25
50	0.5	2.5	127
100	1	5	255

实际温度与 TLC549 所得数字量的直接关系可以用下式表示：

$$\text{实际温度}=\text{输出数字量}\times\frac{20}{51}$$

由此近似求得温度值。

三、程序设计

1. 程序设计思路

(1) 单片机控制 TLC549 采集温度，并接收 TLC549 转换后的数字量；

(2) 单片机对接收到的数字量进行处理；

(3) 单片机定时控制数码管显示温度值。

2. 程序设计举例

程序如下：

```
#include  <reg51.h>
#define  uchar  unsigned  char
#define  uint  unsigned  int

sbit TLC549_SDO  =  P1^0;          //定义 P1.0 引脚位名称为 TLC549_SDO
sbit TLC549_CS   =  P1^1;          //定义 P1.1 引脚位名称为 TLC549_CS
sbit TLC549_SCLK =  P1^2;          //定义 P1.2 引脚位名称为 TLC549_SCLK
sbit SMG_SW = P1^4;                //定义 P1.4 引脚位名称为数码管十位的控制端
sbit SMG_GW = P1^3;                //定义 P1.3 引脚位名称为数码管个位的控制端
uint tt = 0;                       //定义全局变量，存放 TLC549 的电压转化输出值
unsigned char code seg7code[]={0xc0, 0xf9, 0xa4, 0xb0, 0x99, 0x92, 0x82, 0xf8, 0x80, 0x90, 0xff};
//不带小数点的共阳数码管段码 0～9
```

```
uchar   TLC549_data(void);
void delay(uint count);
void main()
{
    TMOD = 0x01;                //使用 T0，工作在方式 1
    TH0 = (65536-10000)/256;    //定时 10 ms 刷新显示数码管内容
    TL0 = (65536-10000)%256;
    EA = 1;                     //开总中断
    ET0 = 1;                    //开 T0 中断
    TR0 = 1;                    //启动 T0
    while(1)
    {
        tt=TLC549_data();       //读取 A/D 转换结果
    }
}
void delay(uint count)
{
    uchar i;
    while(count-- != 0)
    for(i=0; i<255; i++);
}
uchar   TLC549_data(void)       //TLC549 的 A/D 转换程序
{
    uchar result;               //定义 result 存放 A/D 转换结果
    uchar i=0,j;

    TLC549_CS=1;                //TLC549 的 CS 引脚输出高电平，为 A/D 转换做准备
    TLC549_CS=0;                //TLC549 的 CS 引脚输出低电平，开始一个 A/D 转换周期
    result=0;                   //A/D 转换结果清零
    TLC549_SDO=1;               // 51 单片机读数据时需先把引脚置 1
    for(i=0; i<8; i++)
    {
        if(TLC549_SDO==1)
            result=result|(0x80>>i);//从高位到低位依次获取 A/D 转换的结果
            TLC549_SCLK=1;      //输出 TLC549 的下降沿
            TLC549_SCLK=0;      //从 SDO 端送出一位 A/D 转换结果
            for(j=0; j<2; j++); //下降沿产生后，400ns 后新的位被写到数据线上，所以需延时
    }
    TLC549_CS=1;                //一个周期结束后，TLC549 的 CS 端设置为高电平
```

```
    return result;                     //返回 A/D 转换结果
}
void T0_INT(void) interrupt 1
{
    uint temp;
    TH0=(65536-10000)/256;             //定时 10 ms 刷新显示数码管内容
    TL0=(65536-10000)%256;
    temp=tt*20/51;                     //根据数字量计算温度值
    SMG_SW = 0;   SMG_GW = 1;          //选择数码管十位显示
    P0 = seg7code[temp/10];            //显示温度值的十位
    delay(1);                          //延时保持显示效果
    SMG_SW = 1;   SMG_GW = 1;          //熄灭数码管，防止显示重影
    SMG_SW = 1;   SMG_GW = 0;          //选择数码管个位显示
    P0 = seg7code[temp%10];            //显示温度值的个位
    delay(1);                          //延时保持显示效果
    SMG_SW = 1;   SMG_GW = 1;          //熄灭数码管，防止显示重影
}
```

任务三　使用 ADC0808/ADC0809 设计数字电压表

一、ADC0808/ADC0809 简介

1. 内部结构

ADC0808/ADC0809 是 8 位逐次逼近型 A/D 转换器，具有 8 路模拟量输入通道，模拟量输入的电压范围为 0～+5 V，A/D 转换时间为 100 μs。ADC0808/ADC0809 采用 CMOS 工艺制造，可以与单片机直接相连。它的内部结构如图 6-6 所示。

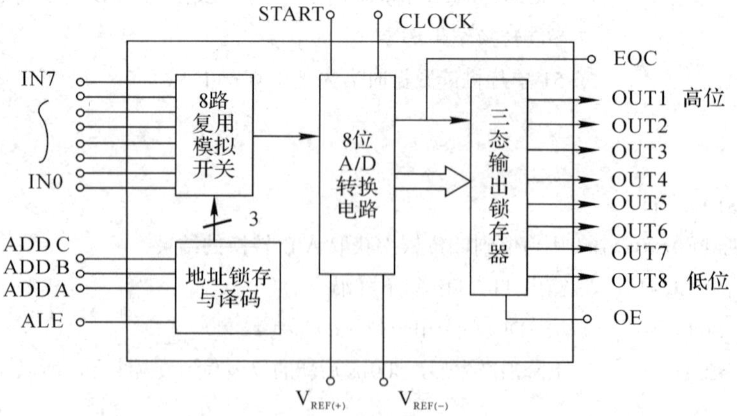

图 6-6　ADC0808/ADC0809 内部结构

模/数转换器

ADC0809

2. 引脚功能

ADC0808/ADC0809 的引脚排列如图 6-7 所示。

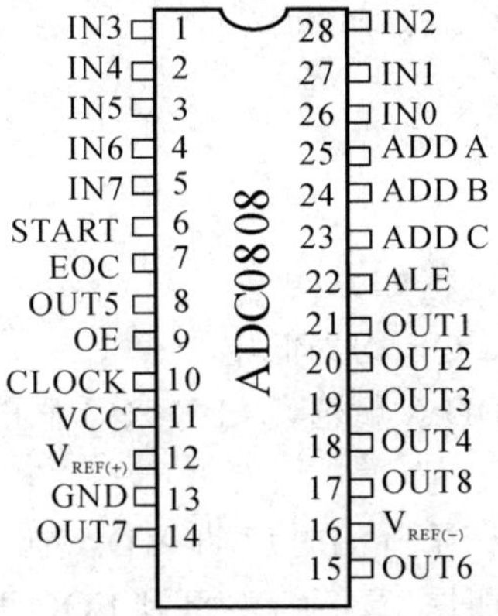

图 6-7 ADC0808/ADC0809 的引脚排列

各引脚的功能如下：

IN7～IN0：8 路模拟量输入端。

START：A/D 转换的启动信号。当 START 在下降沿时启动 A/D 转换。

EOC：转换结束信号。当 A/D 转换结束后，EOC 引脚输出高电平。此信号可用作 A/D 转换是否结束的检测信号，或作为向单片机申请中断的信号。

OE：输出允许信号。当此信号为高电平有效时，允许从 A/D 转换器的锁存器中读取数字量。

CLOCK：工作时钟输入引脚，频率范围为 10～1280 kHz，典型值为 640 kHz。

ALE：地址锁存允许信号，ALE 为上升沿时，按照 ADD C、ADD B 和 ADD A 引脚状态确定的地址值选择相应的模拟量输入通道。

ADD C、ADD B、ADD A：3 位地址输入线，用于选择 8 路模拟通道中的一路，选择情况见表 6-2。

表 6-2 地址线与模拟量输入通道数的对应关系

ADD C	ADD B	ADD A	对应的模拟量输入引脚
0	0	0	IN0
0	0	1	IN1
0	1	0	IN2
0	1	1	IN3
1	0	0	IN4
1	0	1	IN5
1	1	0	IN6
1	1	1	IN7

OUT1～OUT8：8 位数字量输出端。OUT1 为最高有效位(MSB)，OUT8 为最低有效

位(LSB)。

$V_{REF(+)}$、$V_{REF(-)}$：参考电压输入端。对于一般单极性模拟量输入信号，$V_{REF(+)}$为+5 V，$V_{REF(-)}$为 0 V。

VCC：电源输入端，接+5 V。

GND：接地端。

3. 工作过程

ADC0808/ADC0809 的工作过程如下：

(1) 初始化，ALE、START、OE 均为低电平；

(2) 给 ADD C、ADD B、ADD A 赋值，ALE 来一个正脉冲，在上升沿时锁存地址值，选择输入通道；

(3) START 来一个正脉冲，在下降沿时启动 A/D 转换；

(4) 等待转换结束，EOC=0 时一直等待，直到 EOC 变为 1；

(5) EOC=1 时，使 OE 为 1，输出转换结果。

ADC0808/ADC0809 的时序如图 6-8 所示。

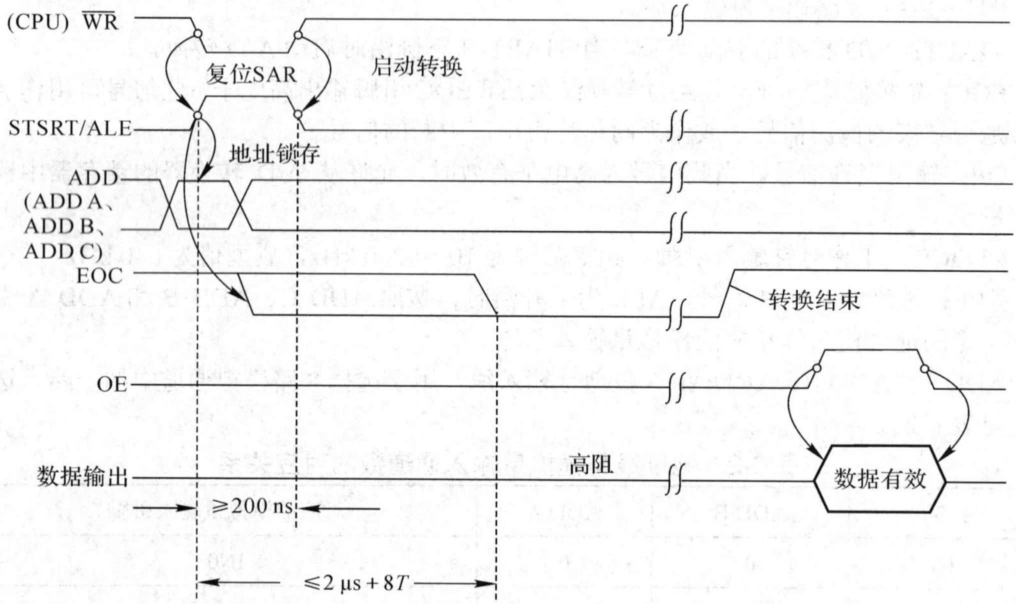

图 6-8　ADC0808/ADC0809 的时序图

二、设计数字电压表电路

ADC0808 通道选择引脚 ADD A、ADD B、ADD C 全部接地，固定使用通道 0 进行转换。ADC0808 的时钟使用一个数字时钟进行驱动，数字时钟选择频率为 500 kHz。使用一个可调电阻对 5 V 电压进行分压，将分压所得电压送入 ADC0808 的通道 0。A/D 转换数据使用单片机的 P1 口进行读取，使用 4 位共阳极数码管显示测量的结果。用 Proteus 设计的数字电压表仿真电路及用到的元器件如图 6-9 所示。

数字电压表仿真

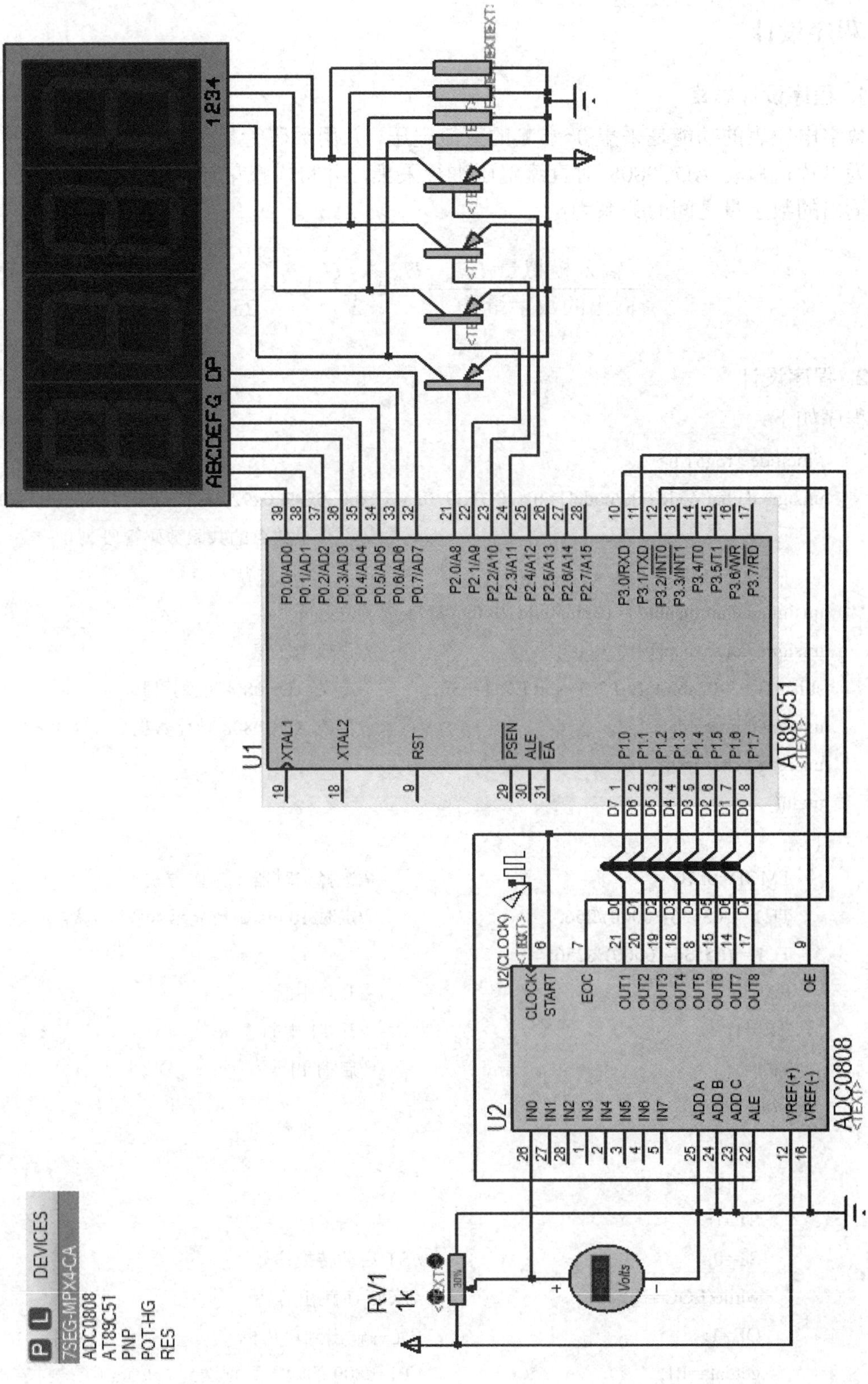

图 6-9　数字电压表仿真电路

三、程序设计

1. 程序设计思路

数字电压表的功能是采集 0～5 V 的直流电压，并用数码管显示电压值，整个程序设计流程为单片机启动 ADC0808 对直流电压进行采集，并将模拟量转换成数字量。输入模拟量与输出的数字量之间的关系为

$$\frac{\text{输入模拟量 } U_{\text{i}}}{\text{输出的数字量 } D_{\text{o}}}=\frac{U_{\text{REF+}}-U_{\text{REF-}}}{2^8}=\frac{5}{255}$$

2. 程序设计

程序如下：

```
#include <reg51.h>
unsigned char code seg7code[]={0xc0, 0xf9, 0xa4, 0xb0, 0x99, 0x92, 0x82, 0xf8, 0x80, 0x90, 0xff};
                                                    //不带小数点的共阳数码管段码 0～9

unsigned char dispbit[]={0xfe, 0xfd, 0xfb, 0xf7};   //位选择
unsigned char disp[]={0, 0, 0};                     //存放电压值
sbit ST=P3^0; sbit OE=P3^1; sbit EOC=P3^2;          //定义 ADC0808 控制引脚
unsigned int getdata;                               //存放 ADC0808 转化数据
unsigned char i=0;
main()
{
    TMOD=0x10;                                      //选择定时器 1 工作方式 1
    TH1 = (65536-10000)/256;                        //定时 10 ms 刷新显示数码管内容
    TL1 = (65536-10000)%256;
    EA=1;                                           //开总中断
    ET1=1;                                          //开 T1 中断
    TR1=1;                                          //启动 T1
    while(1)
    {
        ST=0;
        ST=1;
        ST=0;                                   //ST:启动转换信号
        while(EOC==0);                          //EOC=1 跳出等待
        OE=1;                                   //允许输出到单片机
        getdata=P1;                             //P1=0809 的输入数据送到 getdata 中
```

```
        OE=0;                                   //不允许输出
        getdata=getdata*0.0196*100;//数据处理：8 位对应 5 V，1 位对应 0.0196 V，再放大 100 倍
        disp[0]=getdata/100;                    //百位对应个位
        disp[1]=(getdata%100)/10;               //十位对应小数点 1 位
        disp[2]=(getdata%100)%10;               //个位对应小数点 2 位
    }
}
void T1_INT() interrupt 3 using 1               //利用中断实现数码管显示
{
    TH1 = (65536-10000)/256;                    //定时 10 ms 刷新显示数码管内容
    TL1 = (65536-10000)%256;
    P0=0xff;                                    //关闭显示内容
    P2=dispbit[i];
    P0=seg7code[disp[i]];
    if(i==0)
        P0=seg7code[disp[i]]&0x7f;              //同时显示小数点
        i++;
    if(i==3)i=0;
}
```

➢ 动手做一做

使用 ADC0809 搭建四路电压检测电路，并完成程序的编写以及软硬件的联调。

项 目 小 结

设计模/数转换电路，要最大限度地利用模/数转换器的量程，使用运放将各种传感器给出的电压值放大或缩小到合适的范围。数码管动态显示可通过定时器的定时功能来实现，定时时间不宜太短，本例程采用 10 ms。读者可以自行适当延长定时时间，以减少单片机的运行负荷。

项 目 练 习

1. 什么是 A/D 转换器？其主要性能指标有哪些？
2. 选用 A/D 转换器芯片需要遵循哪些原则？
3. 若 8 位 A/D 转换器的电压参考输入端的电压为+10 V，则其分辨率为多少？

4. 简述 ADC0808 的工作过程。

5. 用 8 位逐次逼近型 A/D 转换器转换电压，已知参考电压为+5 V，被测电压为 3 V，则 A/D 转换器输出的数字量为多少？

6. 用 8 位逐次逼近型 A/D 转换器转换电压，已知参考电压为+5 V，若 A/D 转换器输出的数字量为 96H，则被测电压为多少？

7. 用 TLC549 完成数字电压表的软硬件设计。

项目七　设计制作信号发生器

【能力目标】

(1) 熟悉 D/A 转换器的基本原理。

(2) 掌握 MCS-51 单片机与 DAC0832 的接口方式。

(3) 掌握 TLC5615 的基本应用方法。

【项目要求】

利用 AT89C51 单片机与数/模转换芯片 DAC0832 制作波形发生器，通过转换开关选择波形，可产生三种波形：锯齿波、三角波、正弦波。通过编程实现各种波形，并用示波器观察输出波形的频率及幅度。

任务一　了解 D/A 转换器

D/A 转换器是将输入的数字量转换为与之成正比的模拟量的器件，其输入的是数字量，输出的是模拟量。

一、D/A 转换器的主要性能指标

选择 D/A 转换器时，首先需要考察 D/A 转换器的几个主要性能指标：分辨率、线性度、精度和建立时间。

1. 分辨率

分辨率是指输入数字量的最低有效位(LSB)发生变化时，所对应的输出模拟量(电压或电流)的变化量。它反映了输出模拟量的最小变化值。

分辨率与输入数字量的位数有确定的关系，可以表示成 $FS/2^n$。FS 表示满量程输入值，n 为二进制位数。对于 5 V 的满量程，采用 8 位的 DAC 时，分辨率为 5 V/256＝19.5 mV；采用 12 位的 DAC 时，分辨率为 5 V/4096＝1.22 mV。显然，位数越多，分辨率就越高。

2. 线性度

线性度(也称非线性误差)是实际转换特性与理想直线特性之间的最大偏差，常以相对于满量程的百分数表示。如±1%是指实际输出值与理论值之差在满刻度的±1%以内。

3. 绝对精度和相对精度

绝对精度(简称精度)是指在整个刻度范围内，任一输入数码所对应的模拟量实际输出值与理论值之间的最大误差。绝对精度是由 DAC 的增益误差(当输入数码为全 1 时，实际输出值与理想输出值之差)、零点误差(数码输入为全 0 时，DAC 的非零输出值)、非线性误

差和噪声等引起的。绝对精度(即最大误差)应小于 1 个 LSB。

相对精度与绝对精度表示同一含义，用最大误差相对于满刻度的百分比表示。

4. 建立时间

建立时间是指输入的数字量发生满刻度变化时，输出模拟信号达到满刻度值的±1/2LSB 所需的时间，是描述 D/A 转换速率的一个动态指标。电流输出型 DAC 的建立时间短，电压输出型 DAC 的建立时间主要取决于运算放大器的响应时间。

二、D/A 转换器的分类

D/A 转换器种类繁多、性能各异。按输入数字量的位数，D/A 转换器可以分为 8 位、10 位、12 位和 16 位等；按输入的数码，D/A 转换器可以分为二进制方式和 BCD 码方式；按传送数字量的方式，D/A 转换器可以分为并行方式和串行方式；按输出形式，D/A 转换器可以分为电流输出型和电压输出型，电压输出型又有单极性和双极性之分；按与单片机的接口，D/A 转换器可以分为带输入锁存和不带输入锁存。

任务二　D/A 转换器 DAC0832 及其应用

一、DAC0832 芯片概述

D/A 转换器 DAC0832

DAC0832 是 8 位 D/A 转换器芯片。由于 DAC0832 与单片机接口方便、转换控制容易、价格便宜，因此在实际工作中广泛应用。

DAC0832 是电流型 D/A 转换器，具有以下特性：数字输入端具有双重缓冲功能，有单缓冲、双缓冲或直通输入方式；DAC0832 逻辑输入满足 TTL 电平，可直接与 TTL 电路或微机电路连接；由单电源供电，在+5～+15 V 范围内均可正常工作；基准电压的范围为±10 V；电流建立时间 1 μs；采用 CMOS 工艺，功耗低(仅为 20 mW)。

二、DAC0832 引脚功能

DAC0832 采用 DIP20 封装，其引脚排列如图 7-1 所示，外观如图 7-2 所示。

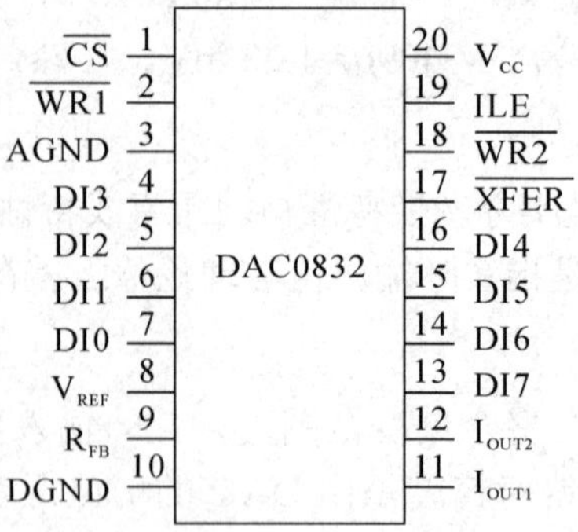

图 7-1　DAC0832 引脚排列

图 7-2　DAC0832 外观

DAC0832 引脚功能说明如下：

DI0～DI7：8 位数据输入端，TTL 电平，有效时间应大于 90 ns(否则锁存器的数据会出错)。

ILE：数据锁存允许控制信号输入端，高电平有效。

$\overline{CS}$：片选信号输入端(选通数据锁存器)，低电平有效。

$\overline{WR1}$：数据锁存器写选通输入端，负脉冲(脉宽应大于 500 ns)有效。由 ILE、$\overline{CS}$、$\overline{WR1}$ 的逻辑组合产生 $\overline{LE1}$，当 $\overline{LE1}$ 为高电平时，数据锁存器状态随输入数据线变换，$\overline{LE1}$ 产生负跳变时将输入数据锁存。

$\overline{XFER}$：数据传输控制信号输入端，低电平有效，负脉冲(脉宽应大于 500 ns)有效。

$\overline{WR2}$：DAC 寄存器选通输入端，负脉冲(脉宽应大于 500 ns)有效。由 $\overline{WR2}$、$\overline{XFER}$ 的逻辑组合产生 $\overline{LE2}$，当 $\overline{LE2}$ 为高电平时，DAC 寄存器的输出随寄存器的输入而变化，$\overline{LE2}$ 产生负跳变时将数据锁存器的内容存入 DAC 寄存器并开始 D/A 转换。

I_{OUT1}：电流输出端 1，其输出电流值随 DAC 寄存器的内容线性变化。

I_{OUT2}：电流输出端 2，其输出电流值与 I_{OUT1} 端输出电流值之和为一常数。

R_{FB}：反馈信号输入端，改变 R_{FB} 端外接电阻值可调整转换满量程精度。

Vcc：电源输入端，电压范围为+5～+15 V。

V_{REF}：基准电压输入端，电压范围为−10～+10 V。

AGND：模拟信号地。

DGND：数字信号地。

三、DAC0832 工作方式

DAC0832 的内部主要由 8 位输入寄存器、8 位 DAC 寄存器、8 位 D/A 转换器和控制逻辑电路组成。8 位输入寄存器接收从外部发来的 8 位数字量，锁存于内部的锁存器中；8 位 DAC 寄存器从 8 位输入寄存器中接收数据，并能将少量接收到的数据锁存于其内部的锁存器；8 位 D/A 转换器对 8 位 DAC 寄存器发送来的数据进行转换，转换的结果通过 I_{out1} 和 I_{out2} 输出。8 位输入寄存器和 8 位 DAC 寄存器都分别有自己的控制端 $\overline{LE1}$ 和 $\overline{LE2}$。

DAC0832 的内部结构如图 7-3 所示。

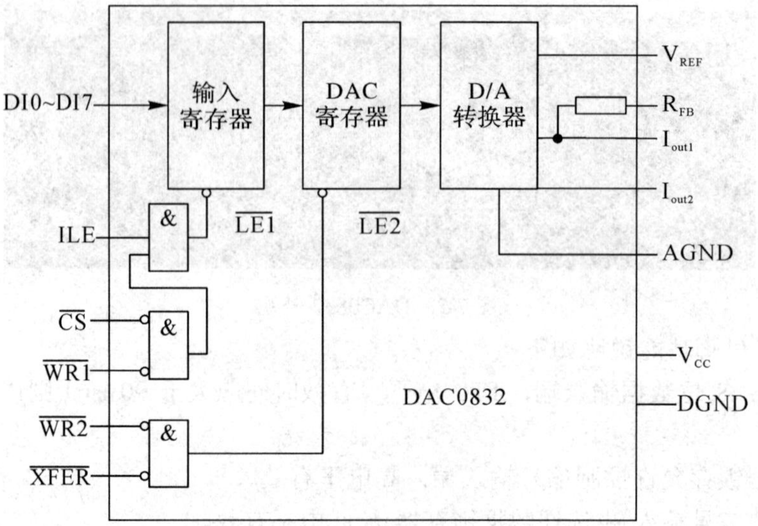

图 7-3　DAC0832 内部结构

根据对 DAC0832 的数据锁存器和 DAC 寄存器的不同的控制方式，DAC0832 有三种工作方式：直通方式、单缓冲方式和双缓冲方式。

1. 直通方式

直通方式是数据不经两级锁存器锁存，即 $\overline{WR1}$、$\overline{WR2}$、$\overline{CS}$、$\overline{XFER}$ 均接地，ILE 接高电平。此时，8 位输入寄存器、8 位 DAC 寄存器都直接处于导通状态，8 位数字量一旦到达 DI0～DI7，就立即开始进行 D/A 转换，其输出端得到转换的模拟量。此方式适用于连续反馈控制线路和不带微机的控制系统，在使用时，必须通过另加 I/O 接口与 CPU 连接，以匹配 CPU 与 D/A 转换。

2. 单缓冲方式

单缓冲方式是控制输入寄存器和 DAC 寄存器同时接收数据，或者只用输入寄存器而将 DAC 寄存器接成直通方式。此方式适用于只有一路模拟量输出或几路模拟量异步输出的情形，如图 7-4 所示。

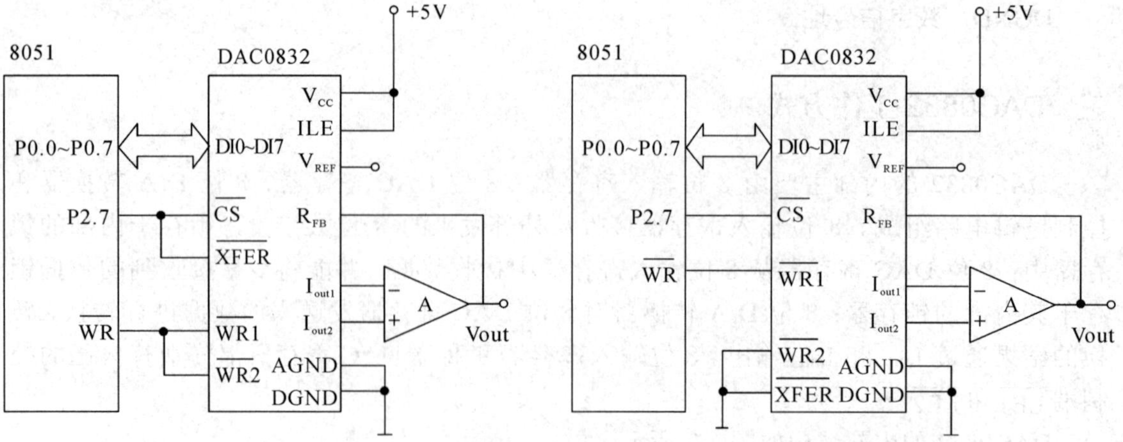

图 7-4　单缓冲方式

3. 双缓冲方式

双缓冲方式是先使输入寄存器接收数据，再控制 DAC0832 同时传送数据到 DAC 寄存器，DAC0832 的两个锁存器都连接成受控锁存方式。此方式适用于多个 D/A 转换同步输出的情况，如图 7-5 所示。

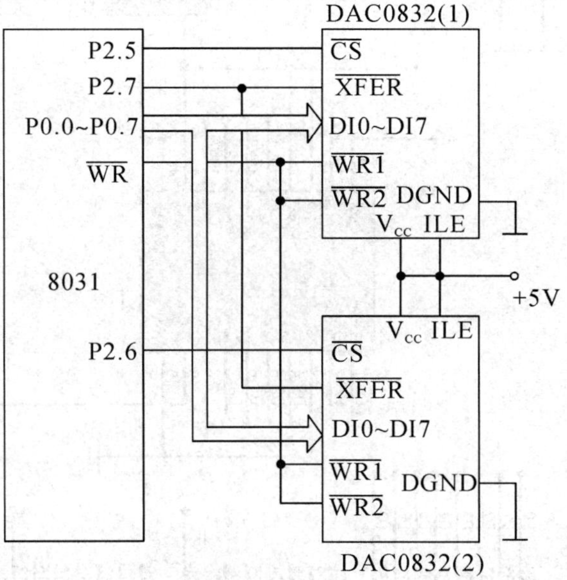

图 7-5　双缓冲方式

四、DAC0832 与单片机接口

根据 DAC0832 工作方式的不同，其与单片机的接口方式也不同。因为 DAC0832 的输入数据有 8 位，同时单片机还需要控制 $\overline{WR1}$、$\overline{WR2}$、$\overline{CS}$、$\overline{XFER}$ 等端口，所以常使用外部数据存储器读写数据的方式来访问 DAC0832。单缓冲方式下 DAC0832 与单片机接口电路仿真图如图 7-6 所示。

在图 7-6 中，P0 口连接 DAC0832 的 DI0～DI7，输出数据到 DAC0832，P2.7 口接 $\overline{CS}$，控制 DAC0832 工作，P3.6 口接 $\overline{WR1}$、$\overline{WR2}$。P3.2 的第二功能为片外数据存储器写允许信号 $\overline{WR}$。

根据片外数据存储器读写规则，P2 和 P0 口输出地址 A15～A0，P0 口通常作为数据端口。图 7-6 中 DAC0832 的 $\overline{CS}$ 接 P2.7，所以 P2.7 为低电平时 DAC0832 开始工作，若把其他的位设为 1，则 DAC0832 的地址是 0x7fff。

C51 程序访问外部数据存储器时要用到头文件 absacc.h。在程序中，用“#include <absacc.h>”即可使用其中定义的宏来访问绝对地址，如 XBYTE，语句“XBYTE[0x7fff]=0;”表示将 0 写入外部数据存储器 0x7fff 地址中。

由于 DAC0832 输出的是电流形式的模拟量，因此需要通过集成运算放大器 LM324 将电流转换为电压，以便输出电压波形。与 LM324 连接的 DAC0832 的电流输出端为 IOUT1 和 IOUT2，如图 7-6 所示。

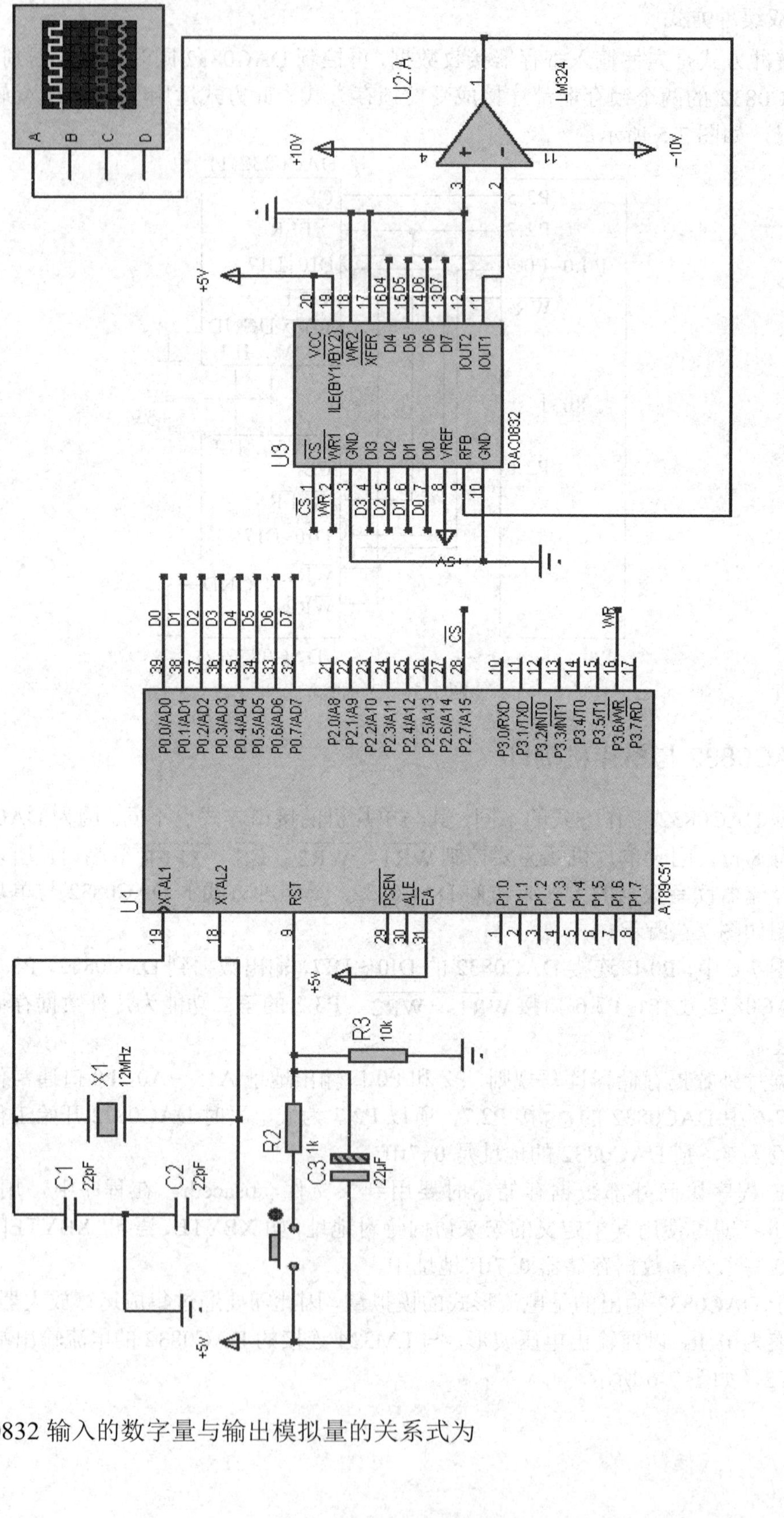

图 7-6　DAC0832 与单片机接口

DAC0832 输入的数字量与输出模拟量的关系式为

$$\frac{\text{输出模拟量 } U_o}{\text{输入数字量 } D}=-\frac{U_{REF}}{2^8} \tag{7-1}$$

【例 7-1】 要求利用 DAC0832 产生一个方波，周期与幅值如图 7-7 所示。

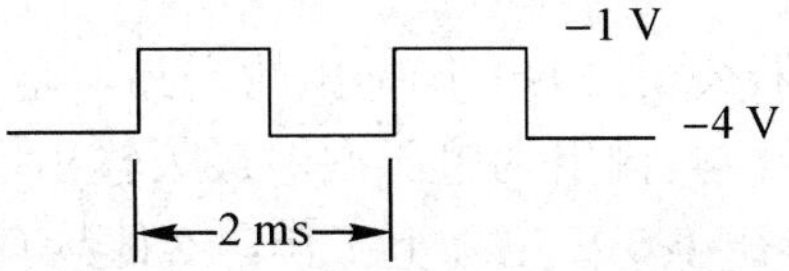

图 7-7　方波的周期和幅值

方波电压为 −1 V 和 −4 V，将其代入式(7-1)可计算 DAC0832 的输入数字量，即

$$\frac{-1}{D_0}=-\frac{5}{255},\quad \frac{-4}{D_1}=-\frac{5}{255}$$

由此可以计算出 DAC0832 的输入数据为 51 时，输出电压为 −1 V；输入数据为 204 时，输出电压为 −4 V。

已知方波周期为 2 ms，则 −1 V 和 −4 V 的时间均为 1 ms，因此需要使用延时函数延时 1 ms。

程序如下：

```
#include <reg51.h>
#include <absacc.h>
#define DAC0832 XBYTE[0x7fff]
void delay(unsigned int i);     //延时函数声明
void main()                     //主函数
{
    while(1)
    {
        DAC0832=204;
        delay(1);               //延时 1 ms
        DAC0832=51;
        delay(1);
    }
}
void  delay(unsigned int i)     //延时函数
{                               //采用 12 MHz 晶振，此循环的时间约为 i×1 ms
    unsigned int j, k;          //定义无符号字符型变量 j 和 k
    for(k=0; k<i; k++)          //双重 for 循环语句实现软件延时
        for(j=0; j<124; j++);
}
```

任务三　串行 D/A 转换器 TLC5615 及其应用

一、TLC5615 芯片概述

TLC5615 为美国德州仪器公司 1999 年推出的产品，是带有缓冲基准输入(高阻抗)的 10 位串行接口的数/模转换器，其输出为电压型，最大输出电压是基准电压值的两倍且单调变化。该器件使用简单，可在单 5 V 电源下工作，器件具有上电复位功能以确保可重复启动。

TLC5615 芯片介绍

TLC5615 的数字控制只需要通过 3 根串行总线就可以完成 10 位数据的串行输入，器件接收 16 位数据字以产生模拟输出。它易于和工业标准的微处理器或微控制器(单片机)接口，既适用于电池供电的测试仪表、移动电话，也适用于数字失调与增益调整以及工业控制场合。

二、TLC5615 芯片引脚

TLC5615 芯片为 8 引脚双列直插式封装，其引脚排列如图 7-8 所示，各引脚说明如表 7-1 所示。

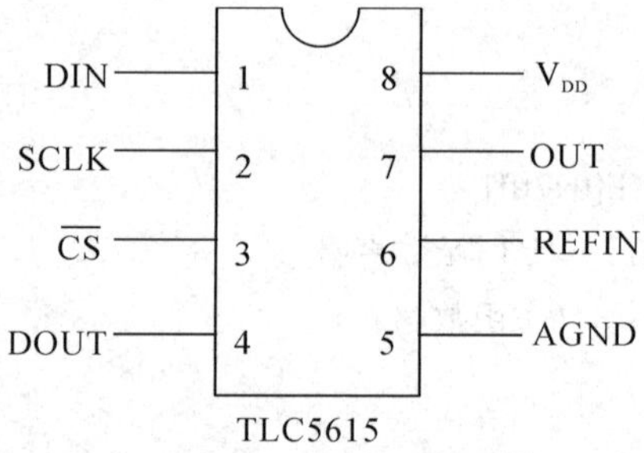

图 7-8　TLC5615 引脚排列

表 7-1　TLC5615 引脚信号功能

引　脚	功　能
DIN	串行数据输入
SCLK	串行时钟输入
$\overline{CS}$	片选信号，低电平有效
DOUT	用于菊花链(daisy chaining)的串行数据输出
AGND	模拟地
REFIN	参考输入端
OUT	DAC 模拟电压输出端
V_{DD}	正电源(5 V)

三、TLC5615 芯片的工作方式

TLC5615 的内部功能框图如图 7-9 所示，它主要由以下几部分组成：

(1) 10 位 DAC 电路。

(2) 一个 16 位移位寄存器，接收串行移入的二进制数，并且有一个级联的数据输出端 DOUT。

(3) 并行输入/输出的 10 位 DAC 寄存器，为 10 位 DAC 电路提供待转换的二进制数据。

(4) 电压跟随器，为参考电压端 REFIN 提供很高的输入阻抗，大约 10 MΩ。

(5) ×2 电路，提供的最大输出电压为基准输入电压的 2 倍。

(6) 上电复位电路和控制电路。

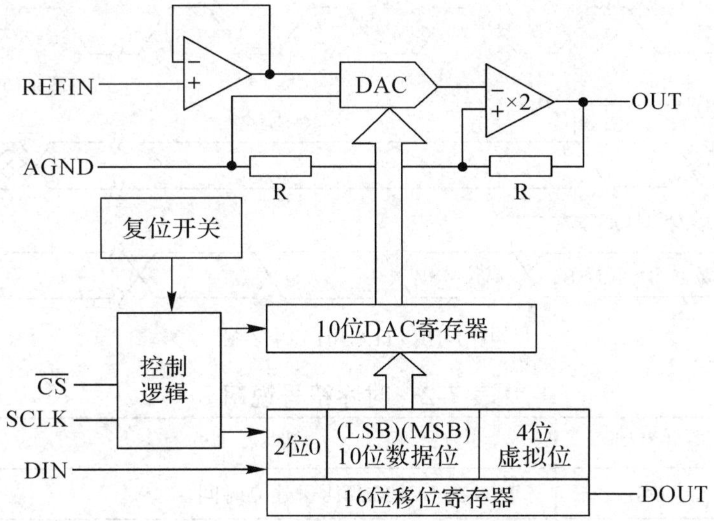

图 7-9　TLC5615 的内部结构

TLC5615 有两种工作方式：

(1) 非级联方式。16 位移位寄存器分为高 4 位虚拟位、低 2 位填充位及 10 位有效位。在 TLC5615 工作时，只需要向 16 位移位寄存器按先后顺序输入 10 位有效位和低 2 位填充位，2 位填充位数据任意，这是第一种方式，即输入的是 12 位数据序列。

(2) 级联方式，即输入的是 16 位数据序列。可以将本片的 DOUT 接到下一片的 DIN，需要向 16 位移位寄存器按先后顺序输入高 4 位虚拟位、10 位有效位和低 2 位填充位，由于增加了高 4 位虚拟位，所以需要 16 个时钟脉冲。

无论工作在哪种方式下，输出电压均为

$$U_{OUT}=U_{REFIN}\times\frac{N}{1024}$$

其中 N 为待转换的数据。

四、TLC5615 芯片工作时序

只有当片选 $\overline{CS}$ 为低电平时，串行输入数据才能被移入 16 位移位寄存器。当 $\overline{CS}$ 为低

电平时，在每一个 SCLK 时钟的上升沿将 DIN 的一位数据移入 16 位移寄存器。注意，二进制最高有效位被导前移入。接着，$\overline{CS}$ 的上升沿将 16 位移位寄存器的 10 位有效数据锁存于 10 位 DAC 寄存器，以供 DAC 电路进行转换。当片选 $\overline{CS}$ 为高电平时，串行输入数据不能被移入 16 位移位寄存器。

注意：$\overline{CS}$ 的上升和下降都必须发生在 SCLK 为低电平期间。

TLC5615 时序图如图 7-10 所示。时序图中各种时序符号的说明如表 7-2 所示。

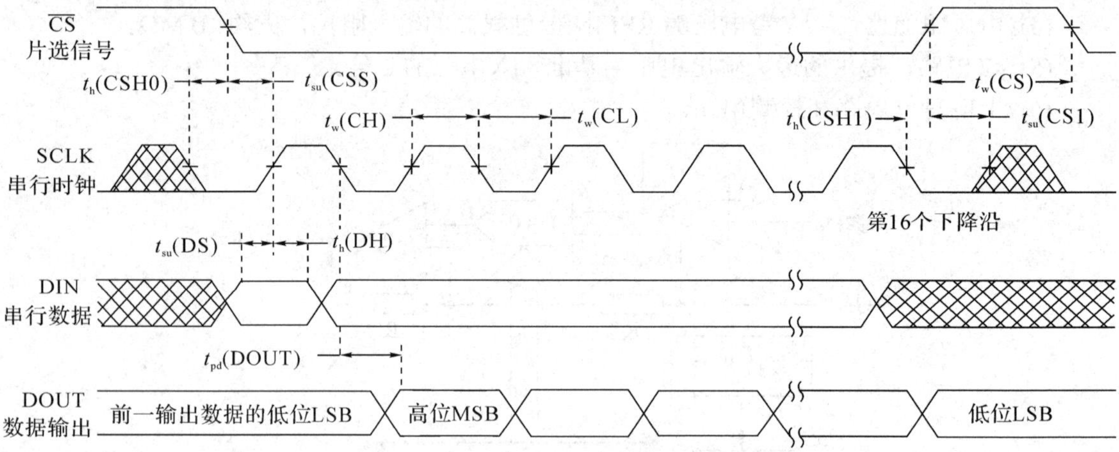

图 7-10　TLC5615 时序图

表 7-2　时序符号说明

符号类型	说　明
t_{su}(DS)	DIN 到 SCLK 高压平建立时间
t_h(DH)	DIN 到 SCLK 高压平保持时间
t_{su}(CSS)	$\overline{CS}$ 低电平到 SCLK 高电平建立时间
t_{su}(CS1)	$\overline{CS}$ 高电平到 SCLK 高电平建立时间
t_h(CSH0)	SCLK 低电平到 $\overline{CS}$ 低电平保持时间
t_h(CSH1)	SCLK 低电平到 $\overline{CS}$ 高电平保持时间
t_w(CS)	片选信号最小脉宽
t_w(CL)	SCLK 信号低电平脉冲宽度
t_w(CH)	SCLK 信号高电平脉冲宽度

五、利用 TLC5615 产生锯齿波

【例 7-2】 TLC5615 与单片机的接口如图 7-11 所示，利用 TLC5615 产生锯齿波。

用 TCL5615 产生各种波形

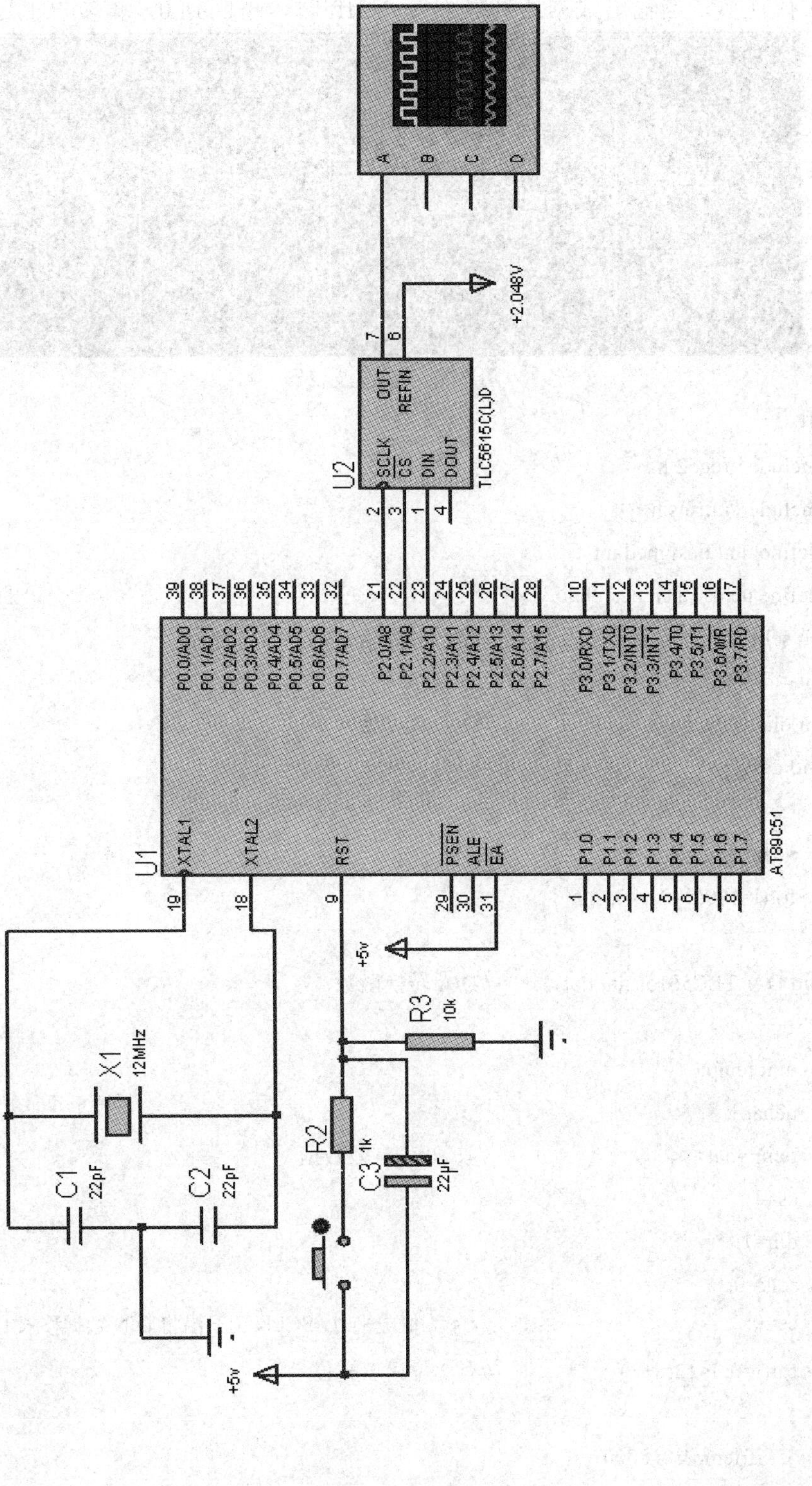

图 7-11　TLC5615 与单片机的接口

锯齿波的波形如图 7-12 所示，波形从最小值斜向上缓慢升到最大值，然后突然降到最小值，接着再从最小值缓慢上升到最大值。编程时，可以先输出 10 位二进制最小值 0，然后按加 1 规律递增，当输出数据达到最大值 0x3fff 时，再回到 0，重复以上过程。

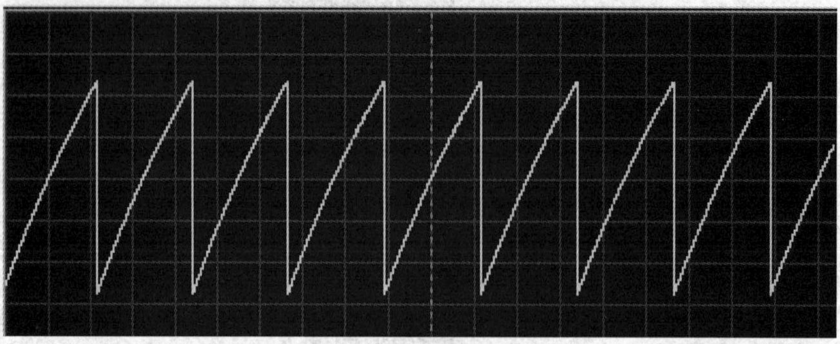

图 7-12　锯齿波波形

程序如下：

```
#include <reg52.h>
#include <intrins.h>
#define uint unsigned int
#define uchar unsigned char
sbit sclk=P2^0;                  //串行时钟输入端
sbit   cs =P2^1;                 //片选信号
sbit din =P2^2;                  //串行数据输入端
void delay( )                    //延时函数
{
    uchar i;
    for(i=100; i>0; i--);
}
void DA_TLC5615(uint dat)        //D/A 转换函数
{
    uint temp;
    uchar i;
    temp=dat<<4;                 //取 10 位有效数据
    cs=1;
    din=1;
    sclk=0;
    cs=0;                        //CS 为低电平时，SCLK 上升沿将 DIN 数据移入 16 位移位寄存器
    for(i=0; i<12; i++)          //有 2 位为填充位
    {
        if(temp&0x8000)
            din=1;
```

```
            else
            din=0;
            temp=temp<<1;
            sclk=1;
            _nop_();
            sclk=0;
        }
        cs=1;                  //上升沿将10位有效数据锁存在10位DAC寄存器中，CS的上升沿和
                               //下降沿都必须发生在SCLK为低电平期间
}

void main( )
{
    uint j;
    while(1)
    {
        for(j=0; j<0x03ff; j++)              //10位串行输入，最大值0x03ff
        {
            DA_TLC5615(j);
            delay();
        }
    }
}
```

任务四 项目实施

一、信号发生器电路硬件仿真图设计

单片机向 DAC0832 输出不同的数据即可产生不同的波形，信号发生器的硬件电路在图 7-6 的基础上增加一个选择开关即可，电路仿真图如图 7-13 所示。

二、信号发生器程序设计

信号发生器要产生三种波形，应在主程序中根据 P1 口的数值判断开关接通了哪个端口，然后调用相应的波形产生函数。接下来讨论产生每种波形的编程思路。

制作信号发生器

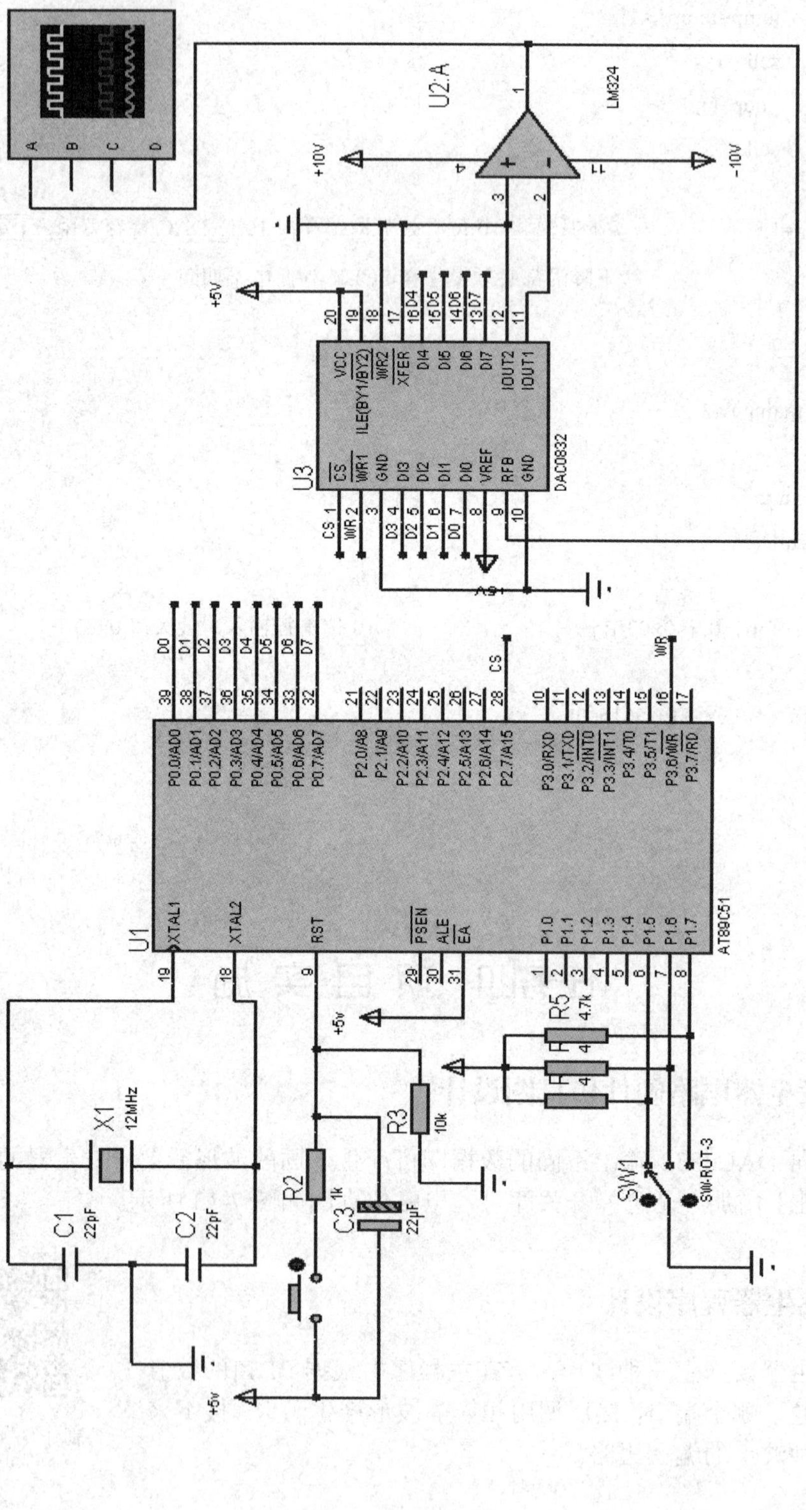

图 7-13　信号发生器仿真电路图

产生锯齿波的编程思路：先输出 8 位二进制最小值 0，然后按加 1 规律递增，当输出数据达到最大值 255 时，再回到 0，重复以上过程。

产生正弦波的编程思路：把一个周期的正弦波分成 255 份，把输出从 -1～1 的范围按比例放大至 00～FF 的范围，即把产生波形输出的二进制数据以数值的形式预先存放在程序存储器中，再按顺序依次取出送至 D/A 转换器。

产生三角波的编程思路：先输出 8 位二进制最小值 0，然后按加 1 规律递增，当输出数据达到最大值 255 时，再从 255 按照减 1 的规律递减回到 0，重复以上过程。

程序如下：

```
//利用单片机控制 DA0832 产生锯齿波、三角波和正弦波三种波形。
#include <reg51.h>
#include <absacc.h>                    //绝对地址访问头文件
#define DAC0832 XBYTE[0x7fff]          //DAC0832 的地址为 0x7fff
#define uchar unsigned char
#define uint   unsigned int
uchar code sin[]={       //正弦波一周期内采样 256 次，把输出按比例放大至 00～FF 范围
                    0x80, 0x83, 0x86, 0x89, 0x8D, 0x90, 0x93, 0x96, 0x99, 0x9C, 0x9F, 0xA2,
                    0xA5, 0xA8, 0xAB, 0xAE, 0xB1, 0xB4, 0xB7, 0xBA, 0xBC, 0xBF, 0xC2, 0xC5,
                    0xC7, 0xCA, 0xCC, 0xCF, 0xD1, 0xD4, 0xD6, 0xD8, 0xDA, 0xDD, 0xDF, 0xE1,
                    0xE3, 0xE5, 0xE7, 0xE9, 0xEA, 0xEC, 0xEE, 0xEF, 0xF1, 0xF2, 0xF4, 0xF5,
                    0xF6, 0xF7, 0xF8, 0xF9, 0xFA, 0xFB, 0xFC, 0xFD, 0xFD, 0xFE, 0xFF, 0xFF,
                    0xFF, 0xFF, 0xFF, 0xFF, 0xFF, 0xFF, 0xFF, 0xFF, 0xFF, 0xFF, 0xFE, 0xFD,
                    0xFD, 0xFC, 0xFB, 0xFA, 0xF9, 0xF8, 0xF7, 0xF6, 0xF5, 0xF4, 0xF2, 0xF1,
                    0xEF, 0xEE, 0xEC, 0xEA, 0xE9, 0xE7, 0xE5, 0xE3, 0xE1, 0xDF, 0xDD, 0xDA,
                    0xD8, 0xD6, 0xD4, 0xD1, 0xCF, 0xCC, 0xCA, 0xC7, 0xC5, 0xC2, 0xBF, 0xBC,
                    0xBA, 0xB7, 0xB4, 0xB1, 0xAE, 0xAB, 0xA8, 0xA5, 0xA2, 0x9F, 0x9C, 0x99,
                    0x96, 0x93, 0x90, 0x8D, 0x89, 0x86, 0x83, 0x80, 0x80, 0x7C, 0x79, 0x76,
                    0x72, 0x6F, 0x6C, 0x69, 0x66, 0x63, 0x60, 0x5D, 0x5A, 0x57, 0x55, 0x51,
                    0x4E, 0x4C, 0x48, 0x45, 0x43, 0x40, 0x3D, 0x3A, 0x38, 0x35, 0x33, 0x30,
                    0x2E, 0x2B, 0x29, 0x27, 0x25, 0x22, 0x20, 0x1E, 0x1C, 0x1A, 0x18, 0x16,
                    0x15, 0x13, 0x11, 0x10, 0x0E, 0x0D, 0x0B, 0x0A, 0x09, 0x08, 0x07, 0x06,
                    0x05, 0x04, 0x03, 0x02, 0x02, 0x01, 0x00, 0x00, 0x00, 0x00, 0x00, 0x00,
                    0x00, 0x00, 0x00, 0x00, 0x00, 0x00, 0x01, 0x02, 0x02, 0x03, 0x04, 0x05,
                    0x06, 0x07, 0x08, 0x09, 0x0A, 0x0B, 0x0D, 0x0E, 0x10, 0x11, 0x13, 0x15,
                    0x16, 0x18, 0x1A, 0x1C, 0x1E, 0x20, 0x22, 0x25, 0x27, 0x29, 0x2B, 0x2E,
                    0x30, 0x33, 0x35, 0x38, 0x3A, 0x3D, 0x40, 0x43, 0x45, 0x48, 0x4C, 0x4E,
                    0x51, 0x55, 0x57, 0x5A, 0x5D, 0x60, 0x63, 0x66, 0x69, 0x6C, 0x6F, 0x72,
                    0x76, 0x79, 0x7C, 0x80};
```

```
//延时函数
void   delay(unsigned int i)
{
    unsigned int j, k;
    for(k=0; k<i; k++)
        for(j=0; j<124; j++);
}

//锯齿波
void juchi()
{
    uchar i;
    for(i=0; i<255; i++)            //形成锯齿波，最大值为 255
    {
        DAC0832=i;                  //D/A 转换输出
        delay(1);                   //延时
    }
}

//三角波
void sanjiao()
{
    uchar i;
    for(i=0; i<255; i++)            //形成三角波，i 增加到最大值 255
    {
        DAC0832=i;                  //D/A 转换增量输出
        delay(1);                   //延时
    }
    for(i=255; i>0; i--)            //形成三角波，i 减小至最小值 0
    {
        DAC0832=i;                  //D/A 转换减量输出
        delay(1);                   //延时
    }
}

//正弦波
```

```
void zhengxian()
{
    uchar i;
    for(i=0; i<255; i++)            //形成正弦波，i 增加到最大值 255
    {
        DAC0832=sin[i];             //D/A 转换增量输出
        delay(1);                   //延时
    }
}
//主函数
void main()
{
    uchar t;
    P1=0xff;                        //作为输入端 P1 口应先写入 1
    while(1)
    {
        t=P1;                       //读取波形挡位开关
        switch(t)
        {
            case 0xdf:
                juchi();
                break;
            case 0xbf:
                sanjiao();
                break;
            case 0x7f:
                zhengxian();
                break;
            default:
                break;
        }
    }
}
```

三、信号发生器仿真调试

仿真波形使用数字示波器进行观察。在 Protues 工具条中单击“Virtual Instrument Mode”按钮，然后选择“Oscilloscope”项，添加至输出端。仿真运行后，查看波形可在“Debug”

菜单中找到“Digital Oscilloscope”项。运行仿真后可以观察到示波器波形。

将波形选择开关分别置于三角波、正弦波挡，可以分别得到三角波波形(如图 7-14 所示)和正弦波波形(如图 7-15 所示)。将波形开关置于锯齿波挡位，产生的锯齿波仿真波形如图 7-16 所示。思考：为何产生的波形是反相的？

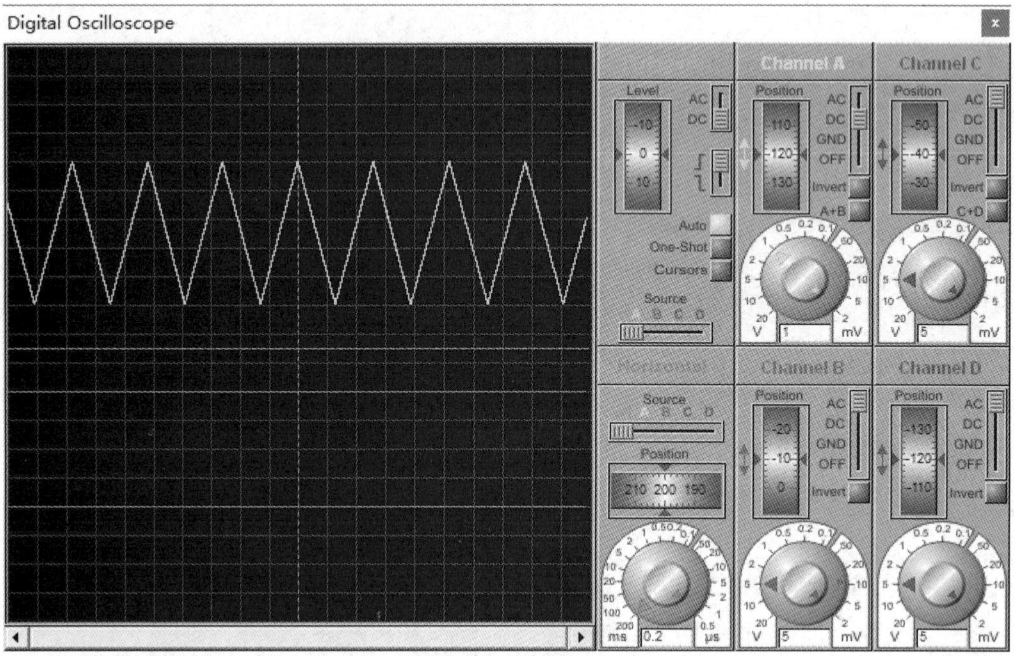

图 7-14　三角波信号

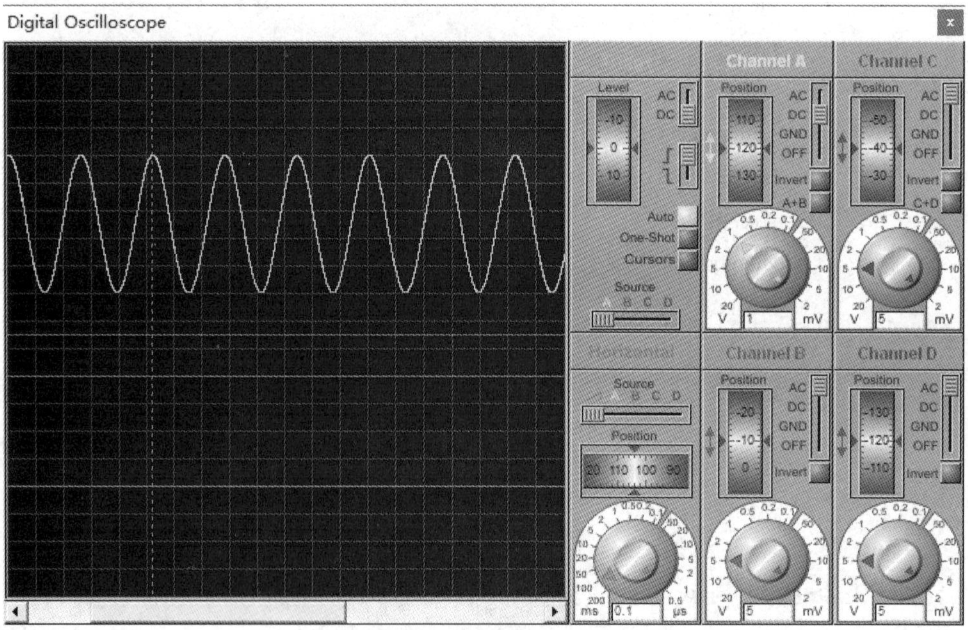

图 7-15　正弦波信号

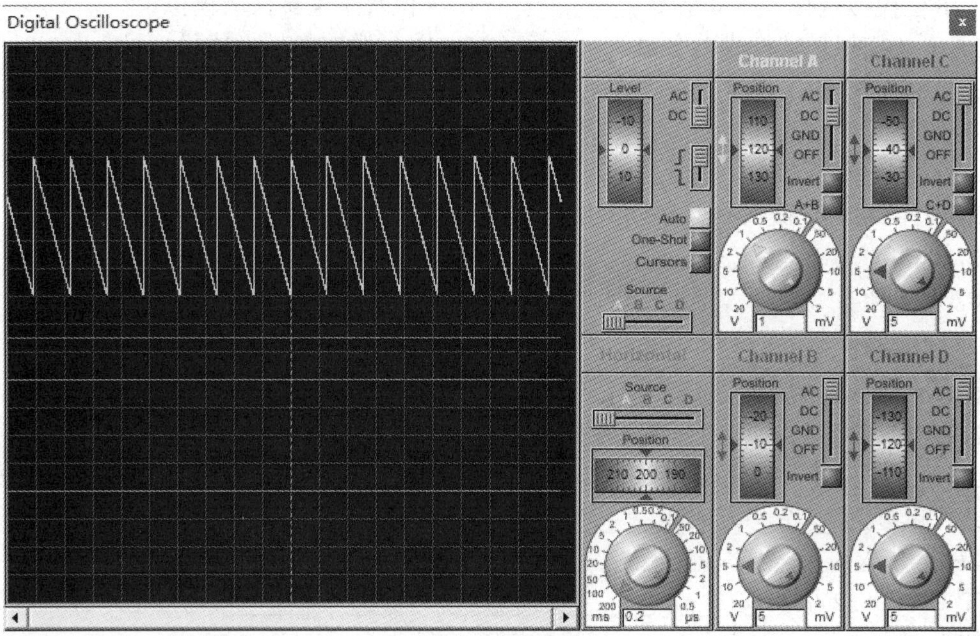

图 7-16　锯齿波信号

➢ 动手做一做

本项目实现的波形都有频率限制，如果要提高波形的频率，应该怎么修改程序呢？计算一下项目电路产生无失真波形的最高频率是多少？在开发板上验证你的判断。

项 目 小 结

D/A 转换器是把输入的数字量转换为与之成正比的模拟量的器件，其输入的是数字量，输出的是模拟量。通过程序控制，单片机向 D/A 转换器送出随时间呈一定规律变化的数字信号，D/A 转换器输出端就可以输出随时间按一定规律变化的模拟量，即产生波形。

本项目讲解的 D/A 转换器为 DAC0832 和 TLC5615。DAC0832 是 8 位的 D/A 转换器芯片，是一种电流型 D/A 转换器，数字输入端具有双重缓冲功能，有单缓冲、双缓冲或直通输入方式。TLC5615 只需要通过 3 根串行总线就可以完成 10 位数据的串行输入，器件接收 16 位数据字以产生模拟输出，易于和工业标准的微处理器或微控制器(单片机)接口，适用于电池供电的测试仪表、移动电话，也适用于数字失调与增益调整以及工业控制场合。

项 目 练 习

一、选择题

1. DAC0832 是一种将(　　)的芯片。

A. 8 位模拟量转换成数字量　　B. 8 位数字量转换成模拟量

C. 16 位模拟量转换成数字量　　D. 16 位数字量转换成模拟量

2. DAC0832 的工作方式有(　　)。

A. 直通工作方式　　B. 单缓冲工作方式

C. 双缓冲工作方式　　D. 直通、单缓冲、双缓冲工作方式

3. 多片 DAC0832 转换器必须采用(　　)接口方式。

A. 直通　　B. 单缓冲

C. 双缓冲　　D. 都可以

二、填空题

1. D/A 转换器的作用是将________量转换成________量。

2. D/A 转换器种类繁多、性能各异。按输入数字量的位数可以分为 8 位、______位、12 位和______位等；按输入的数码可以分为二进制方式和_______码方式；按传送数字量的方式可以分为_______方式和_______方式；按输出形式可以分为电流输出型和_______输出型。

3. DAC0832 利用______、______、______、______、______控制信号可以构成三种不同的工作方式。

三、简答题

1. D/A 转换器的主要性能指标有哪些？

2. 说明 D/A 转换器产生波形的原理。

3. TLC5615 的工作时序是什么？

4. TLC5615 主要由哪几部分组成？

四、编程题

利用串行 D/A 转换芯片 TLC5615 产生三角波，硬件电路如图 7-11 所示。

项目八　设计制作电子密码锁

【能力目标】

(1) 学会编写独立式键盘和矩阵式键盘按键识别程序。

(2) 初步了解 I^2C 总线工作原理和工作过程。

(3) 学习使用串行存储芯片 CAT24C02 进行数据存储和读取。

(4) 学会使用液晶显示器 LCD1602。

【项目要求】

本项目设计一个密码锁。密码锁工作原理为：主人外出，门上锁后系统开始工作，用户输入正确的 4 位密码后自动开锁，输入错误则报警；报警方式为声音报警。密码锁具有密码设置功能，首先按下修改密码键，输入旧密码，当旧密码正确时，开始进行密码设置，需连续输入两次新密码以进行校验，设置完成后按确认键，完成密码修改，系统开始工作。如果用户输入密码的时间超过 40 s 电路将报警 80 s，若电路连续报警三次，电路将锁定键盘 5 分钟，防止他人的非法操作。

任务一　键盘工作原理及接口电路设计

一、按键

键盘是单片机应用系统中非常重要的一种数据输入设备，使用相当广泛。在单片机系统中，通过键盘向单片机输入指令或者数据，实现人机交互。键盘是按键的组合，多个按键组合构成了键盘。按键有常开型和常闭型两种。按键通常是一种常开型按钮开关，常态下按键的两个触点处于断开状态，按下键时两个触点接通(短路)。图 8-1 给出了几种单片机中常用的按键。

(a) 弹性小按键　　(b) 贴片式小按键　　(c) 自锁式按键

图 8-1　按键实物图

弹性小按键有四个引脚，两个引脚连接到一起，分为两对。按下中间的按钮后，把这两对引脚接通；松开按键后，按钮自动弹回，断开连接。贴片式小按键与弹性小按键结构一样，但体积更小，适合空间狭小的地方。自锁式按键则带自锁功能，按下会保持接通状态，只有再次按下才弹出，可以用作电源开关。

1. 按键的检测

按键的工作原理是按下后接通两个触点。利用这个特点，加一个外接电路就可以实现接通两个触点时输出低电平，而弹开后输出高电平，将其输入到单片机端口后就可以被识别出来。通常使用图 8-2 所示的结构。

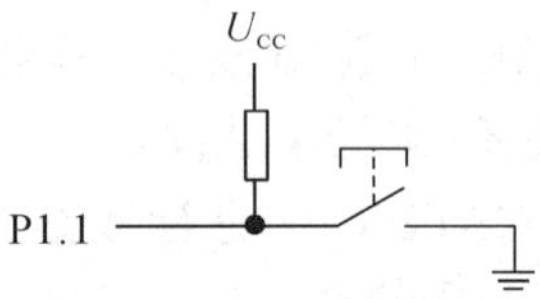

图 8-2　独立式按键结构

按键的一个触点接地，另一个触点接上拉电阻并接到单片机端口上，图 8-2 中接到了 P1.1 口。按键弹开时端口为高电平，按键按下时端口为低电平，根据端口电平的高低就可以判断出按键是否被按下了。

2. 按键消除抖动

按键是一个机械式开关，开关闭合时不会马上稳定地接通，开关断开时也不会立即断开。在按键被按下或松开的瞬间，其输出电压会产生波动，称为键的抖动，见图 8-3。

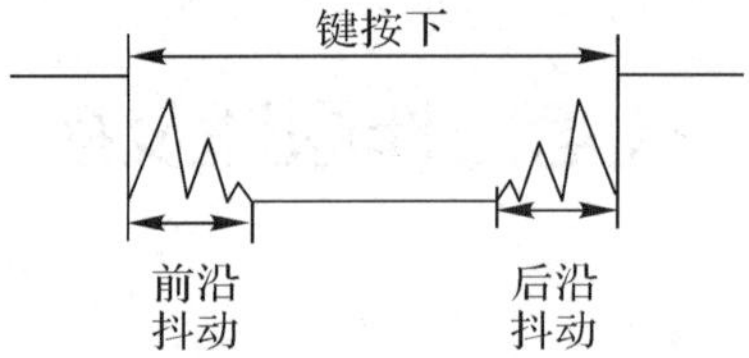

图 8-3　按键抖动

抖动时间的长短由按键的机械特性决定，一般为 5～10 ms。单片机的时钟频率是 12 MHz，1 ms 可以执行 500～1000 条指令，时间就显得非常长，所以必须消除抖动。抖动期间不能进行按键的判断，只能在按下后平稳的时间段来判断按键是否按下。消抖的方法有两种：硬件消抖和软件延时消抖。

(1) 硬件消抖法。在键盘中附加去抖动电路可以消除抖动。图 8-4 所示电路是由 R-S 触发器构成的单脉冲电路。开关闭合时输出端状态是低电平，开关断开时输出端状态是高电平，R-S 触发器在高低电平的转换过程中没有抖动，以此消除抖动。

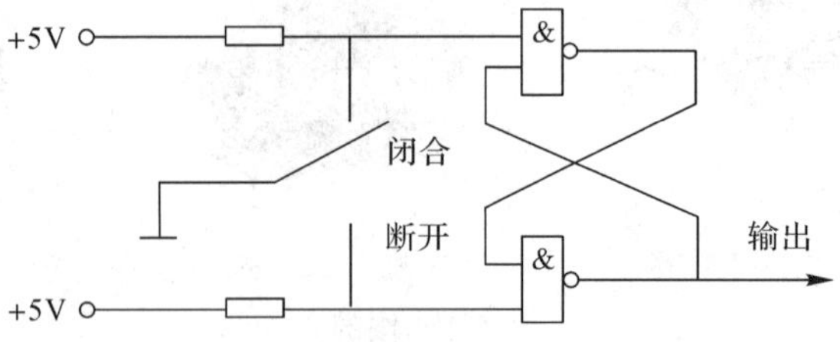

图 8-4　硬件消除抖动电路

(2) 软件消抖法。键按下的时间与操作者的按键动作有关，约为 100～500ms，而键抖动时间与按键的机械特性有关，一般为 5～10ms。软件消抖是利用延时来跳过抖动的过程，当判断有按键按下后，先执行一段大于 10 ms 的延时程序后再去判断是否有按键按下，如果再次判断有按键按下，那么就是真正的有按键按下。这样就跳过抖动时间而消除了抖动。

按键按下的时间比较长，为了防止单片机多次执行按键功能，在判断出按键按下后，一般需要等待按键释放后才执行按键功能。

硬件消抖需要增加去抖电路，从而导致键盘电路复杂，成本增加。软件消抖则不需要增加硬件电路，成本更低，仅仅占用了 CPU 的时间。实际设计的时候常用软件消抖方式。

3. 独立式按键与单片机接口

通常，键盘有编码键盘和非编码键盘两种。编码键盘通过硬件电路产生被按按键的键码和一个选通脉冲。选通脉冲可作为 CPU 的中断请求信号。这种键盘使用方便，所需程序简单，但硬件电路复杂，在单片机中较少采用。

非编码键盘按组成结构又可分为独立式键盘和矩阵式键盘。独立式键盘就是各按键相互独立，每个按键各接一根 I/O 口线，每根 I/O 口线上的按键都不会影响其他的 I/O 口线。只需要检测每一根 I/O 口线上的电平状态，就可以判断出哪个按键被按下了。独立式键盘的电路简单，软件编制容易，但是每个按键占用一条 I/O 口线，当按键数量较多时，I/O 口利用率不高，适用于所需按键较少的场合。

在图 8-5 中，按键接到 P2.0 端口，可以使用语句“if(P20==0)”来判断按键是否被按下。

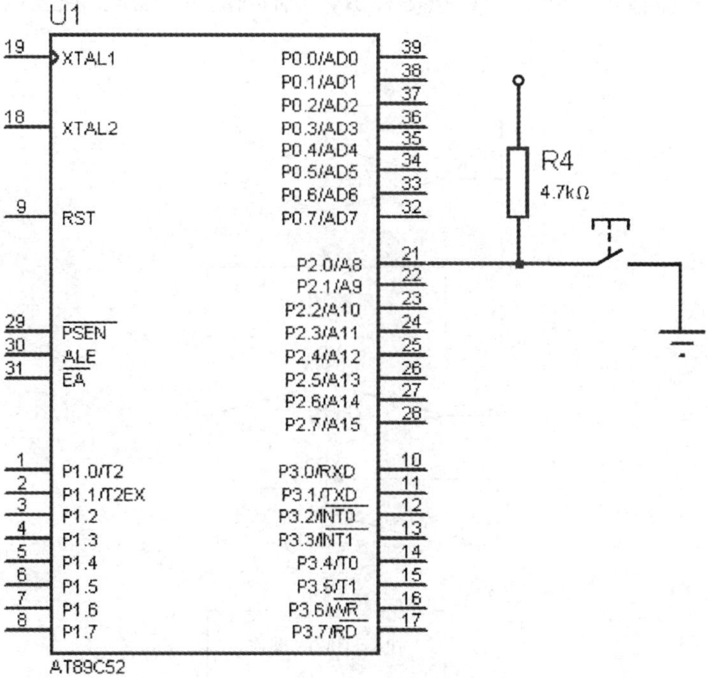

图 8-5　独立式键盘与单片机的接口电路

【例 8-1】 仿真电路如图 8-6 所示。编程实现每按一次按键 K*i*(*i*=1～4)，对应的 LED D*i*(*i*=1～4)状态改变一次。例如，复位时 D1 灭，按一次 K1 则 D1 亮，再按一次 K1 则 D1 灭，依此重复。

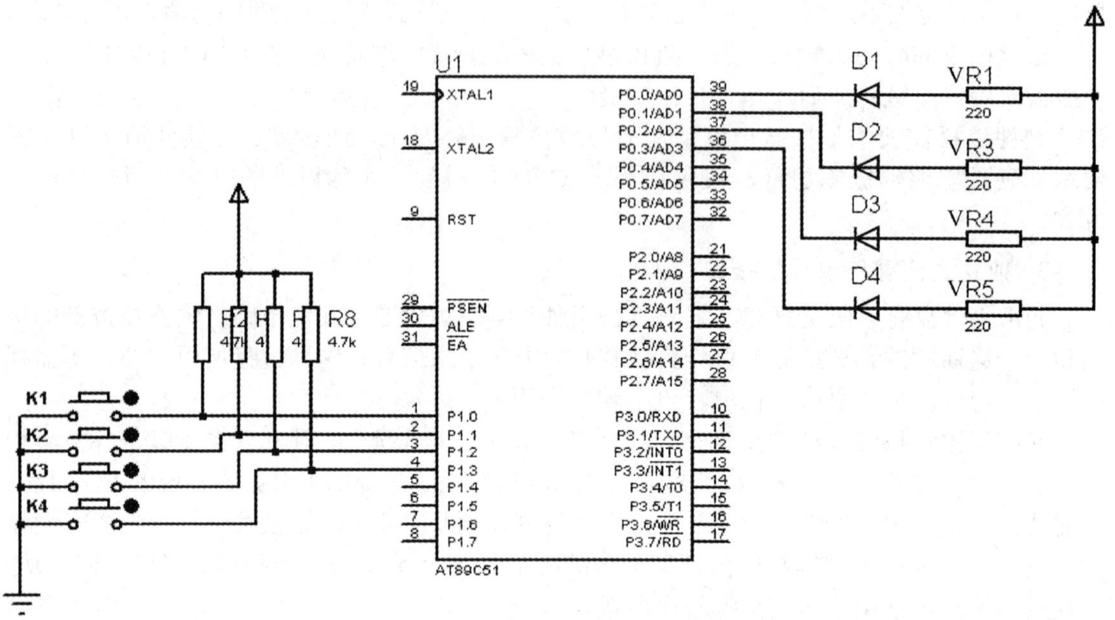

图 8-6　独立按键识别仿真电路

独立按键识别需要逐个判断按键是否按下，当按键被按下后，还要延时 10 ms 去抖后再次判断按键是否被按下，然后等待按键释放，执行相应的操作。独立按键识别流程图如图 8-7 所示。

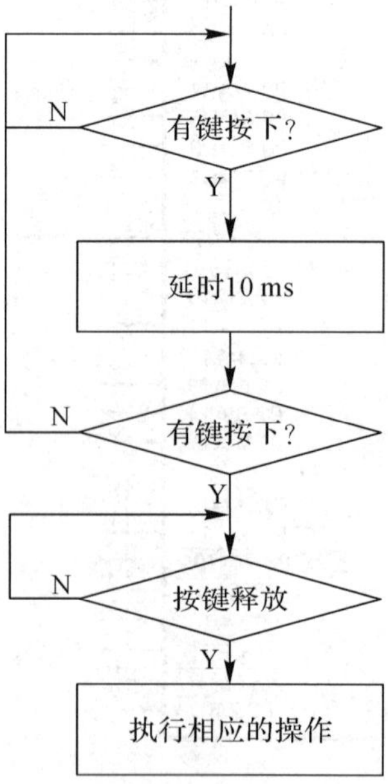

图 8-7　独立按键识别流程图

程序如下：

```
#include <reg52.h>
#define uchar unsigned char
#define uint unsigned int
sbit LED1 = P0^0;
sbit LED2 = P0^1;
sbit LED3 = P0^2;
sbit LED4 = P0^3;
sbit K1 = P1^0;
sbit K2 = P1^1;
sbit K3 = P1^2;
sbit K4 = P1^3;
void DelayMS(uint x)
{
    uchar t;
    while(x--)
    for(t=124; t>0; t--);
}
void main()
{
    P0=0xff;
    P1=0xff;
    while(1)
    {
        if(K1==0)                   //如果 K1 按键按下
        {
            DelayMS(10);            //延时 10 ms 消抖
            if(K1==0)               //再次判断按键，如果 K1 还是处于按下状态
            {
                while(K1==0);       //等待按键 K1 释放
                LED1=~LED1;         //D1 状态变化
            }
        }
        if(K2==0)                   //如果 K2 按键按下
        {
            DelayMS(10);            //延时 10 ms 消抖
            if(K2==0)               //再次判断按键，如果 K2 还是处于按下状态
            {
                while(K2==0);       //等待按键 K2 释放
```

```
                LED2=~LED2;          //D2 状态变化
            }
        }
        if(K3==0)                    //如果 K3 按键按下
        {
            DelayMS(10);             //延时 10 ms 消抖
            if(K3==0)                //再次判断按键，如果 K3 还是处于按下状态
            {
                while(K3==0);        //等待按键 K3 释放
                LED3=~LED3;          //D3 状态变化
            }
        }
        if(K4==0)                    //如果 K4 按键按下
        {
            DelayMS(10);             //延时 10 ms 消抖
            if(K4==0)                //再次判断按键，如果 K4 还是处于按下状态
            {
                while(K4==0);        //等待按键 K4 释放
                LED4=~LED4;          //D4 状态变化
            }
        }
    }
}
```

二、矩阵式键盘与单片机接口技术

1. 矩阵式键盘结构

矩阵式键盘又称为行列式键盘，用 I/O 线组成行、列结构，按键设置在行和列的交叉点上。在图 8-8 中，使用 P1 口 8 根 I/O 线，可以组成一个 4×4 的行列式键盘，共有

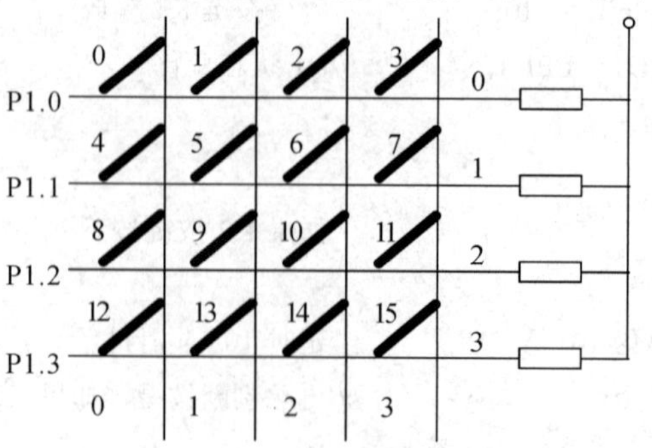

图 8-8　4×4 键盘接线图

16 个按键，可以大大地增加按键的数量。当按键按下时，接通对应的行线和列线，利用合适的方法可以判断出是哪个按键被按下。例如，若 P1.0 送“0”(相当于接地)，则当 3 号键按下，会引起 P1.4 引脚由高电平变为低电平。

一个 4×4 键盘共有 16 个按键，需要对每一个按键进行编号以方便编程时使用。图 8-8 对所有按键编号为 0～15，这个编号称为键号。图中的键号与行号和列号的关系为：键号＝行号×4＋列号。

2. 矩阵式键盘识别

矩阵式键盘的工作过程分为两步，第一步检测是否有按键按下，第二步识别哪个按键被按下，即识别键号。

检测是否有按键按下的方法是：使列线输出全为 0，判断行线的状态，若无按键按下，则行线全为 1；若有一个按键按下，则总会有一根行线电平被拉至低电平，行线不全为 1。

识别按键键号采用逐行扫描法。

逐行扫描法的工作原理为：依次向第一至最末行线发出低电平信号，如果该行线所连接的键没有按下的话，则列线所接的端口得到的是全“1”信号；如果有键按下的话，则得到非全“1”信号。然后根据“0”信号线所处的位置，就可以判断出哪个按键按下了。

矩阵键盘识别流程如图 8-9 所示。

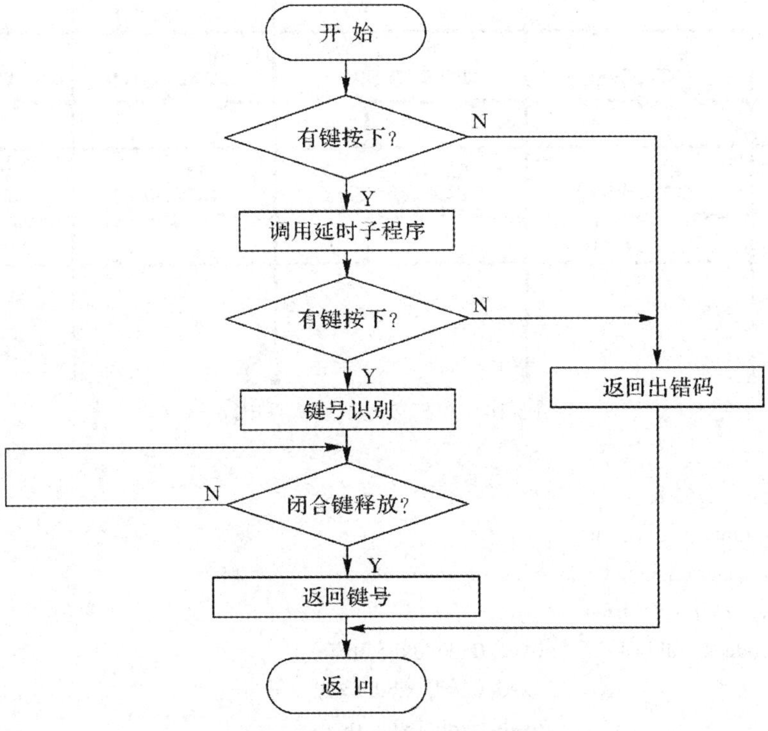

图 8-9 矩阵键盘识别流程图

【例 8-2】 如图 8-10 所示，AT89C51 单片机 P1 口接了一个 4×4 键盘，识别键号并把键号输出到 P2 口用 LED 显示出来。

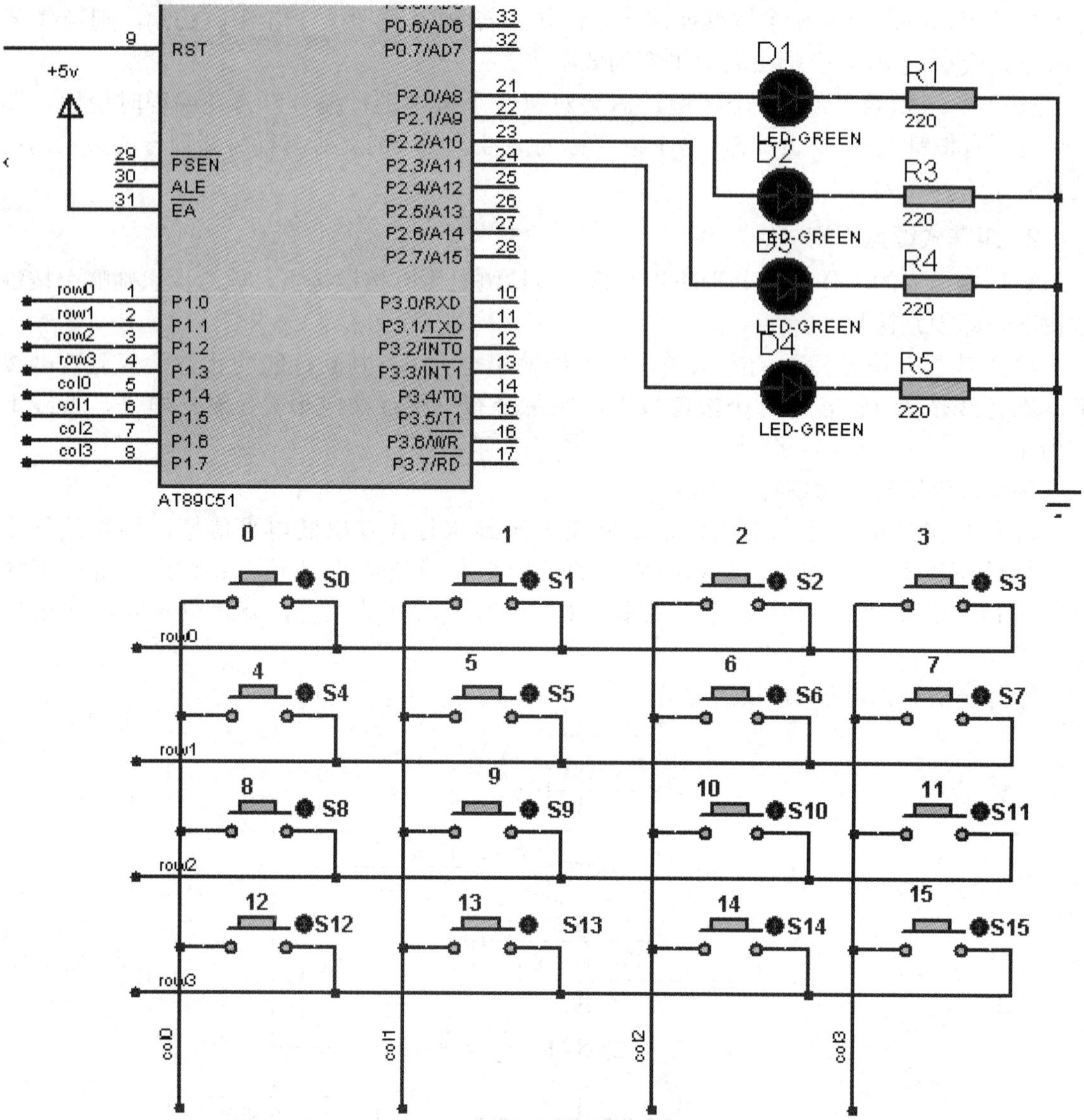

图 8-10　矩阵按键识别仿真电路

程序如下：

```
#include <reg51.h>
#define uint unsigned int
#define uchar unsigned char
#define   KeyPort   P1
uchar code K_Tab[4][4] = {  0xee, 0xde, 0xbe, 0x7e,
                            0xed, 0xdd, 0xbd, 0x7d,
                            0xeb, 0xdb, 0xbb, 0x7b,
                            0xe7, 0xd7, 0xb7, 0x77};
void delay(uint i)
```

```
{
    uint j, k;
    for(k=0; k<i; k++)
        for(j=0; j<124; j++);
}
/***********************************
函数名称：TestKey()
函数功能：判断矩阵式键盘是否有按键按下
说明：若有按键按下，返回 0x00
      若无按键按下，返回 0xff
***********************************/
uchar TestKey()
{
    unsigned char temp;
    KeyPort=0x0f;                   //列线输出全为 0
    temp=KeyPort&0x0f;              //读取行线的数值
    if(0x0f==temp)                  //若行线全为 1，无按键按下，返回 0xff
        return 0xff;
    else                            //若行线不全为 1，有按键按下，返回 0x00
        return 0x00;
}
/*************************************************************
名称：KeyScan()
功能：P1 外接 4×4 按键，按照查表法读出键号
返回：键号 0～15，若无键按下，返回 0xff
*************************************************************/
uchar Key Scan (void)
{
    uchar temp1, temp2, i, j;
    temp1 = 0x01;                   //扫描码置初值，首先扫描第 0 行
    if(!TestKey())                  //是否有按键按下
    {
        delay(10);                  //有，则延时 10ms
        if(!TestKey())              //确实有按键按下
        {                           //进行键值识别
            for(i = 0; i < 4; i++)  //扫描低 4 位
            {
                KeyPort = ~temp1;   //输出一行 0
                temp2 =KeyPort;     //读入数据
```

```
                if((temp2 & 0xf0) != 0xf0)      //如果此行有键按下
                {
                    for(j = 0; j < 4; j++)          //就扫描高4位
                        if(temp2==K_Tab[i][j]) //查表
                        {
                            while(!TestKey());  //查到了就等待按键释放
                            return    i * 4 + j;  //返回按键的键号
                        }
                }
                else temp1 <<=1;                //该行无键按下，扫描码移动1位，扫描下一行
            }
        }
        else    return 0xff;                    //无按键按下，返回0xff
    }
    else   return 0xff;                         //无按键按下，返回0xff
}

void main()
{
    uchar kk;
    P2=0;
    while(1)
    {
        kk= KeyScan();
        if(kk!=0xff)
            P2=kk;
    }
}
```

➢ 动手做一做

设计一个电路，显示按键的键号。按下按键后，在LED数码管上显示按键的键号。

任务二　CAT24C02的应用

一、I^2C总线简介

1. I^2C总线的主要特点

I^2C(Inter Integrated Circuit)总线是飞利浦公司于20世纪80年代开发的一种“电路板级”

的简单、双向二线制同步的串行总线结构。与其他串行接口相比，无论是硬件结构、组网方式、软件编程等方面都具有很大的不同。它只需要两根线即可在连接于总线上的器件之间传送信息。这种总线的主要特点有：

(1) 二线制结构，即双向的串行数据线(SDA)、串行时钟线(SCL)。总线上的所有器件其同名端都分别挂在 SDA、SCL 上。

(2) I^2C 总线上所有器件的 SDA、SCL 引脚的输出驱动都为漏极开路结构，通过外接上拉电阻实现总线上所有节点 SDA、SCL 信号电平的“线与”逻辑关系。这不仅可以将多个节点器件按同名端引脚直接挂在 SDA、SCL 上，还使 I^2C 总线具备了时钟同步，确保不同工作速度的器件同步工作。

(3) 系统中的所有外围器件都具有一个 7 位的“从器件专用地址码”，其中高 4 位为器件类型地址(由生产厂家制定)，低 3 位为器件引脚定义地址(由使用者定义)，主控器件通过地址码建立多机通信的机制。因此 I^2C 总线省去了外围器件的片选线，这样无论总线上挂接多少器件，其系统仍然为简约的二线制结构。

(4) I^2C 总线上的所有器件都具有“自动应答”功能，从而保证了数据交换的正确性。

(5) I^2C 总线系统具有“时钟同步”功能。利用 SCL 的“线与”逻辑协调不同器件之间的速度问题。

(6) 串行的数据传输位速率在标准模式下可达 100 kb/s，快速模式下可达 400 kb/s，高速模式下可达 3.4 Mb/s。

(7) 连接到同一总线的集成电路数只受 400 pF 的最大总线电容的限制。

2. I^2C 总线的系统结构

I^2C 总线是由数据线 SDA 和时钟线 SCL 构成的串行总线，各种采用 I^2C 总线标准的器件均并联在总线上，可以同时挂接多个器件，其结构如图 8-11 所示。

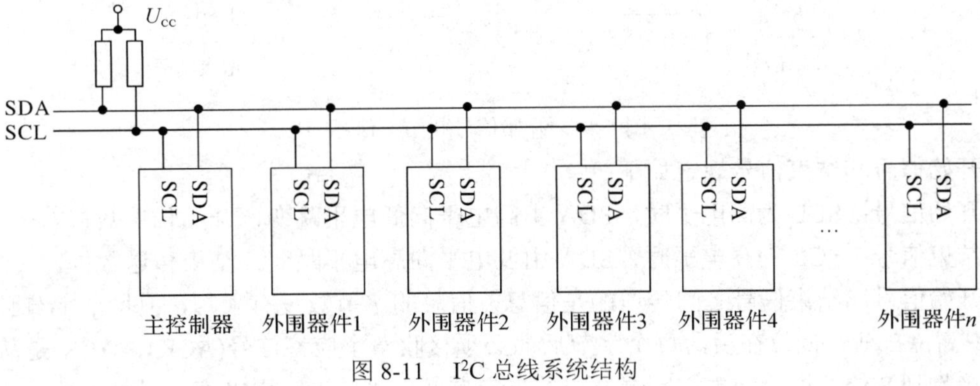

图 8-11　I^2C 总线系统结构

3. I^2C 总线接口内部结构

每一个 I^2C 总线器件内部的 SDA、SCL 引脚电路结构都是一样的，引脚的输出驱动与输入缓冲连在一起。其中输出驱动为漏极开路的场效应管，输入缓冲为一只高输入阻抗的同相器，如图 8-12 所示。这种电路具有两个特点：

(1) SDA、SCL 为漏极开路结构，借助于外部的上拉电阻实现了信号的“线与”逻辑。

(2) 引脚在输出信号的同时还将对引脚上的电平进行检测，检测是否与刚才输出一致。这为“时钟同步”和“总线仲裁”提供了硬件基础。

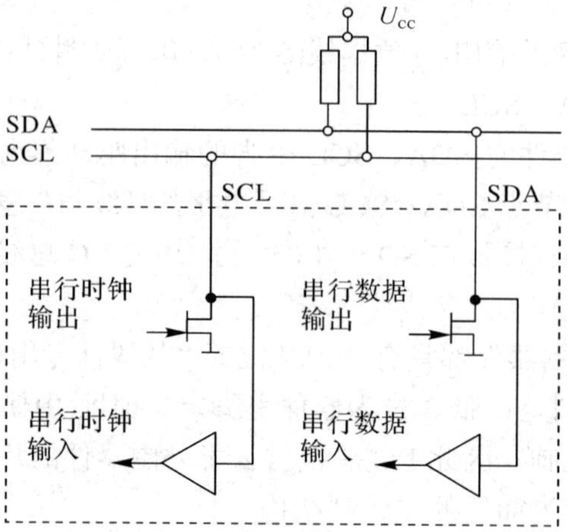

图 8-12　I²C 总线接口内部结构

4. I²C 总线信息传送

当 I²C 总线没有进行信息传送时，数据线(SDA)和时钟线(SCL)都为高电平。当主控制器向某个器件传送信息时，首先应向总线送开始信号，然后才能传送信息，当信息传送结束时应送结束信号，如图 8-13 所示。

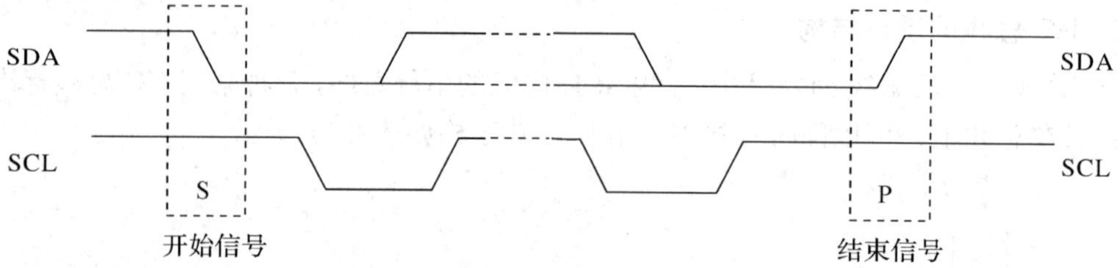

图 8-13　开始信号和结束信号

开始信号和结束信号规定如下：

开始信号：SCL 为高电平时，SDA 由高电平向低电平跳变，开始传送数据。

结束信号：SCL 为高电平时，SDA 由低电平向高电平跳变，结束传送数据。

开始信号和结束信号之间传送的是信息，信息的字节数没有限制，但每个字节必须为 8 位，高位在前，低位在后。每个字节后面必须接收一个应答信号(ACK)，ACK 是从控制器在接收到 8 位数据后向主控制器发出的特定的低电平脉冲，用以表示已收到数据。主控制器接收到应答信号(ACK)后，可根据实际情况作出是否继续传递信号的判断。若未收到 ACK，则判断为从控制器出现故障。

如果从机要完成一些其他功能(例如一个内部中断服务程序)才能接收或发送下一个完整的数据字节，可以使时钟线 SCL 保持低电平，迫使主机进入等待状态，当从机准备好接收下一个数据字节并释放时钟线 SCL 后数据传输继续。SCL 高电平期间，SDA 状态的改变已经被用来表示开始信号和结束信号，数据线 SDA 上每一位信息状态的改变只能发生在时钟线 SCL 为低电平期间。具体情况如图 8-14 所示。

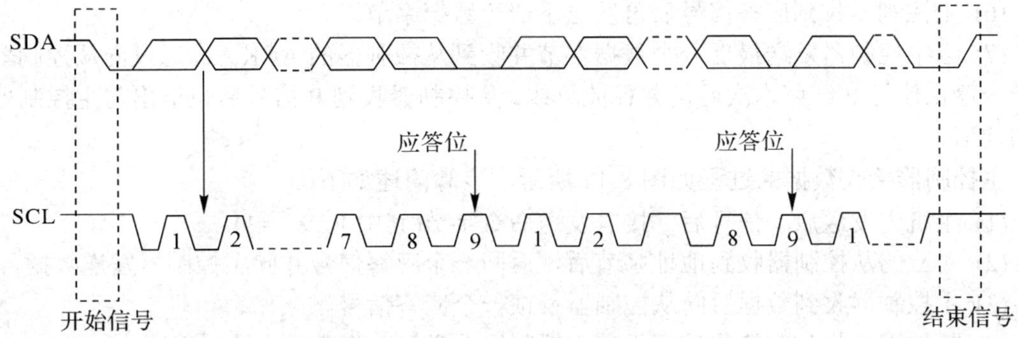

图 8-14　I²C 总线数据传输

主控制器每次传送的信息的第一个字节必须是器件地址码，第二个字节为器件单元地址，用于选择所操作的器件的内部单元，从第三个字节开始为传送的数据。I²C 器件地址码格式如图 8-15 所示。

D7	D6	D5	D4	D3	D2	D1	D0
器件类型识别码				片选			$R/\overline{W}$

图 8-15　I²C 器件地址码

图 8-16 中，高 4 位是器件类型识别码(不同类型的芯片具有不同的定义，EEPROM 一般为 1010)；接下来 3 位是同种类型的器件的选择位，这 3 位一般由器件的引脚状态决定，同种类型的器件最多接 8 个；最后一位是读写位，为 0 时表示主机会响应被选中的从机写信息，为 1 时表示主机会从从机读信息。

主控制器和从控制器之间可以进行数据传输。主控制器向从控制器发送数据的操作过程如图 8-16 所示。

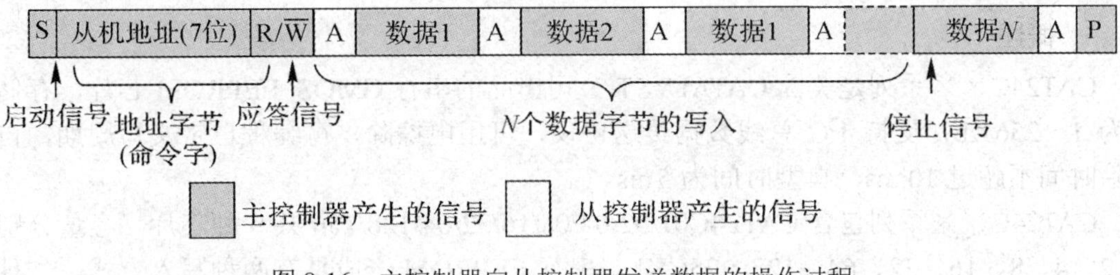

图 8-16　主控制器向从控制器发送数据的操作过程

具体步骤如下：

(1) 主控制器在检测到总线为“空闲状态”(即 SDA、SCL 线均为高电平)时，发送一个启动信号，开始一次通信。

(2) 主控制器接着发送一个命令字节，该字节由 7 位的外围器件地址和 1 位读写控制位 $R/\overline{W}$ 组成(此时 $R/\overline{W}=0$)。

(3) 对应的从控制器收到命令字节后向主控制器回馈应答信号 ACK(ACK=0)。

(4) 主控制器收到从控制器的应答信号后开始发送第一个字节的数据。

(5) 从控制器收到数据后返回一个应答信号 ACK。

(6) 主控制器收到应答信号后再发送下一个数据字节。

(7) 当主控制器发送最后一个数据字节并收到从控制器的 ACK 后，通过向从控制器发送一个停止信号 P 结束本次通信并释放总线。从控制器收到 P 信号后也退出与主控制器之间的通信。

主控制器接收数据的过程如图 8-17 所示，步骤简述如下：

(1) 主机先发送启动信号后，接着发送命令字节(其中 $R/\overline{W}=1$)。

(2) 对应的从控制器收到地址字节后，返回一个应答信号并向主控制器发送数据。

(3) 主控制器收到数据后向从控制器反馈一个应答信号。

(4) 从控制器收到应答信号后再向主控制器发送下一个数据。

(5) 当主控制器完成接收数据后，向从控制器发送一个"非应答信号(ACK=1)"，从控制器收到后便停止发送。

(6) 主控制器发送非应答信号后，再发送一个停止信号，释放总线结束通信。

主控制器所接收数据的数量由主控制器自身决定，当发送"非应答信号(/A)"时，从控制器结束传送并释放总线(非应答信号有两个作用：表示前一个数据接收成功；停止从机再次发送)。

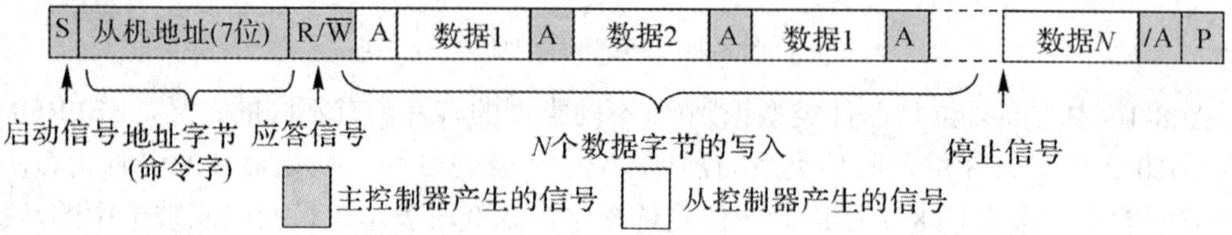

图 8-17 主控制器接收数据的操作过程

二、CAT24C××系列介绍

1. 概述

CAT24C××系列是美国 CATALYST 公司出品的串行 CMOS EEPROM 芯片，存储容量为 1～256Kb，支持 I^2C 总线数据传送协议，可用电擦除，可编程自定义写周期，自动擦除时间不超过 10 ms，典型时间为 5 ms。

CAT24C××系列包含 CAT24C01/02/04/08/16/32/64/128/256 共 9 种芯片，容量分别为 1、2、4、8、16、32、64、128、256 Kb。串行 EEPROM 一般具有两种写入方式，一种是字节写入方式，还有一种页写入方式。允许在一个写周期内同时对 1 个字节到 1 页的若干字节的编程写入，1 页的大小取决于芯片内页寄存器的大小。其中，CAT24C01 具有 8 字节数据的页面写能力，CAT24C02/04/08/16 具有 16 字节数据的页面写能力，CAT24C32/64 具有 32 字节数据的页面写能力，CAT24C128/256 具有 64 字节数据的页面写能力。

2. 引脚功能描述

图 8-18 所示为 CAT24C××的引脚图。

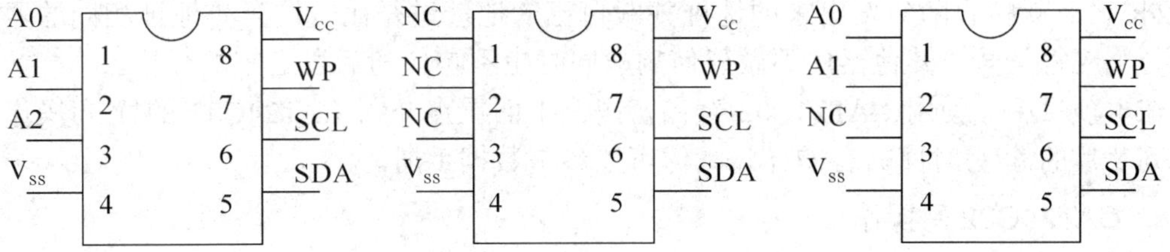

(a) CAT24C01/02/04/08/16/32/64　(b) CAT24C128　(c) CAT24C256

图 8-18　CAT24C××的引脚图

各引脚的功能如下：

SCL：串行时钟线。这是一个输入引脚，用于形成器件所有数据发送或接收的时钟。

SDA：串行数据/地址线。它是双向传输线，用于地址和所有数据的发送或接收。SDA 是漏极开路端，因此要求接一个上拉电阻到 V_{CC}(速率为 100 kHz 时电阻为 10 kΩ，400 kHz 时为 1 kΩ)。对于一般的数据传输，仅在 SCL 为低电平期间 SDA 才允许变化。SCL 为高电平期间，SDA 状态的变化用于表示开始信号(START)和结束信号(STOP)。

A0、A1、A2：器件地址输入端。这些输入端用于多个器件级联时设置器件地址，当这些脚悬空时，默认值为 0(CAT24C01 除外)。

WP：写保护。如果 WP 引脚连接到 V_{CC}，所有的内容都被写保护(只能读)。当 WP 引脚连接到 V_{SS} 或悬空，则允许对器件进行正常的读/写操作。

V_{CC}：电源线。

V_{SS}：地线。

3. CAT24C××的器件地址

CAT24C××的器件地址为 8 位，高 4 位固定为 1010，接下来的 3 位为器件的片选地址位或者作为存储器的页地址选择位，用来定义哪个器件以及器件的哪个部分被主控制器访问，具体如表 8-1 所示。

表 8-1　CAT24C××的器件地址

型　号	控制码	片　选	读/写	总线访问的器件
CAT24C01	1010	A2　A1　A0	1/0	最多 8 个
CAT24C02	1010	A2　A1　A0	1/0	最多 8 个
CAT24C04	1010	A2　A1　a8	1/0	最多 4 个
CAT24C08	1010	A2　a9　a8	1/0	最多 2 个
CAT24C16	1010	a10　a9　a8	1/0	最多 1 个
CAT24C32	1010	A2　A1　A0	1/0	最多 8 个
CAT24C64	1010	A2　A1　A0	1/0	最多 8 个
CAT24C128	1010	X　X　X	1/0	最多 1 个
CAT24C256	1010	0　A1　A0	1/0	最多 4 个

片选地址必须与硬件输入引脚 A2、A1、A0 相对应。器件地址最后一位是读写控制位，“1”表示对器件进行读操作，“0”表示对器件进行写操作。在主控制器发送开始信号后，

CAT24C××就接收随后发出来的地址并跟自己的地址进行比较，只有地址相同的器件才发送一个应答信号，其他器件不做任何响应同时也不响应随后发送来的数据。

在本项目中，使用 CAT24C02 存储密码。下面重点介绍 CAT24C02 的读/写操作，其他系列芯片的读/写时序略有差异，具体可以参考数据手册。

4. CAT24C02 写操作

CAT24WC02 的写操作有三种：一种是字节写，每次写一个字节；另一种是以页为单位写，每页长度为 64 字节；还有一种是写保护。下面对这三种操作进行说明。

1) 字节写

在字节写模式下，主器件发送开始命令给 CAT24C02，方法是当单片机的 I/O 口控制 SCL 为高电平时，向 SDA 端输出一个由高到低的电平跳变。CAT24C02 接收到这个信号后被单片机"唤醒"，开始工作。

单片机接着发送地址信息给从器件(8 位)，高 4 位固定(1010)，低 4 位是存储器的地址选择位(见表 8-1)。8 位器件地址信息的最低位为 $R/\overline{W}$，此位为 1 表示读操作，为 0 则表示写操作。

单片机将器件地址写到 CAT24C02 的 SDA 端后，CAT24C02 将返回一个确认信号 ACK (低电平，即图 8-19 中从左到右的第一个应答信号)，收到应答信号后，说明地址接收成功，单片机将要写入的数据地址发送到 CAT24C02，单片机收到从器件的应答信号后再送数据到相应的数据存储区地址，CAT24C02 再响应一个应答信号，单片机产生一个结束信号(方法是单片机的 I/O 口控制 SCL 为高电平时，向 SDA 端输出一个由高到低的电平跳变)，然后 CAT24C02 启动内部写周期，在内部写周期期间，CAT24C02 不再响应主器件任何请求。写操作时序如图 8-19 所示，每个方格代表 1 位二进制数据。

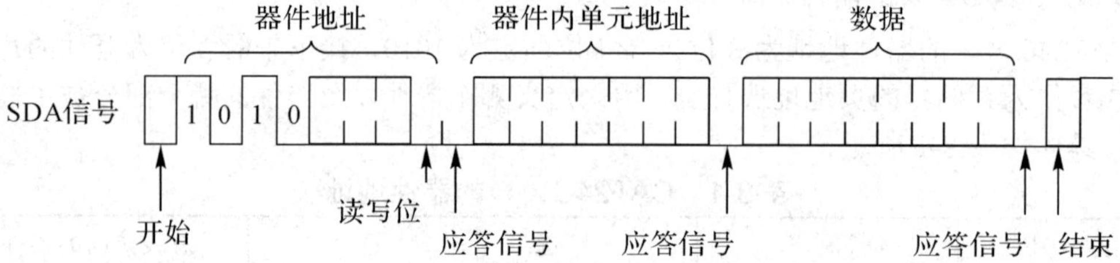

图 8-19　写操作时序图

2) 页写

在页写模式下，CAT24C02 一次可以写入 16 个字节数据。页写的启动模式和字节写相同，不同的是在主控制器发送了一个字节后并不产生结束信号，而是继续传送下一个字节。在接收到一页字节数据和主控制器发送的结束信号后，CAT24C02 启动内部写周期将数据写到数据区。页写操作时序如图 8-20 所示。

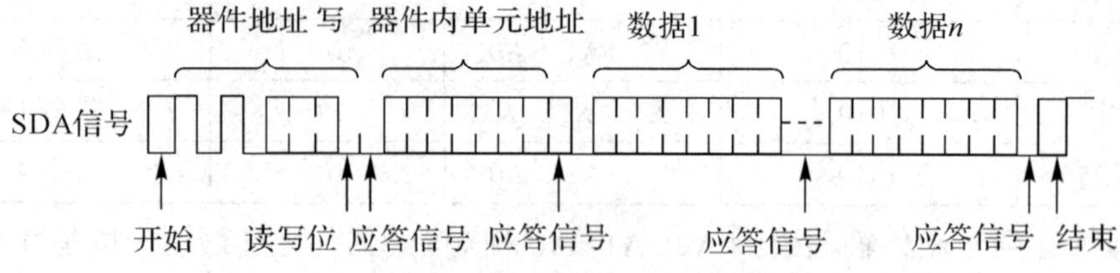

图 8-20　页写操作时序图

3) 写保护

写保护操作特性可使用户避免由于不当操作而造成对存储区域内部数据的改写，当WP引脚接高电平时，整个寄存器区全部被保护起来从而变为只可读取。

5. CAT24C02 读操作

CAT24C02 读操作的初始化方式和写操作一样，不过要将 R/$\overline{W}$ 位置 1。读操作有三种方式，即当前地址读、随机地址读、顺序地址读。

1) 当前地址读

CAT24C02 接收到从器件地址后(R/$\overline{W}$ 位置 1)，首先发送一个应答信号，然后将内部地址指针自动加 1，读取地址指针指向单元的数据并发送到总线上。如果上次读/写操作地址是 N，则此次读取的数据地址就是 $N+1$。主控制器在接收到数据后可以不发送应答信号，但是一定要发送结束信号。CAT24C02 当前地址读时序见图 8-21。

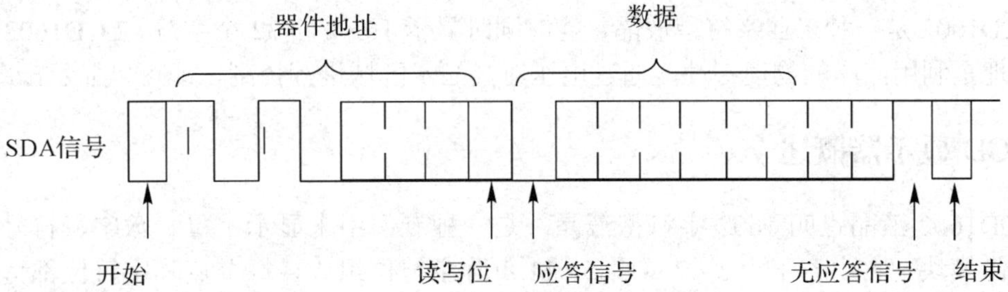

图 8-21　CAT24C02 当前地址读时序图

2) 随机地址读

随机地址读操作允许主控制器读 CAT24C02 的任意地址。主控制器首先发送开始信号、从器件地址(R/$\overline{W}$ 位置 0)和从器件内部地址执行一个伪写操作。在 CAT24C02 应答之后，主控制器重新发送开始信号和从器件地址，此时 R/$\overline{W}$ 位置 1，CAT24C02 响应并发送应答信号，然后输出所要求的一个字节数据，主控制器不发送应答信号但产生一个结束信号。CAT24C02 随机地址读时序见图 8-22。

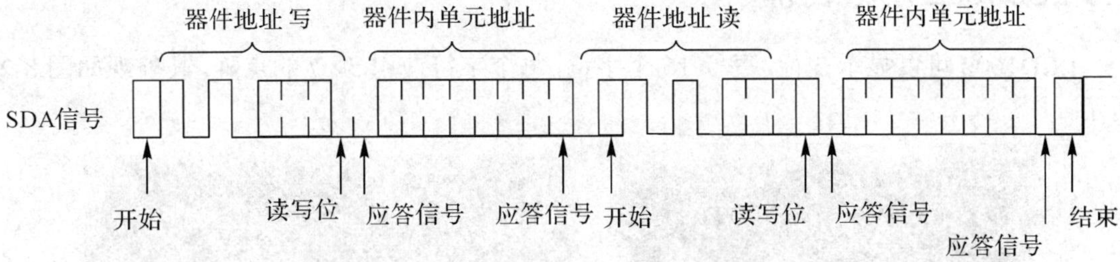

图 8-22　CAT24C02 随机地址读时序图

3) 顺序地址读

顺序读操作可通过当前地址读或者随机地址读操作启动。在 CAT24C02 发送完一个字节数据后，主控制器不产生结束信号，而是产生一个应答信号来响应，告知 CAT24C02 主控制器要求更多的数据，对应于主控制器产生的每个应答信号，因此 CAT24C02 将再次发送一个数据；当主控制器不再发送应答信号而发送结束信号时，结束此操作。CAT24C02

顺序地址读时序见图 8-23。

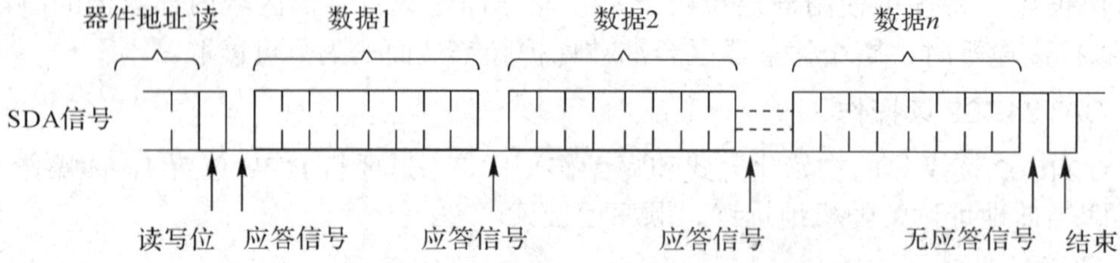

图 8-23　CAT24C02 顺序地址读时序图

任务三　液晶显示器 LCD1602 的应用

LCD1602 是一种工业字符型液晶，能够同时显示 16×2 即 32 个字符。LCD1602 液晶显示的原理是利用液晶的物理特性，通过电压对其显示区域进行控制，即可以显示出图形。

一、LCD 显示器概述

LCD1602 液晶也叫 1602 字符型液晶，是一种专门用来显示字母、数字、符号等的点阵型液晶模块。它由若干个 5×7 或者 5×11 点阵字符位组成，每个点阵字符位都可以显示一个字符，每位之间有一个点距的间隔，每行之间也有间隔，起到了字符间距和行间距的作用，正因为如此，它不能很好地显示图形。

1602 是指显示的内容为 16×2，即可以显示 2 行，每行 16 个字符，可以显示字符和数字。

目前市面上的字符型液晶大多数基于 HD44780 液晶芯片，其控制原理是完全相同的，因此 HD44780 的控制程序可以很方便地应用于市面上大部分的字符型液晶。

二、LCD1602 外观及引脚

LCD1602 可以显示 2 行，每行 16 个字符，每个字符使用 5×7 的点阵，其外观如图 8-24 所示。

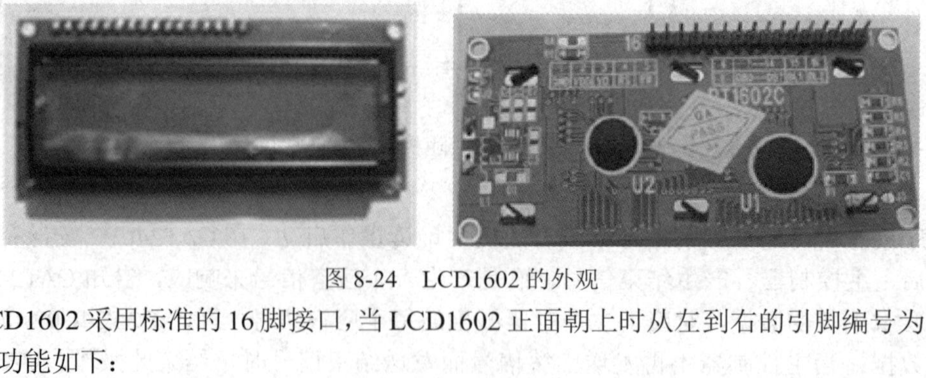

图 8-24　LCD1602 的外观

LCD1602 采用标准的 16 脚接口，当 LCD1602 正面朝上时从左到右的引脚编号为 1～16，各引脚功能如下：

第 1 脚：VSS，电源地。

第 2 脚：VDD，+5 V 电源。

第 3 脚：VEE，液晶显示器对比度调整端，接正电源时对比度最弱，接地电源时对比度最高(对比度过高时会产生“鬼影”，使用时可以通过一个 10 kΩ 的电位器调整对比度)。

第 4 脚：RS，数据/指令选择端，高电平时选择数据寄存器，低电平时选择指令寄存器。

第 5 脚：R/W，读/写选择端，高电平时进行读操作，低电平时进行写操作。当 RS 和 R/W 共同为低电平时可以写入指令或者显示地址，当 RS 为低电平、R/W 为高电平时可以读忙信号，当 RS 为高电平、R/W 为低电平时可以写入数据。

第 6 脚：E，使能端，当 E 端由高电平跳变成低电平时，液晶模块执行命令。

第 7～14 脚：D0～D7，8 位双向数据线。

第 15 脚：BLA，背光源正极。

第 16 脚：BLK，背光源负极。

三、LCD1602 的内部结构

液晶显示模块 LCD1602 的内部结构可以分成三部分：LCD 控制器、LCD 驱动器、LCD 显示装置，如图 8-25 所示。

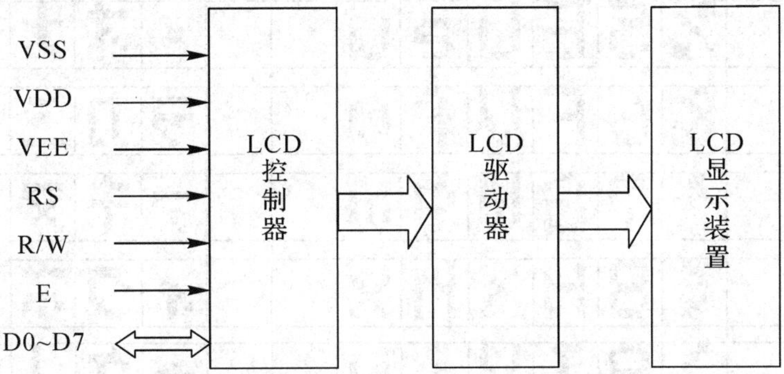

图 8-25　LCD1602 的内部结构

控制器采用的是 HD44780，驱动器采用的是 HD44100。

HD44780 有 80 个字节的显示缓冲区 DDRAM，用于寄存待显示的字符代码。DDRAM 分两行，地址分别为 00H～27H、40H～67H，它实际显示位置的排列顺序与 LCD 的型号有关，液晶显示模块 LCD1602 的显示地址与实际显示位置的关系如图 8-26 所示。

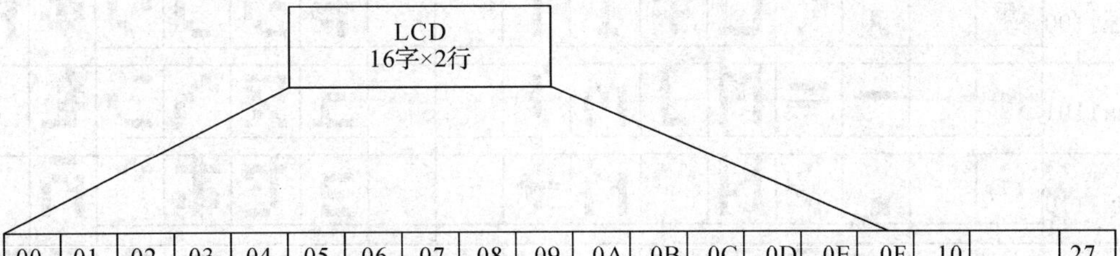

00	01	02	03	04	05	06	07	08	09	0A	0B	0C	0D	0E	0F	10	…	27
40	41	42	43	44	45	46	47	48	49	4A	4B	4C	4D	4E	4F	50	…	67

图 8-26　LCD1602 的显示地址与实际显示位置的关系

HD44780 设有一个内部地址指针 AC，用于指示当前要操作的 DDRAM 地址。如果想要在 RT-C1602C 屏幕的第一行第一列显示一个“A”，就要先设置 AC 的数值为 00H，然后向 DDRAM 中写入“A”的代码就行了。内部地址指针 AC 具有自动加 1 的功能，当向 DDRAM 写入数据后，AC 会自动加 1，并指向下一个地址。

HD44780 内部的字符发生存储器(ROM)已经存储了 160 个不同的点阵字符图形，如图 8-27 所示。

图 8-27　HD44780 内部字符编码

这些字符有阿拉伯数字、英文字母的大小写、常用的符号及日文假名等，每一个字符都有一个固定的代码。比如数字“1”的代码是 00110001B(31H)，又如大写的英文字母“A”的代码是 01000001B(41H)，可以看出，英文字母的代码与 ASCII 编码相同。若要显示“1”，只需将 ASCII 码 31H 存入 DDRAM 指定位置，显示模块将在相应的位置把数字“1”的点阵字符图形显示出来，我们就能看到数字“1”了。

LCD 控制器 HD44780 内有多个寄存器，通过 RS 和 R/W 引脚共同决定选择哪一个寄存器，选择情况见表 8-2。

表 8-2　HD44780 内部寄存器选择

RS	R/W	E	寄存器及操作	D7～D0
0	0	下降沿	指令寄存器写入	指令码
0	1	1	忙标志和地址计数器读出	状态字
1	0	下降沿	数据寄存器写入	数据
1	1	1	数据寄存器读出	数据

四、LCD1602 读/写操作

对 LCD1602 的操作有读操作和写操作两种，操作过程分别叙述如下：

(1) 读操作。单片机要对 LCD1602 进行读操作时，首先使 R/W=1，然后根据读指令寄存器还是数据寄存器置 RS 为“0”或者“1”。当 E=1 时，LCD1602 就将数据送到端口 D7～D0，这时单片机就可以读取数据，读取完毕，置 E=0，关 LCD1602 使能。读操作时序如图 8-28 所示。

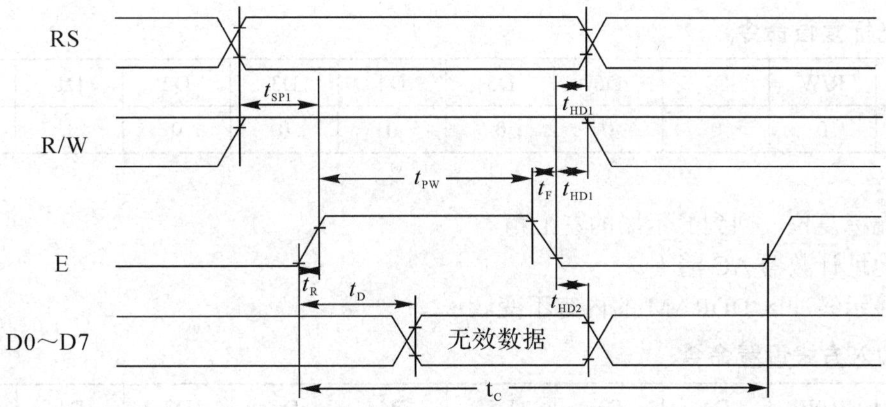

图 8-28　读操作时序图

(2) 写操作。单片机要对 LCD1602 进行写操作时，首先使 R/W=0，然后根据写指令寄存器还是数据寄存器置 RS 为“0”或者“1”，接着单片机把要写的数据送到端口上。当 E 从 1 变到 0 时，LCD1602 就把数据从端口 D7～D0 送入内部，完成了数据写过程。写操作时序如图 8-29 所示。

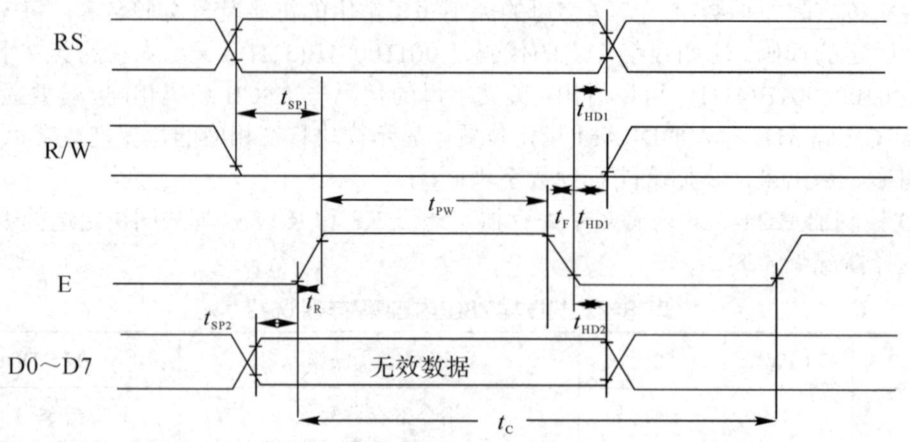

图 8-29　写操作时序图

五、LCD1602 操作指令

LCD1602 总共有 11 条指令，它们的格式和功能如下。

1. 清屏指令

RS	R/W	D7	D6	D5	D4	D3	D2	D1	D0
0	0	0	0	0	0	0	0	0	1

功能：

- 清除屏幕，将显示缓冲区 DDRAM 的内容全部写入空格(ASCII 码值为 20H)。
- 光标复位，回到显示器的左上角。
- 地址计数器 AC 清零。

2. 光标复位命令

RS	R/W	D7	D6	D5	D4	D3	D2	D1	D0
0	0	0	0	0	0	0	0	1	0

功能：

- 光标复位，回到显示器的左上角。
- 地址计数器 AC 清零。
- 显示缓冲区 DDRAM 的内容不变。

3. 输入方式设置命令

RS	R/W	D7	D6	D5	D4	D3	D2	D1	D0
0	0	0	0	0	0	0	1	I/D	S

功能：

- 设定当写入一个字节后，光标的移动方向以及后面的内容是否移动。
- I/D＝1，光标从左向右移动；I/D＝0，光标从右向左移动。
- S＝1，内容移动；S＝0，内容不移动。

4. 显示开关控制命令

RS	R/W	D7	D6	D5	D4	D3	D2	D1	D0
0	0	0	0	0	0	1	D	C	B

功能：

- 控制显示的开关，D=1，显示；D=0，不显示。
- 控制光标开关，C=1，光标显示；C=0，光标不显示。
- 控制字符是否闪烁，B=1，字符闪烁；B=0，字符不闪烁。

5. 光标移位命令

RS	R/W	D7	D6	D5	D4	D3	D2	D1	D0
0	0	0	0	0	1	S/C	R/L	*	*

功能：

- 移动光标或整个显示字幕移位。
- S/C=1，整个显示字幕移位；S/C=0，只光标移位。
- R/L=1，光标右移；R/L=0，光标左移。

6. 功能设置命令

RS	R/W	D7	D6	D5	D4	D3	D2	D1	D0
0	0	0	0	1	DL	N	F	*	*

功能：

- 设置数据位数，DL=1，数据位为 8 位；DL=0，数据位为 4 位。
- 设置显示行数，N=1，双行显示；N=0，单行显示。
- 设置字形大小，F=1，5×10 点阵；F=0，5×7 点阵。

7. 设置字库 CGRAM 地址命令

RS	R/W	D7	D6	D5	D4	D3	D2	D1	D0
0	0	0	1	CGRAM 的地址					

8. 读忙标志及地址计数器 AC 命令

RS	R/W	D7	D6	D5	D4	D3	D2	D1	D0
0	1	BF	AC 的值	CGRAM 的地址					

功能：读忙标志及地址计数器 AC。当 BF=1 时表示忙，这时不能接收命令和数据；BF=0 时表示不忙。低 7 位为读出的 AC 的地址，值为 0～127。

9. 写 DDRAM 或 CGRAM 命令

RS	R/W	D7	D6	D5	D4	D3	D2	D1	D0
1	0	写入的数据							

功能：向 DDRAM 或 CGRAM 当前位置中写入数据。对 DDRAM 或 CGRAM 写入数据之前需设定 DDRAM 或 CGRAM 的地址。

10. 读 DDRAM 或 CGRAM 命令

RS	R/W	D7	D6	D5	D4	D3	D2	D1	D0
1	1	读出的数据							

功能：从 DDRAM 或 CGRAM 当前位置中读取数据。当 DDRAM 或 CGRAM 读出数据时，需先设定 DDRAM 或 CGRAM 的地址。

六、LCD1602 与单片机接口

1. LCD1602 的初始化

在使用 LCD 之前需对它进行初始化，初始化可通过复位完成，也可在复位后完成。初始化过程如下：

(1) 清屏。

(2) 功能设置。

(3) 开/关显示设置。

(4) 输入方式设置。

2. 单片机控制 LCD1602 显示字符

【例 8-3】 图 8-30 是 LCD 显示器与 8051 单片机的接口。图中，LCD1602 的数据线与 AT89C51 的 P3 口相连，RS 与 8051 的 P2.0 相连，R/W 与 8051 的 P2.1 相连，E 端与 8051 的 P2.2 相连。编程实现在 LCD 显示器第一行显示“Welcome”，第二行显示“Happy day”。

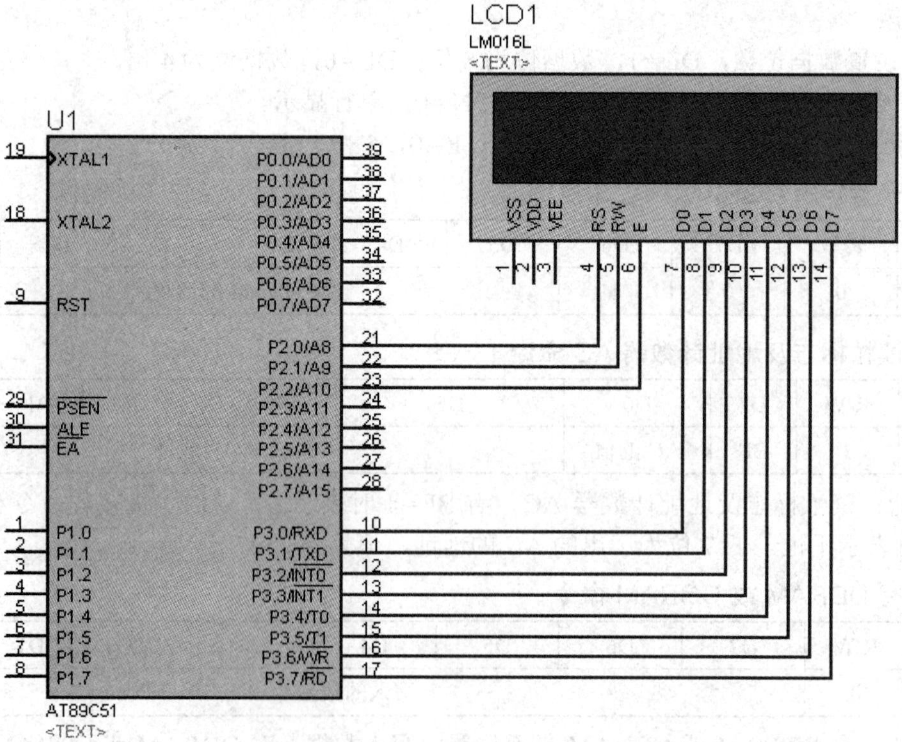

图 8-30 LCD1602 与单片机接口

程序如下：

```
#include <reg52.h>
#define uint8 unsigned char
#define uint16 unsigned int
#define uint32 unsigned long
#define    LCD_PORT    P3
sbit       lcd1602_rs=P2^0;
sbit       lcd1602_rw=P2^1;
sbit       lcd1602_e=P2^2;

unsigned char lcd0[16]=" Welcome ";
unsigned char lcd1[16]=" Happy day ";
void delay_nms(uint16 ms)           //ms=1，延时 1 ms
{
    uint16 i,j;
    for(i=0; i<ms; i++)
        for(j=0; j<110; j++);
}
/*****************************************************************
功能描述：LCD 写命令
隶属模块：LCD
函数属性：外部，供用户使用
参数说明：com    待写命令
返回说明：无外部，供用户使用
注：无
 *****************************************************************/
void lcd_com(uint8    com)
{
    lcd1602_rs=0;
    lcd1602_rw=0;
    LCD_PORT=com;
    lcd1602_e=1;
    delay_nms(1);
    lcd1602_e=0;
}
/*****************************************************************
功能描述：LCD 写数据
隶属模块：LCD
函数属性：外部，供用户使用
```

```
参数说明：dat   待写数据
返回说明：无
注：无
 *****************************************************************/
void lcd_dat(uint8 dat)
{
   lcd1602_rs=1;
   lcd1602_rw=0;
   LCD_PORT=dat;
   lcd1602_e=1;
   delay_nms(1);
   lcd1602_e=0;
}
/*****************************************************************
  功能描述：初始化 LCD
  隶属模块：LCD
  函数属性：外部，供用户使用
  参数说明：无
  返回说明：无
  注：无
 *****************************************************************/
void lcd_init(void)
{
   lcd_com(0x38);   delay_nms(5);
   lcd_com(0x0c);   delay_nms(5);
   lcd_com(0x06);   delay_nms(5);
   lcd_com(0x01);   delay_nms(5);
}
void main()
{
   unsigned char i,j;
   lcd_init();
   delay_nms(5);
   lcd_com(0x80+0);
   for(i=0; i<16; i++ )
   {
       delay_nms(5);
       lcd_dat(lcd0[i]);
   }
```

```
        lcd_com(0x0f);
        delay_nms(5);
        lcd_com(0x80+0x40);
        for(i=0; i<5; i++ )
        {
            delay_nms(5);
            lcd_dat(lcd1[i]);
        }
        while(1);
    }
```

任务四　继电器与单片机接口电路设计

单片机所用的电压是+5 V，而某些外部设备的电压是 12 V、24 V，甚至是高压的交流电，这样便无法直接使用单片机输出信号控制这些外部设备。单片机需要使用继电器达到控制高电压、大电流、高功率设备的目的。

一、继电器结构

继电器是具有隔离功能的自动开关元件，广泛应用于遥控、遥测、通信、自动控制、机电一体化及电力电子设备中，是最重要的控制元件之一。

继电器一般都有能反映一定输入变量(如电流、电压、功率、阻抗、频率、温度、压力、速度、光等)的感应机构(输入部分)；有能对被控电路实现“通”“断”控制的执行机构(输出部分)；在继电器的输入部分和输出部分之间，还有对输入量进行耦合隔离、功能处理和对输出部分进行驱动的中间机构(驱动部分)。

作为控制元件，概括起来讲，继电器有如下几种作用：

(1) 扩大控制范围，例如，多触点继电器控制信号达到某一定值时，可以按触点组的不同形式，同时换接、开断、接通多路电路。

(2) 放大，例如，灵敏型继电器、中间继电器等可以用一个很微小的控制量控制很大功率的电路。

(3) 综合信号，例如，当多个控制信号按规定的形式输入多绕组继电器时，经过综合比较达到预定的控制效果。

(4) 自动、遥控、监测，例如，自动装置上的继电器与其他电器一起，可以组成程序控制线路，从而实现自动化运行。

按继电器的工作原理或结构特征，它可以分为电磁继电器、固体继电器、温度继电器、时间继电器、高频继电器、极化继电器、光继电器、声继电器、热继电器、仪表式继电器、霍尔效应继电器及差动继电器等。

图 8-31 所示是电磁继电器内部结构，下面以此为例讲解继电器实现用低电流、低电压控制高电流、高电压设备的方法。

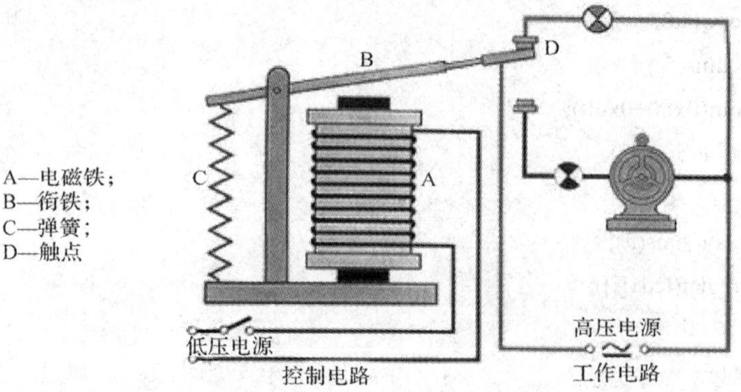

图 8-31　电磁继电器内部结构

电磁继电器一般由铁芯、线圈、衔铁、触点簧片等组成。只要在线圈两端加上一定的电压，线圈中就会流过一定的电流，从而产生电磁效应，衔铁就会在电磁力吸引的作用下克服返回弹簧的拉力吸向铁芯，从而带动衔铁的动触点与静触点(常开触点)吸合。当线圈断电后，电磁的吸力也随之消失，衔铁就会在弹簧的反作用力下返回原来的位置，使动触点与原来的静触点(常闭触点)释放。这样吸合、释放，从而实现了电路导通、切断的目的。

对于继电器的常开、常闭触点，可以这样来区分：继电器线圈未通电时处于断开状态的静触点，称为常开触点；处于接通状态的静触点称为常闭触点。继电器一般有两股电路，为低压控制电路和高压工作电路。

二、单片机控制继电器

单片机端口的输出电压为+5 V，电流为 10 mA，并不足以直接驱动继电器工作，所以单片机要控制继电器一般都会加驱动芯片。ULN2003 是高耐压、大电流复合晶体管阵列，由七个硅 NPN 复合晶体管(达林顿管)组成，每一对达林顿管都串联一个 2.7 kΩ 的基极电阻，在 5 V 的工作电压下它能与 TTL 和 CMOS 电路直接相连，其输出电流可以达到 500 mA，所以它具有很强的功率输出能力，能够驱动继电器。ULN2003 的引脚排列如图 8-32 所示。

ULN2003 采用 DIP16 封装，使用非常简单，引脚 8 接地，引脚 9 接电源，引脚 1～7(IN1～IN7)接单片机端口，引脚 16～10(OUT1～OUT7)接继电器、步进电机等。

输入和输出是反相的，即 IN1 输入高电平，则 OUT1 输出低电平；IN1 输入低电平，OUT1 则输出高电平。

引脚 9 可以接+12 V 或者+5 V 电源，在单片机开发板上使用，可以直接使用+5 V 电源，不需要额外使用其他电源。

利用 ULN2003 驱动继电器的电路如图 8-33 所示。

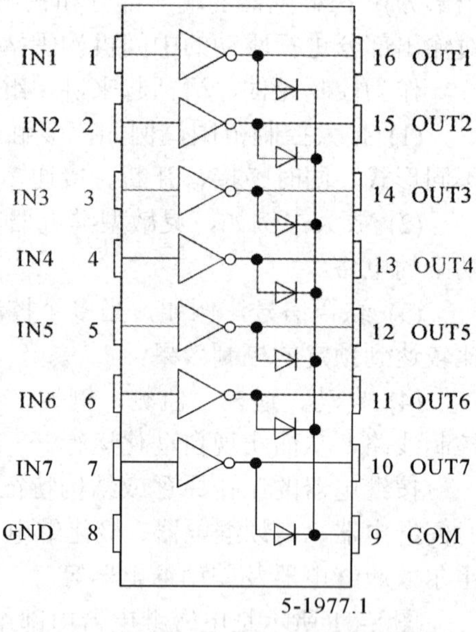

图 8-32　ULN2003 引脚排列

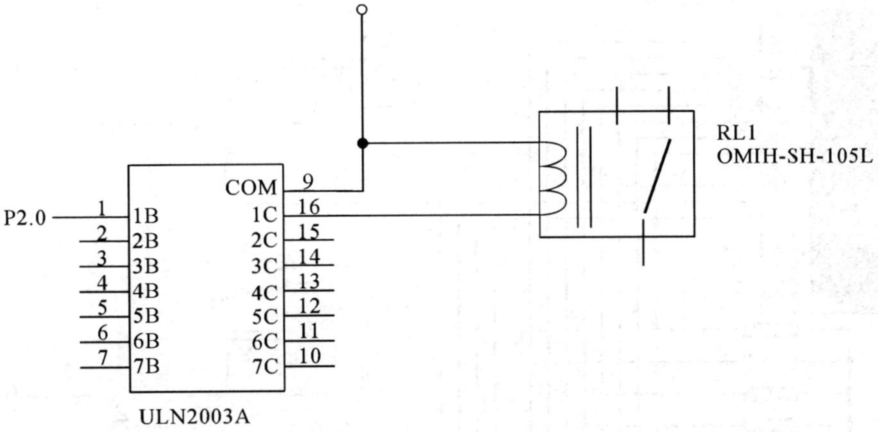

图 8-33 单片机驱动继电器

继电器的驱动电压有+5 V、+12 V 或+24 V 等，在图 8-33 中，使用+5 V 电压驱动继电器。

任务五 项 目 实 施

一、电子密码锁原理分析

本任务设计了一个简单的电子密码锁，用于保密性不是很高的住宅门锁。该密码锁能够在输入正确的密码时打开门；输入错误，则报警。我们采用 AT89C51 作为主控芯片，包括键盘、密码存储电路、显示电路、声音报警电路、开锁电路等几部分。电子密码锁的硬件结构如图 8-34 所示。

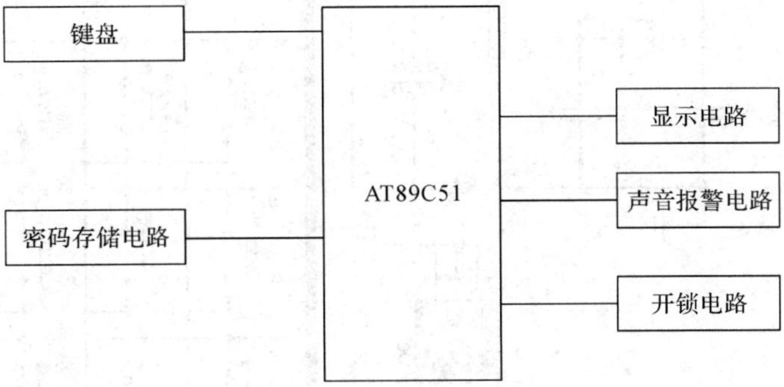

图 8-34 电子密码锁硬件结构

二、电子密码锁硬件仿真图设计

电子密码锁硬件仿真电路如图 8-35 所示。采用 AT89C51 作为主控芯片，使用一个 4×4 的矩阵式键盘实现密码输入和修改功能，利用串行存储芯片 CAT24C02 存储密码，通过液晶 LCD1602 显示必要的信息，利用扬声器来实现声音报警，利用继电器开关门锁。

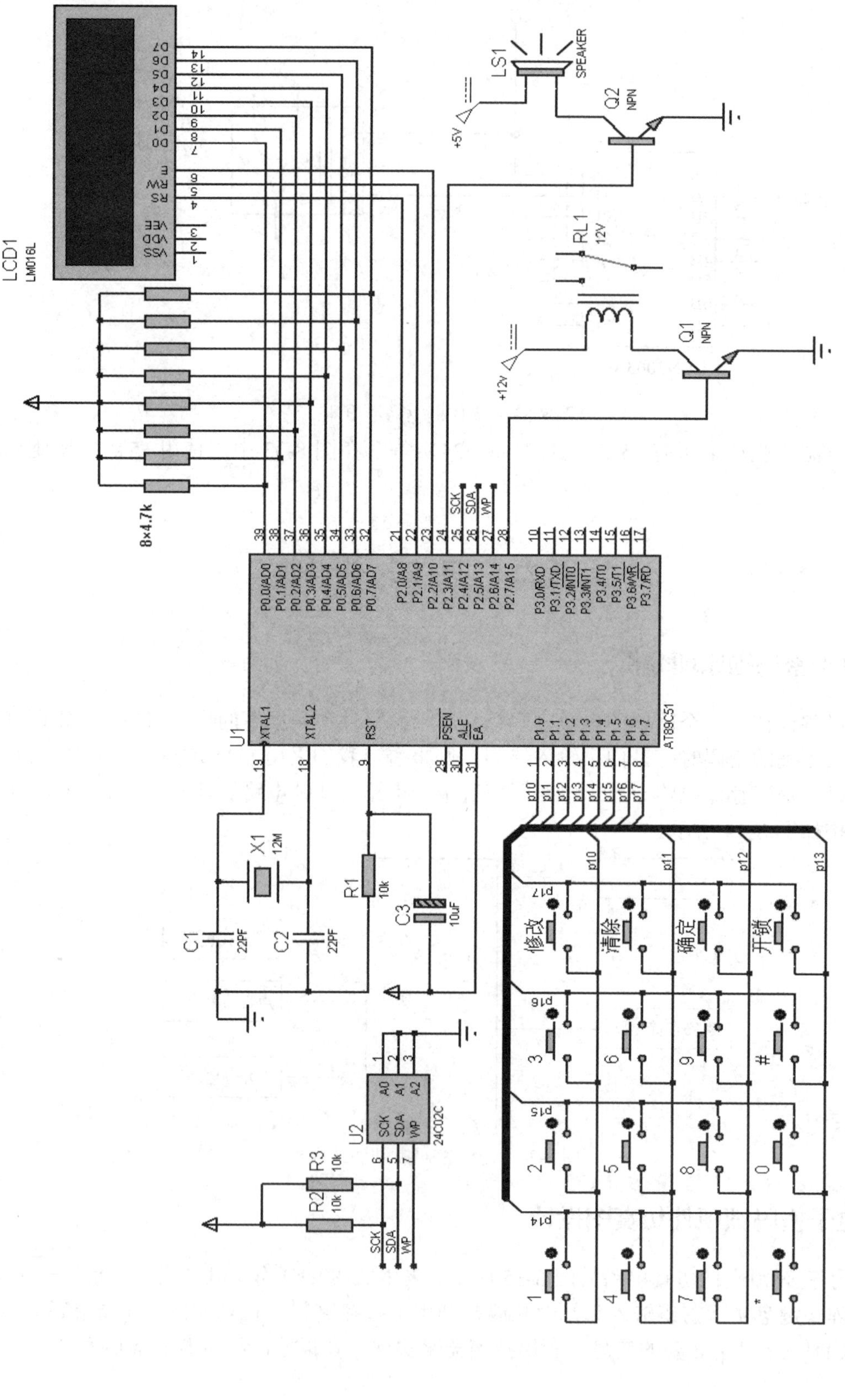

图 8-35　电子密码锁硬件仿真电路图

三、电子密码锁程序设计

1. 程序设计思路

电子密码锁在上电之后首先进行初始化操作，设置初始密码并初始化液晶显示器，然后就开始正常工作。正常工作时检测键盘，根据按键的不同执行不同的操作。主函数及各个模块的流程图如图 8-36 至图 8-39 所示。

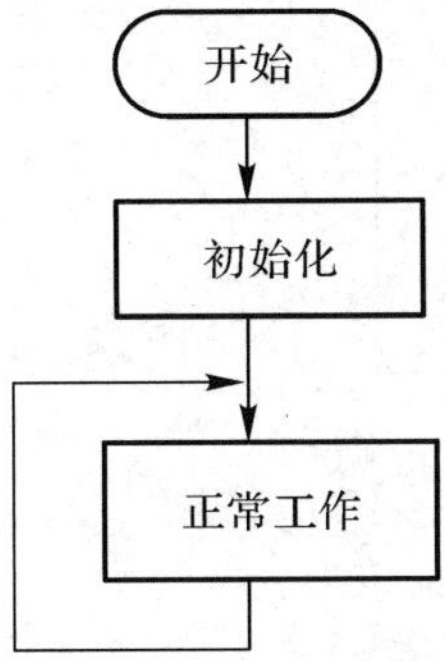

图 8-36　主函数流程图

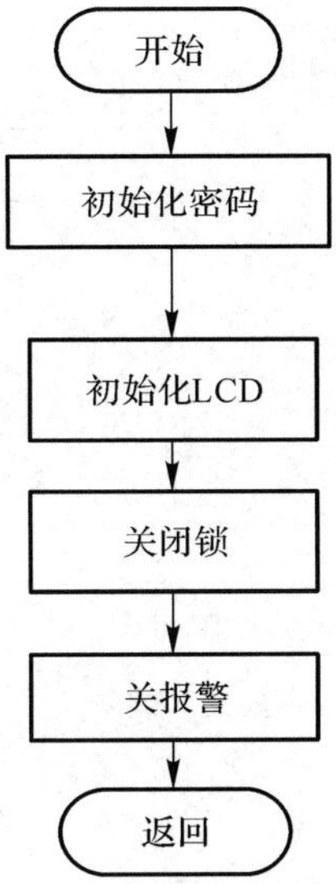

图 8-37　初始化流程图

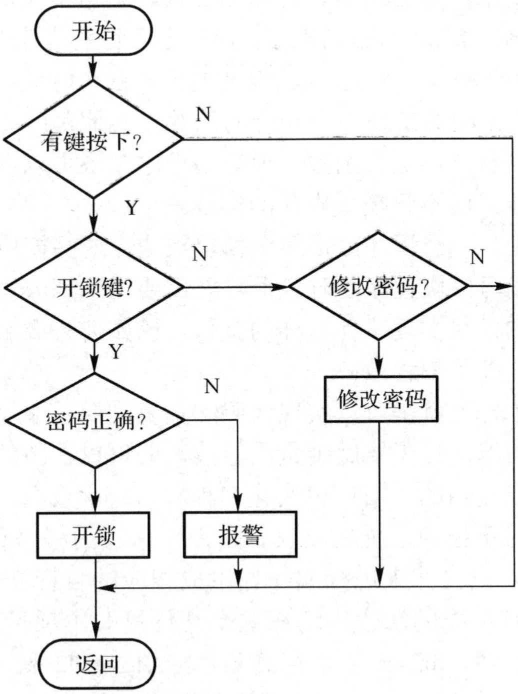

图 8-38　正常工作流程图

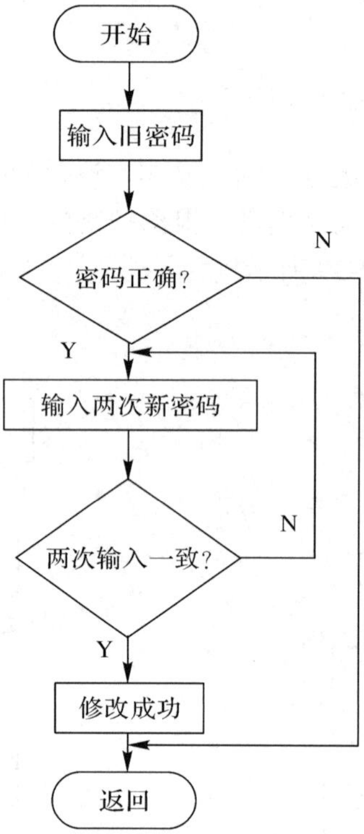

图 8-39　修改密码流程图

2. 程序编写

本程序的结构比较复杂，有主函数、初始化函数、正常工作函数以及修改密码函数，加上键盘、LCD1602、CAT24C02 的驱动程序，几百上千行的程序若写在同一个 C 文件里，会使得程序结构混乱、可读性差、程序调试难度加大。这个时候可以采用模块化编程。

Keil C51 中的模块就是能够实现一个功能的函数。其他程序要实现此功能，只需要调用这个函数即可，不需要自己再定义函数。理想的程序模块可以看成一个黑盒子，我们只需要关心模块提供的功能，而不管模块内部的实现细节。

在大规模程序开发中，一个程序由很多个模块组成，这些模块的编写任务会被分配给不同的人。而每个人在编写模块程序的时候很可能需要用到别人写好的模块的接口，这个时候需要关心的是别人的模块实现了什么样的接口，该如何去调用，不需要过多地关注模块内部是如何组织的，提高了编程效率。

模块化编程的另一个好处就是可以实现代码的重复利用，编写好一个模块后，如果其他程序里需要用到这个功能，只需要做少量的修改，就可以在新的程序中使用。据统计，大约有 80%的代码是可以复用的，所以模块化编程非常有必要。

C 语言源文件里有对于模块功能的定义，因为平常写的程序代码几乎都在这个 XX.c 文件里面，编译器也是以此文件来进行编译并生成相应的目标文件。作为模块化编程的组成基础，要实现的所有功能的源代码均在这个文件里。本项目里用到了多个源文件，main.c 是主函数所在的文件，at24xx.c 是存储芯片 CAT24C02 驱动程序文件，iic.c 是 I^2C 总线驱动程序文件，lcd.c 是液晶 LCD1602 驱动程序文件，my_sys.c 是延时函数程序文件，key.c 是键盘按键识别程序文件，password.c 是密码识别程序文件。项目文件如图 8-40 所示。

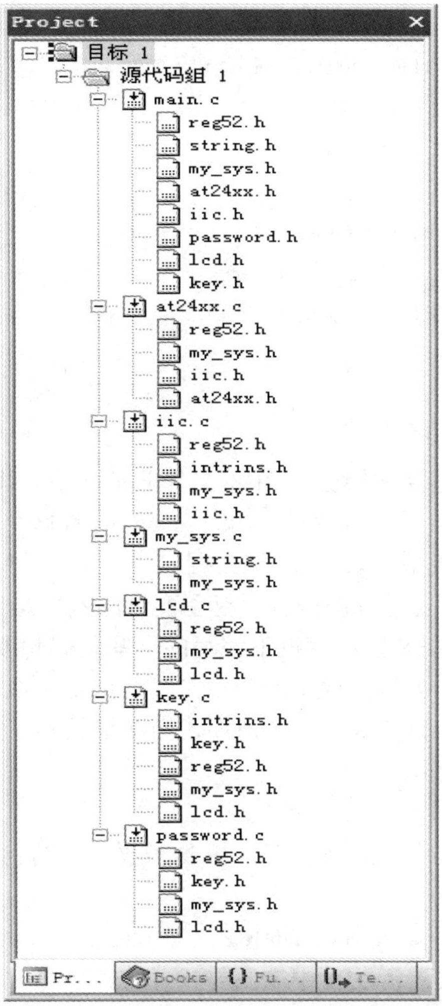

图 8-40 Keil C 项目文件

若源程序比较多，需要使用多文件编译，也就是工程编译。在这样一个系统中，往往有多个 C 文件，而且每个 C 文件的作用不尽相同。在每个源文件里，如果需要调用其他文件中写的函数，就必须告诉编译器当前调用的函数在其他文件中。需要用 C 语言关键字 extern 对被调用的函数原型进行声明，如果需要调用的外部函数非常多，可以把这些用 extern 声明的函数写在一个头文件 *.h 里面，然后包含该文件，就不需要每次都逐个对函数进行声明了。

本项目中，对于每个模块都写了一个头文件，at24xx.h 是存储芯片 CAT24C02 驱动程序头文件，iic.h 是 I^2C 总线驱动程序头文件，lcd.h 是液晶 LCD1602 驱动程序头文件，my_sys.h 是延时函数程序头文件，key.h 是键盘按键识别程序头文件，password.h 是密码识别程序头文件。这样写，可以很清晰地分辨各个头文件的作用。

接下来用 my_sys.h 说明头文件的写法。

先看本项目中的 my_sys.h 文件内容：

```
#ifndef ___MY_SYS_h
#define ___MY_SYS_h

typedef    unsigned char   uint8;   //重新定义数据类型
typedef    unsigned    int    uint16;
typedef    unsigned    long    uint32;

extern void delay_nms(uint16 ms);
extern void u32tostr(uint32 dat, char *str);
extern uint32 strtou32(char *str);

#endif
```

几点说明：

· typedef：重新定义数据类型。在本文件的定义中，我们用 uint8 来代替 unsign char 数据类型，表示 8 位数据；用 uint16 代替 unsigned int 数据类型，表示 16 位数据，用 uint32 代替 unsigned long 数据类型，表示 32 位数据。

用 51 单片机的 C 语言进行编程时，整型变量的范围是 16 位，而 32 位微处理的整型变量是 32 位。倘若我们在 8 位单片机下编写的一些代码想要移植到 32 位处理器上，那么很可能需要在源文件中到处修改变量的类型定义。这是一项庞杂的工作。为了增强程序的可移植性，一开始，就应该养成良好的习惯，用变量的别名进行定义。如在 8 位单片机的平台下，有如下变量定义：

```
uint16   ms=0;
```

如果移植到 32 位单片机的平台下，想要其数据依旧为 16 位，可以直接修改 uint16 的定义，即

```
typedef   unsigned   short   int   uint16;
```

这样就可以了，而不需要在源文件中来回寻找并修改。

· extern：声明外部函数。我们把 my_sys.c 文件中的函数都用 extern 声明为外部函数，这样在需要使用这些函数的文件中，只需要加一条“#include<my_sys.h>”就可以一次性声明这些文件了，不需要单独进行声明。

· 防止重复定义。

```
#ifndef ___MY_SYS_h
#define ___MY_SYS_h

#endif
```

以上是一段条件编译和宏定义文字，用于防止重复定义。假如有两个不同的源文件都需要调用 void delay_nms(uint16 ms)函数，它们分别通过“#include <my_sys.h>”把这个头文件包含进去。在对第一个源文件进行编译时，由于没有定义过___MY_SYS_h，因此“#ifndef ___MY_SYS_h”条件成立，于是定义___MY_SYS_h 并将下面的声明包含进去。在对第二个文件进行编译时，由于第一个文件包含的时候，已经将___MY_SYS_h 定义过

了，因此“#ifndef___MY_SYS_h”不成立，整个头文件内容就没有被包含。假设没有这样的条件编译语句，那么两个文件都包含了“extern void delay_nms(uint16 ms);”就会引起重复定义的错误。

本项目的源程序见附录一。

项目八源程序

四、电子密码锁仿真调试

将电子密码锁的 C 程序文件加入项目中，编译并调试生成 HEX 文件。在 Proteus 电路图上加载生成的 HEX 文件，开始进行仿真。首先观察 LCD1602 上显示的信息，然后用矩阵键盘输入初始密码“0000”，观察继电器是否打开，再任意输入一个错误的密码，观察继电器是否打开，蜂鸣器是否报警。

项 目 小 结

本项目设计了一个电子密码锁，使用键盘输入密码，液晶 LCD1602 显示信息，串行存储芯片 CAT24C02 存储密码，继电器开启门锁。这是一个综合项目，涉及的外围器件较多，C 语言程序长达数千行，采用多文件编译才能完成。

按键是向单片机输入数据的主要方式。通过外围电路，松开和按下按键会产生高低电平，单片机通过检测高低电平就可以知道按键是否按下。多个按键可以构成矩阵键盘，矩阵键盘用 I/O 线组成行、列结构，按键设置在行和列的交叉点上，当按下按键时，对应的行线和列线就接通了。利用合适的方法可以判断出哪个按键被按下。

CAT24C××系列是一种 CMOS EEPROM 芯片，可以用来存储数据，可用电擦除。该芯片支持 I^2C 总线数据传送协议，跟单片机的接口非常简单，只需要两根控制线即可工作，非常节约单片机的 I/O 接口线。

液晶是一种显示设备，可实现单片机信息的显示。LCD1602 液晶是专门用来显示字母、数字、符号等的点阵型液晶模块，可以显示两行，每行 16 个字符(显示字符和数字)。

继电器是具有隔离功能的自动开关元件，单片机需要使用继电器达到控制高电压、大电流、高功率设备的目的。

➢ 动手做一做

在 LCD1602 上显示流动的字符。一串字符从左到右流动显示，从左边进入，从右边流出。

项 目 练 习

一、选择题

1. 下面的按键中，(　　)按键带有自锁功能，可以用作电源开关。

A. 弹性小按键　　B. 贴片式小按键

C. 自锁式按键　　D. 以上都可以

2. 在图 8-2 中，若有定时“sbit key=P1^1;”，使用(　　)语句可以判断按键是否被按下。

A. if(key=0)　　B. if(key==1)

C. if(key==0)　　D. if(key!=0)

二、填空题

1. 常用的按键有______、______、______。

2. 按键是一个机械式开关，开关闭合时不会马上稳定地接通，开关断开时也不会立即断开，在按键被按下或松开的瞬间，其输出电压会产生波动，称为键的______。

3. 单片机消抖方法有两种：______和______。

4. 抖动的时间长短由按键的机械特性决定，一般为______。

三、简答题

1. 简述 I^2C 总线的特点。

2. 简述 CAT24C02 的读/写过程。

四、编程题

1. 编写一段 CAT24C02 芯片的初始化程序，把芯片内部数据的初始值全部置为 AAH。

2. 利用独立式键盘和 LCD1602 编写一个计时程序，按键功能分别为开始、暂停、结束，计时数值用 LCD1602 显示。

项目九　设计制作温度显示报警器

【能力目标】

(1) 掌握 DS18B20 温度传感器芯片的使用方法及编程思路。

(2) 掌握蜂鸣器与单片机的连接方式及编程思路。

【项目要求】

用 DS18B20 采集温度信息，并用数码管显示温度。在程序中设置温度范围，若温度超过上限或低于下限，蜂鸣器发出警报声。

任务一　温度传感器 DS18B20 的工作原理及应用

一、DS18B20 简介

DS18B20 是美国 DALLAS 公司生产的单总线数字温度传感器芯片，CPU 只需一根端口线就能与诸多 DS18B20 通信，占用微处理器的端口较少。DS18B20 可广泛用于工业、民用、军事等领域的温度测量及控制仪器、测控系统和大型设备中。

DS18B20 是常用的数字温度传感器，其输出的是数字信号，具有体积小、硬件开销低、抗干扰能力强、精度高的特点。DS18B20 数字温度传感器接线方便，有多种封装方式，如管道式、螺纹式、磁铁吸附式、不锈钢封装式，型号多种多样，有 LTM8877、LTM8874 等，适用于不同的应用场合。封装后的 DS18B20 可用于电缆沟测温、高炉水循环测温、锅炉测温、机房测温、农业大棚测温、洁净室测温、弹药库测温等各种非极限温度场合。

二、DS18B20 的主要特性

DS18B20 的主要特性如下：

(1) 适应电压范围更宽(3.0～5.5 V)，在寄生电源方式下可由数据线供电。

(2) DS18B20 在与微处理器连接时仅需要一条口线即可实现微处理器与 DS18B20 的双向通信。

(3) DS18B20 支持多点组网功能，多个 DS18B20 可以并联在唯一的三线上，实现组网多点测温。

(4) DS18B20 在使用中不需要任何外围元件，全部传感元件及转换电路集成在形如一只三极管的集成电路内。

(5) 测温范围为−55℃～+125℃，在−10℃～+85℃时精度为±0.5℃。

(6) 可编程的分辨率为9～12位，对应的可分辨温度分别为0.5℃、0.25℃、0.125℃和0.0625℃，可实现高精度测温。在9位分辨率时，最多在93.75 ms内把温度值转换为数字；12位分辨率时，最多在750 ms内把温度值转换为数字。

(7) 测量结果直接输出数字温度信号，串行线传送给CPU，同时可传送CRC校验码，具有极强的抗干扰纠错能力。

(8) 负压特性。电源极性接反时，芯片不会因发热而烧毁，但不能正常工作。

三、DS18B20的引脚功能

DS18B20有两种封装形式，即3脚TO-92小体积封装(外形和引脚图如图9-1 (a)所示)与8脚SOIC封装(外形和引脚图如图9-1 (b)所示)。

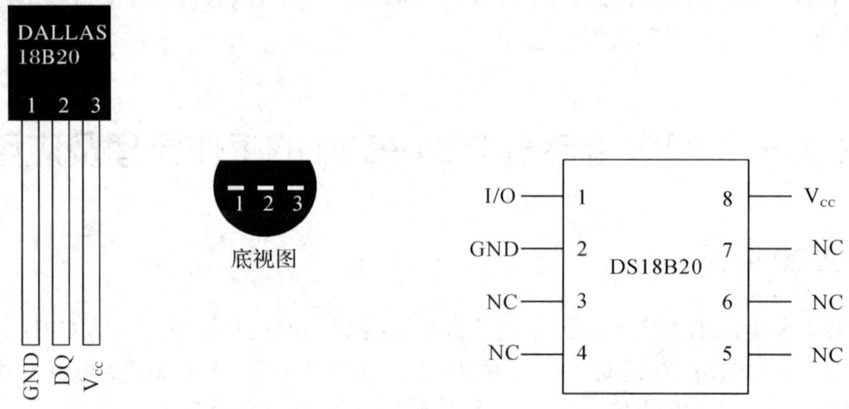

(a) TO-92封装　　(b) SOIC封装

图9-1　DS18B20的外形及引脚图

各引脚定义如下：

DQ：数字信号输入/输出端。

GND：电源地。

V_{CC}：外接供电电源输入端。

NC：空引脚。

四、DS18B20的供电方式

DS18B20的测温应用电路连接方便、占用口线少，只需要一根线就可以跟单片机连接。DS18B20测温电路有以下两种连接方式。

1. DS18B20的寄生电源供电方式

在寄生电源供电方式下，DS18B20从单线信号线上得到能量：在信号线DQ处于高电平期间把能量储存在内部电容里，在信号线处于低电平期间消耗电容上的电能，直到高电平到来再给寄生电源(电容)充电。电路如图9-2所示。

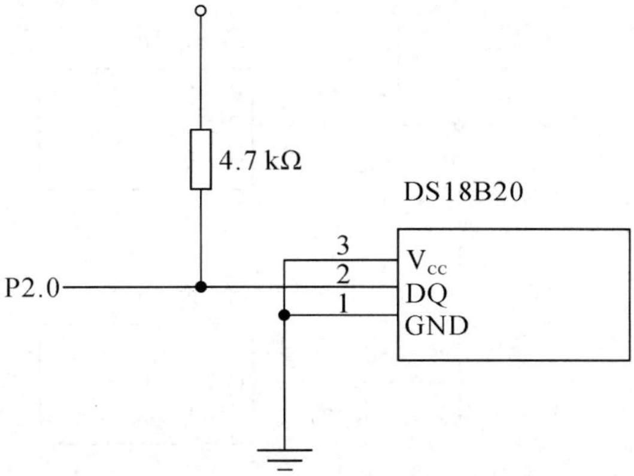

图 9-2　DS18B20 的寄生电源供电方式

独特的寄生电源方式有三个好处：

(1) 进行远距离测温时，无需本地电源；

(2) 可以在没有常规电源的条件下读取 ROM；

(3) 电路简洁，仅用一根 I/O 口就可实现测温。

要想用 DS18B20 进行精确的温度转换，I/O 线必须保证在温度转换期间提供足够的能量，由于每个 DS18B20 在温度转换期间工作电流达到 1 mA，因此当几个温度传感器连在同一根 I/O 线上进行多点测温时，只靠 4.7 kΩ 上拉电阻无法提供足够的能量，会造成温度无法转换或温度误差极大。

因此，图 9-2 电路只适用于单一温度传感器测温的场合，不适用于电池供电系统，并且工作电源 V_{CC} 必须保证为 5 V。这是因为当电源电压下降时，寄生电源得到的能量也降低了，从而使温度误差变大。

2. DS18B20 的外部电源供电方式

在外部电源供电方式下，DS18B20 工作电源由 V_{CC} 引脚接入，此时 I/O 线不需要强上拉，不存在电源电流不足的问题，可以保证转换精度。注意：在外部电源供电的方式下，DS18B20 的 GND 引脚不能悬空，否则不能转换温度，读取的温度总是 85℃。电路如图 9-3 所示。

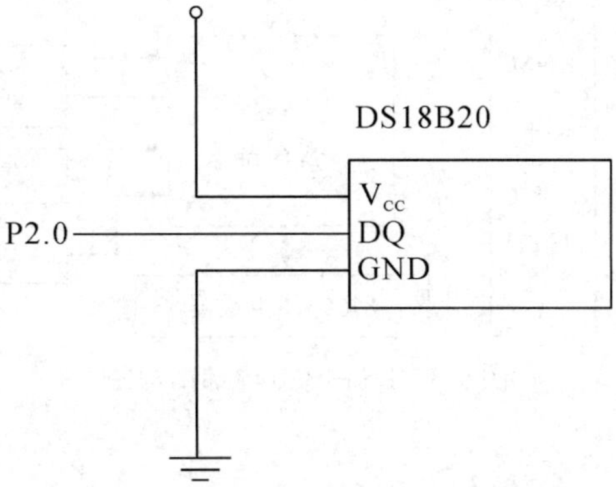

图 9-3　DS18B20 的外部电源供电方式

若要进行多点测温，在总线上挂接多个 DS18B20 传感器即可，电路如图 9-4 所示。

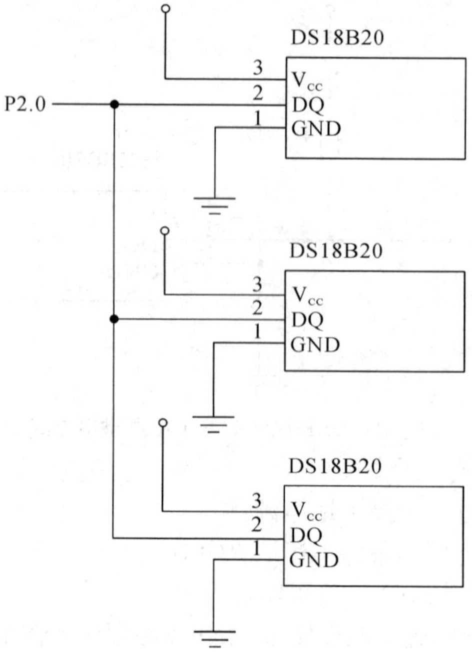

图 9-4　外部供电方式的多点测温电路图

外部电源供电是 DS18B20 最佳的工作方式(推荐使用，该方式比寄生电源方式只多接一根 V_{CC} 引线)，抗干扰能力强，电路也比较简单，可以开发出稳定可靠的多点温度监控系统。在此方式下，可以充分发挥 DS18B20 电源电压范围宽的优点，即使电源电压 V_{CC} 降到 3 V 时，依然能够保证温度测量精度。

五、DS18B20 的内部结构

DS18B20 内部结构主要由四部分组成：64 位 ROM、温度传感器、高温触发器 TH 和低温触发器 TL、配置寄存器。其内部结构如图 9-5 所示。

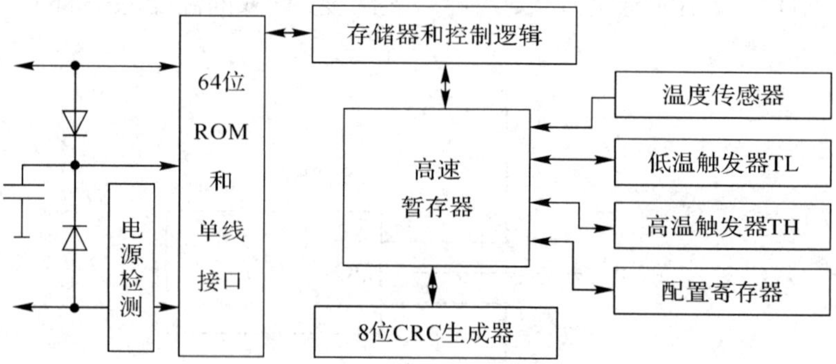

图 9-5　DS18B20 内部结构图

1. 64 位激光 ROM

光刻 ROM 中的 64 位序列号是出厂前被光刻好的，它可以看作是该 DS18B20 的地址序列码。64 位序列号的排列是：开始 8 位(28H)是产品类型标号，接着的 48 位是该 DS18B20

自身的序列号，最后 8 位是前面 56 位的循环冗余校验码 ($CRC=X^8+X^5+X^4+1$)。光刻 ROM 的作用是使每一个 DS18B20 序列号都各不相同，以区分一根总线上挂接的多个 DS18B20。

2. 高速暂存器

高速暂存器由 9 个字节组成，其分配如表 9-1 所示。

表 9-1　DS18B20 暂存器的分布

寄存器内容	字节地址
温度值低位(LSB)	0
温度值高位(MSB)	1
高温限值(TH)	2
低温限值(TL)	3
配置寄存器	4
保留区域	5、6、7
CRC 校验寄存器	8

1) 温度转换值寄存器

DS18B20 中的温度传感器可完成对温度的测量，当温度转换命令发出后，转换后的温度值以补码形式存放在暂存器的第 0 和第 1 个字节中。按 12 位分辨率量化时，对应的温度增量是 0.0625℃。温度值用 16 位符号扩展的二进制补码形式存放，高字节的前 5 位都是符号位，低字节的最后 4 位表示实际温度的小数部分，中间的 7 位表示实际温度的整数部分，如表 9-2 所示。

表 9-2　DS18B20 的温度值格式

低字节	D7	D6	D5	D4	D3	D2	D1	D0
	2^3	2^2	2^1	2^0	2^{-1}	2^{-2}	2^{-3}	2^{-4}
高字节	D7	D6	D5	D4	D3	D2	D1	D0
	S	S	S	S	S	2^6	2^5	2^4

符号位标识实际温度的正负，即温度大于 0℃时，S=0，将所测得的温度值乘以 0.0625 即可得实际温度值；当所测温度小于 0℃时，S=1，则应将所测得的温度值先按位取反再加 1 后，再乘以 0.0625 才能得到实际的负温度值。例如+125℃的数字输出为 07D0H，+25.0625℃的数字输出为 0191H，−25.0625℃的数字输出为 FE6FH，−55℃的数字输出为 FC90H。

注意：负数的温度值以补码形式存放，所以高字节的 D7～D3 这 5 个符号位不变，将高字节的 D2～D0 和低字节的 D7～D0 一共 13 位按位取反，再在低字节的 D0 位加 1，得到的数字再乘以 0.0625 才能得到实际的温度数值，加上符号就是负温度值。如：读取的温度值 0xFFD8=$1111\ 1\ 111\ 1101\ 1000_2$，先判断正负，高 5 位为 1，表明温度为负值；再取补码，5 个符号位不变，余下位取反加 1 得到 1111 1 000 0010 1000；将高 5 位变为符号“−”，余下的 000 0010 1000 转换为十进制数得到 40，再乘以 0.0625 得到 2.5，得温度值为 −2.5℃。

在测量精度要求不高的场合下，如果仅需得到实际温度的整数部分，那么只需读取高字节中的低 4 位和低字节的高 4 位，刚好得到的就是整数部分。表 9-3 列出了部分实际温度与 DS18B20 所测温度值的对应关系。

表 9-3　DS18B20 的部分温度数据

温度/℃	16 位二进制编码	十六进制表示
+125	0000 0111 1101 0000	0x07D0
+55	0000 0011 0111 0000	0x0370
+25.0625	0000 0001 1001 0001	0x0191
+2.5	0000 0000 0010 1000	0x0028
0	0000 0000 0000 0000	0x0000
−2.5	1111 1111 1101 1000	0xFFD8
−25.0625	1111 1110 0110 1111	0xFE6F
−55	1111 1100 1001 0000	0xFC90

2) 非易失性温度报警触发器 TH 和 TL

高温触发器和低温触发器分别存放温度报警的上限值 TH 和下限值 TL；DS18B20 完成温度转换后，就把转换后的温度值 T 与温度报警的上限值 TH 和下限值 TL 进行比较，若 T>TH 或 T<TL，则将该器件的告警标志位置位，并对处理器发出的告警搜索命令做出响应。

3) 配置寄存器

配置寄存器各位的意义见表 9-4。

表 9-4　配置寄存器结构

D7	D6	D5	D4	D3	D2	D1	D0
TM	R1	R0	1	1	1	1	1

低 5 位一直都是“1”，TM 是测试模式位，用于设置 DS18B20 在工作模式还是在测试模式。在 DS18B20 出厂时该位被设置为 0，用户不要改动。R1 和 R0 用于设置分辨率，DS18B20 出厂时被设置为 12 位，如表 9-5 所示。

表 9-5　温度分辨率设置

R1	R0	分辨率	温度最长转换时间/ms
0	0	9 位	93.75
0	1	10 位	187.5
1	0	11 位	375
1	1	12 位	750

4) 保留区域

第 5、6、7 字节为保留区域，没有任何定义。

5) CRC 校验寄存器

CRC 校验寄存器对前面的 8 个字节进行校验。

六、DS18B20 温度转换过程

根据 DS18B20 的通信协议，微处理器作为主设备，单总线器件 DS18B20 作为从设备。DS18B20 依靠单线端口通信，在单线端口条件下，必须先建立 ROM 操作协议，才能进行存储和控制操作。

DS18B20 完成温度转换必须经过以下三个步骤：

(1) 每一次读/写之前都要对 DS18B20 进行复位，即 DS18B20 的初始化操作。

(2) 复位成功后发送一条 ROM 指令，即写字节操作。DS18B20 的 ROM 指令如表 9-6 所示。

(3) 最后发送 RAM 指令，即读字节操作，这样才能对 DS18B20 进行预定的操作。DS18B20 的 RAM 指令如表 9-7 所示。数据和命令的传输都是以低位在前的串行方式进行的。

表 9-6　ROM 指令

指　令	约定代码	功　　能
读 ROM	0x33	读 DS18B20 温度传感器 ROM 中的编码(即 64 位地址)
搜索 ROM	0xF0	用于确定挂接在同一总线上 DS18B20 的个数和识别 64 位 ROM 地址。为操作各器件做好准备
匹配 ROM	0x55	发出此命令之后，接着发出 64 位 ROM 编码，访问单总线上与该编码相对应的 DS18B20 使之作出响应，为下一步对该 DS18B20 的读/写做准备
告警搜索命令	0xEC	执行后只有温度超过设定值上限或下限的器件才作出响应
跳过 ROM	0CCH	忽略 64 位 ROM 地址，直接向 DS18B20 发温度转换命令，适用于单片工作

表 9-7　RAM 指令

指　令	约定代码	功　　能
温度转换	0x44	启动 DS18B20 进行温度转换，12 位分辨率的转换时间最长为 750 ms。转换后的结果存入内部 RAM
读供电模式	0xB4	读 DS18B20 的供电模式。寄生供电时 DS18B20 发送“0”，外接电源供电时 DS18B20 发送“1”
重调　EEPROM	0xB8	将 EEPROM 中的内容恢复到 RAM 中的第 3、4 字节
读暂存器	0xBE	读内部 RAM 中 9 字节的内容
复制暂存器	0x48	将 RAM 中第 3、4 字节的内容复制到 EEPROM 中
写暂存器	0x4E	发出向内部 RAM 的第 3、4 字节写上、下限温度数据命令，紧随该命令之后是传送两字节的数据

七、DS18B20 时序

DS18B20 的每一步操作都有严格的时序要求。时序可以分为初始化时序、写时序和读时序。

以图 9-3 为例讲解时序过程。DS18B20 的 DQ 端接到单片机 P2.0 端口，使用外部电源供电方式，是单点测温电路。定义“sbit DQ=P2^0;”，编写初始化时序函数、写时序函数和读时序函数。

1. 初始化时序

首先对 DS18B20 进行复位，复位就是要求由单片机向数据单总线(DQ)提供至少 480 μs 的低电平信号，即提供一个 480 μs<T<860 μs 的复位信号。当 DS18B20 接到此复位信号后，则会在 15～60 μs 后回发一个芯片存在脉冲，存在脉冲为 60～240 μs 的低电平信号。

复位时序如图 9-6 所示，复位电平结束后，单片机应将数据单总线拉成高电平，以便接收存在脉冲。若单片机检测到 DQ 为低电平，则表明复位成功，双方已建立基本的通信协议。若复位低电平时间不足或是单总线的电路断路都不会接收到存在脉冲。图 9-7 为初始化流程图。

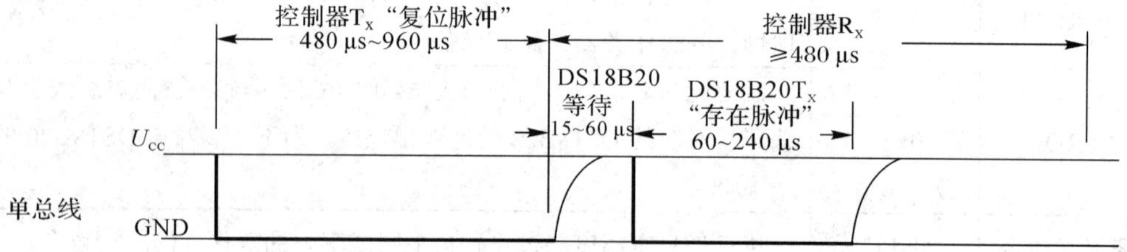

图 9-6　DS18B20 复位时序

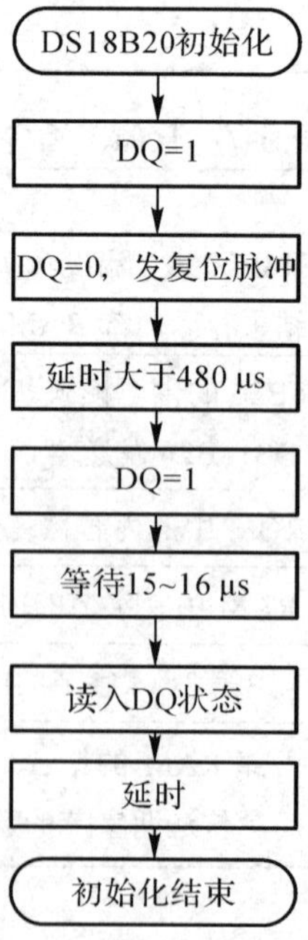

图 9-7　初始化流程图

2. 写时序

复位成功后，单片机向 DS18B20 发送 ROM 指令。

写时序要求单片机先将数据单总线设置为低电平，延时 15 μs 后，将待写的数据以串行形式送一位至 DQ 端，DS18B20 将在 60～120 μs 内接收一位数据。发送完一位数据后，将 DQ 端的状态再拉回到高电平，并保持至少 1 μs 的恢复时间，然后再写下一位数据。

写时序分为写“0”和写“1”，写数据时序如图 9-8 所示。在写数据时隙的前 15 μs 总线需要被控制器拉至低电平，而后则将是芯片对总线数据的采样时间，采样时间在 15～60 μs，采样时间内如果控制器将总线拉高则表示写“1”，如果控制器将总线拉低则表示写“0”。每一位的发送都应该有一个至少 15 μs 的低电平起始位，随后的数据“0”或“1”应该在 45 μs 内完成。整个位的发送时间应该保持在 60～120 μs，否则不能保证正常通信。写字节流程图如图 9-9 所示。

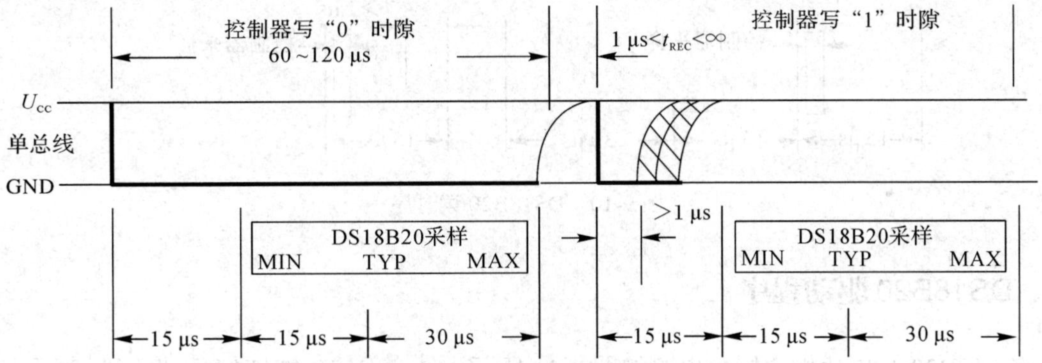

图 9-8　DS18B20 写数据时序

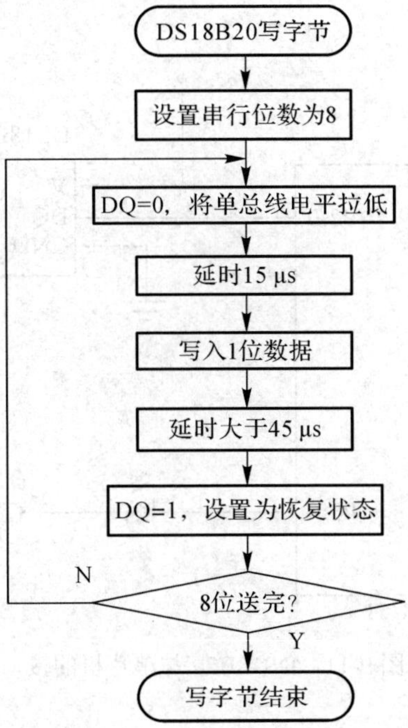

图 9-9　写字节流程图

3. 读时序

读时序要求先发出启动读时序脉冲，即单片机先将DQ设置成低电平，保持至少1 μs以上的时间后，再将其设置为高电平，启动后等待15 μs，以便DS18B20能可靠地将温度数据送至DQ总线上，然后单片机再开始读取DQ总线上的结果，单片机完成取数操作后，要等待至少45 μs。读完每位数据后至少要保持1 μs的恢复时间。读数据时序如图9-10所示。

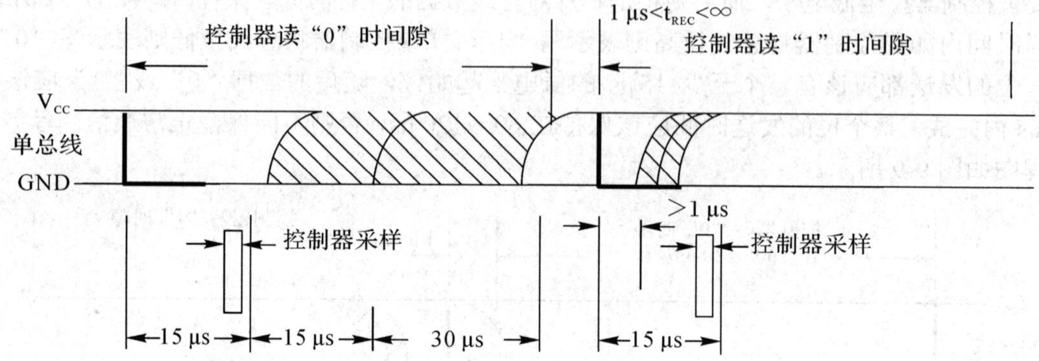

图9-10　DS18B20读时序

八、DS18B20驱动程序

DS18B20与单片机的接口电路如图9-11所示，结合DS18B20时序，编写驱动程序，读取DS18B20温度值。若温度不在12℃～35℃之间，点亮发光二极管，若温度在12℃～35℃之间，熄灭发光二极管。

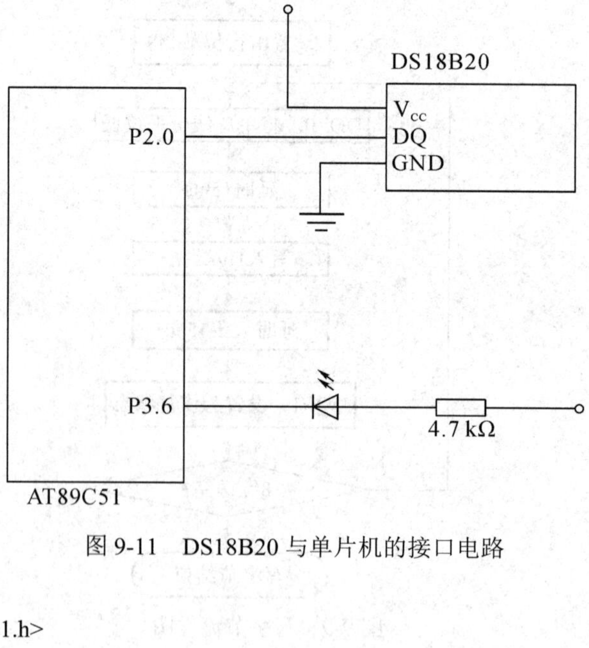

图9-11　DS18B20与单片机的接口电路

驱动程序如下：

```
#include <reg51.h>
```

```
#include "intrins.h"              //需要调用_nop_()延时函数
#define  uint  unsigned int
#define uchar  unsigned char
#define High_Temp    35           //温度上限值
#define Low_Temp    12            //温度下限值

sbit DQ=P2^0;                     //DS18B20 信号端
sbit led=P3^6;                    //发光二极管端口定义
bit flag;                         //温度的符号，温度为零下时，flag=1，温度为零上时，flag=0
void Delay_2Us(uint us)           //微秒延时，t*2 μs
{
    while(--us);
}
void Delay_50Us(uint t)           //毫秒级延时，t*50 μs
{
    uchar j;
    for(; t>0; t--)
        for(j=19; j>0; j--);
}
void Ds18b20_Initial(void)        //DS18B20 初始化函数
{
     DQ = 1;
     _nop_();
      DQ = 0;                     //DQ 复位
     Delay_50Us(12);              //精确延时，大于 480 μs
     DQ = 1;                      //拉高总线
     Delay_2Us(5);                //稍作延时后
     while(DQ);                   //等待 DS18B20 把 DQ 拉低
     Delay_2Us(20);
}
void Ds18b20_Write(uchar dat)     //DS18B20 写一个字节的数据
{
    uchar i;
    for(i=0; i<8; i++)
    {
        DQ = 0;
        _nop_();
        DQ=dat&0x01;
        Delay_2Us(20);
```

```
        DQ = 1;
        dat>>=1;
    }
}
uchar Ds18b20_Read(void)                    //DS18B20 读一个字节的数据
{
    uchar i,dat;
    dat=0;
    for(i=8; i>0; i--)
    {
        DQ = 0;
        dat>>=1;
        DQ = 1;
        _nop_();
        if(DQ) dat=dat|0x80;
        Delay_2Us(20);
    }
    return(dat);
}

uchar Ds18b20_Read_Temperature(void)        //读取温度值的整数部分
{
    uchar   temp;
    int   temp1,temp2;
    Ds18b20_Write(0xcc);                    //跳过 ROM
    Ds18b20_Write(0x44);                    //启动 DS18B20 进行温度转换
    Delay_2Us(400);
    Ds18b20_Initial();
    Ds18b20_Write(0xcc);
    Ds18b20_Write(0xbe);                    //读 DS18B20 内部暂存器命令
    Delay_2Us(400);
    temp1=Ds18b20_Read();                   //读出低字节，低 4 位是小数位
    temp2=Ds18b20_Read();                   //读出高字节，前 5 位为符号位
    temp=(temp1|(temp2<<8))>>4;             //得到温度的整数部分

    if((temp&0xc0)==0xc0)                   //判断是否为负温度；注意负温度值最低为-55
    {
        temp=~temp+1;                       //得到无符号温度值
        flag =1;                            //温度符号是负的
```

```
    }
    else
    {
        flag =0;                            //温度符号为正
    }
    return temp;                            //返回一个字节
}
void main()
{
    uchar t;
    flag=0;
    Ds18b20_Initial();                      //DS18B20 初始化
    while(1)
    {
        t=Ds18b20_Read_Temperature();       //读取温度值的整数部分
        if(flag==1)                         //负温度，点亮 LED
            led =0;
        else if( t>High_Temp || t< Low_Temp )
            led=0;                          //温度超出范围点亮 LED
        else
            led=1;                          //熄灭 LED
    }
}
```

任务二　蜂鸣器的工作原理及与单片机接口电路设计

在单片机应用设计时经常会用到蜂鸣器，大部分情况下使用蜂鸣器进行提示或报警。单片机端口输出驱动电平，通过三极管放大驱动电流就能使蜂鸣器发出声音。三极管灌电流驱动蜂鸣器时常采用 PNP 管，一般选用 9012 或 9014。通常使用压电式蜂鸣器，其外形如图 9-11(a)所示，与单片机的接口电路如图 9-12 所示。

(a) 蜂鸣器的外形

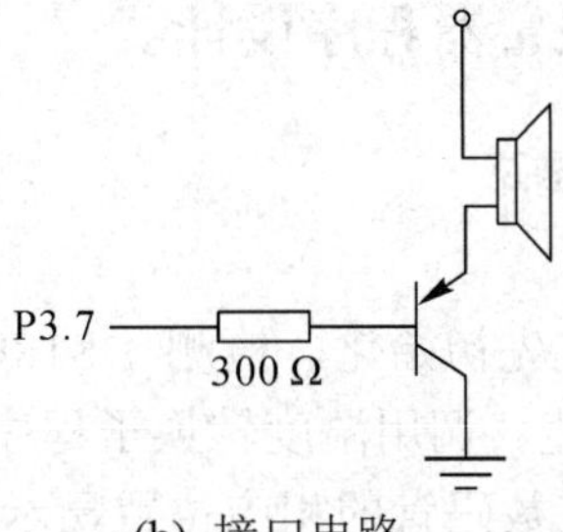

(b) 接口电路

图 9-12　蜂鸣器

任务三　项目实施

一、温度显示报警器原理分析

本项目采用温度传感器芯片DS18B20测量温度，它可以将温度信号直接转换成数字信号发送给单片机，单片机处理接收到的数字信号，然后通过显示电路显示出温度，同时还可对温度值进行判断，若温度值超出给定范围，驱动蜂鸣器报警电路。其结构框图如图9-13所示。

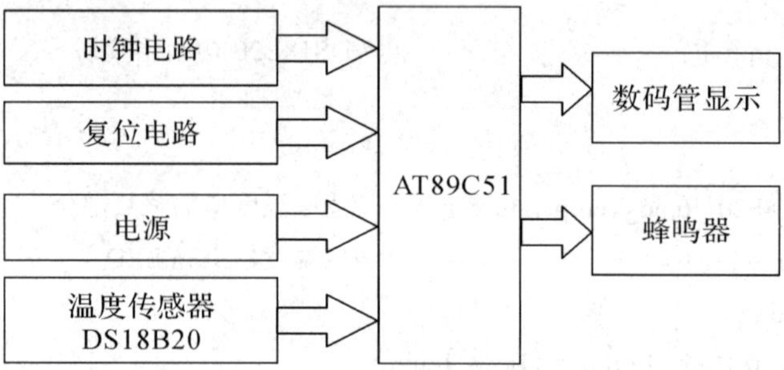

图9-13　温度显示报警器结构框图

二、温度显示报警器硬件仿真电路设计

温度显示报警器的硬件由单片机系统、测温电路、显示电路、报警电路等组成。单片机系统由AT89C51单片机、复位电路和时钟电路组成，时钟采用12 MHz晶振。测温电路采用DS18B20温度传感器，数据单总线(DQ)与单片机的P3.5口连接，采用+5 V外部电源供电。显示电路由4位数码管组成，4位数码管采用共阳极动态显示方式，分别显示符号位、十位、个位，最后一位扩展显示小数位数，8位段码输入端与单片机的P1口相连，4位位选端通过8路同相三态双向总线收发器74LS245与单片机的P0.0～P0.3口相连，这样是为了增加驱动能力。报警电路采用蜂鸣器电路，蜂鸣器由PNP三极管9012进行驱动，与单片机的P3.7口相连接，当温度超过上限值或低于下限值时，蜂鸣器报警。硬件仿真电路如图9-13所示。

三、温度显示报警器程序设计

1. 程序设计思路

1) 主程序

在主程序中首先初始化，检测DS18B20是否存在，然后通过调用读温度子程序读出DS18B20的当前值，调用温度转换子程序把从DS18B20中读出的值转换成对应的温度，调用显示子程序在数码管的相应位置显示温度值。主程序流程图如图9-15所示。

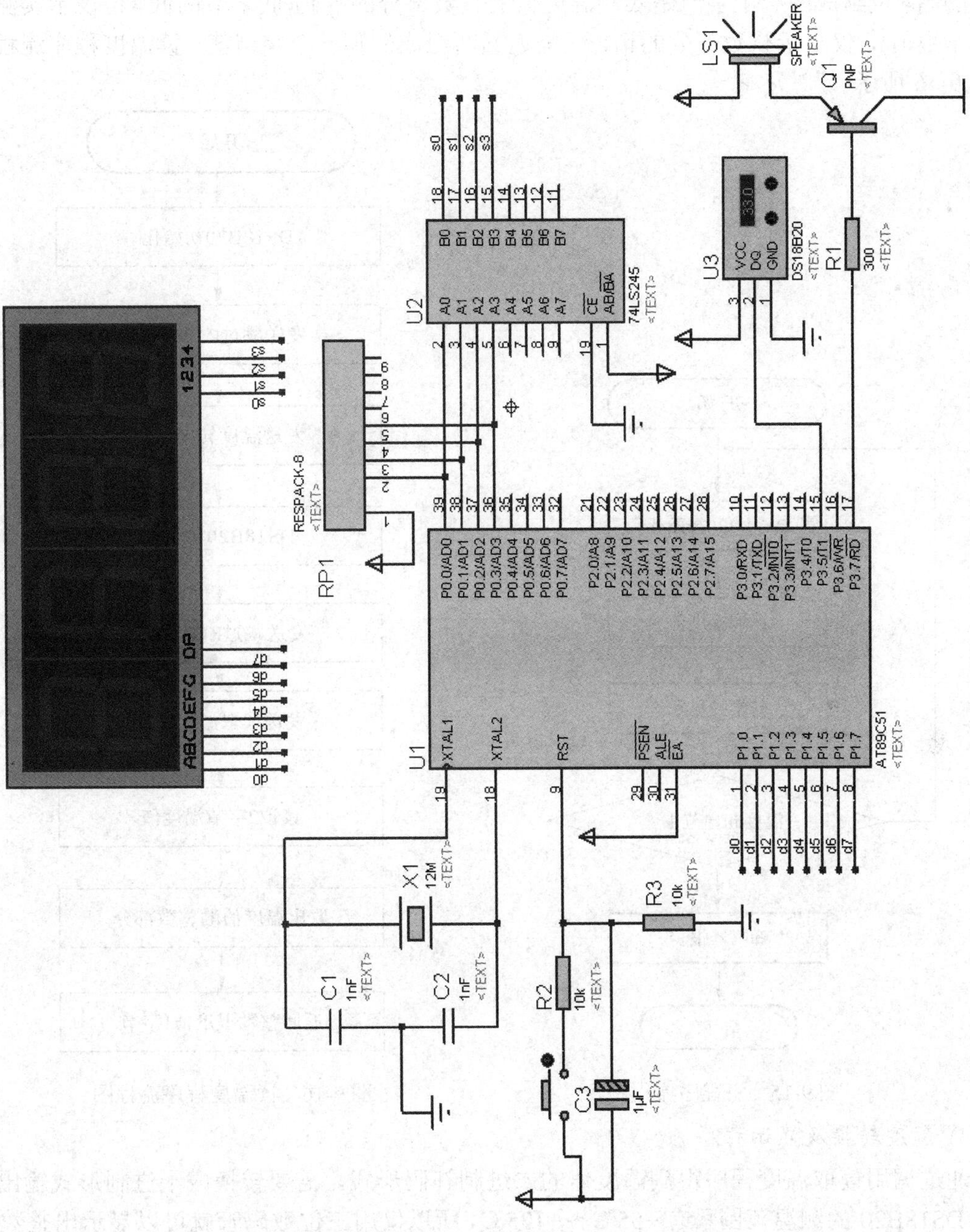

图 9-14　温度显示报警器硬件仿真电路

2) 读温度程序

DS18B20 读取温度值要经过一系列程序：初始化、发送跳过 ROM 指令(0xcc)、发送温度转换指令(0x44)、再次初始化、发送跳过 ROM 指令(0xcc)、发送读取温度指令(0xbe)，然后读取两个字节 16 位的温度值，先读取低字节，再读取高字节。高字节的低 4 位及低字节的高 4 位组成的一个字节是实测温度值的整数部分的补码(低字节的低 4 位表示实测温度的小数值)，仅显示整数部分的话，只需返回新组成的那一个字节值。读温度程序流程图如图 9-16 所示。

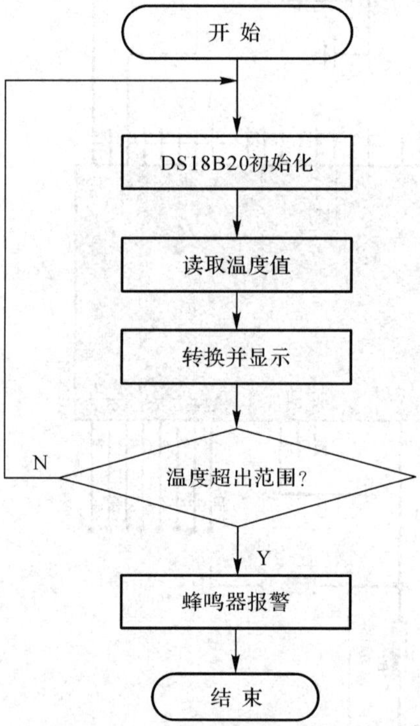

图 9-15　主程序流程图

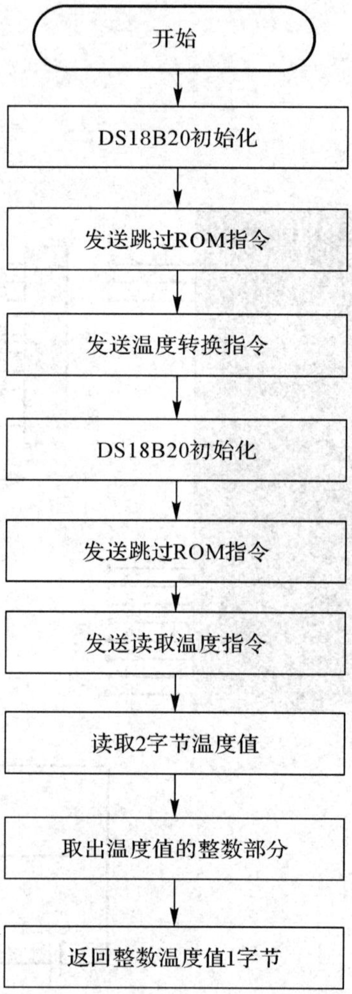

图 9-16　读温度程序流程图

3) 温度转换及显示程序

通过调用读取温度程序得到温度值的二进制补码形式，需要转换成十进制形式输出。由于 DS18B20 的测温范围只有 -55℃～+125℃，所以仅用三位数码管就可以显示出整数温度值。若温度值为负值，百位显示“-”；若温度值位于 0℃～100℃之间，则百位不显示；若温度值位于 -10℃～+10℃之间，十位也不显示。数码管显示程序用动态扫描方式，分别显示温度的百位、十位、个位。温度转换及显示程序流程图如图 9-17 所示。

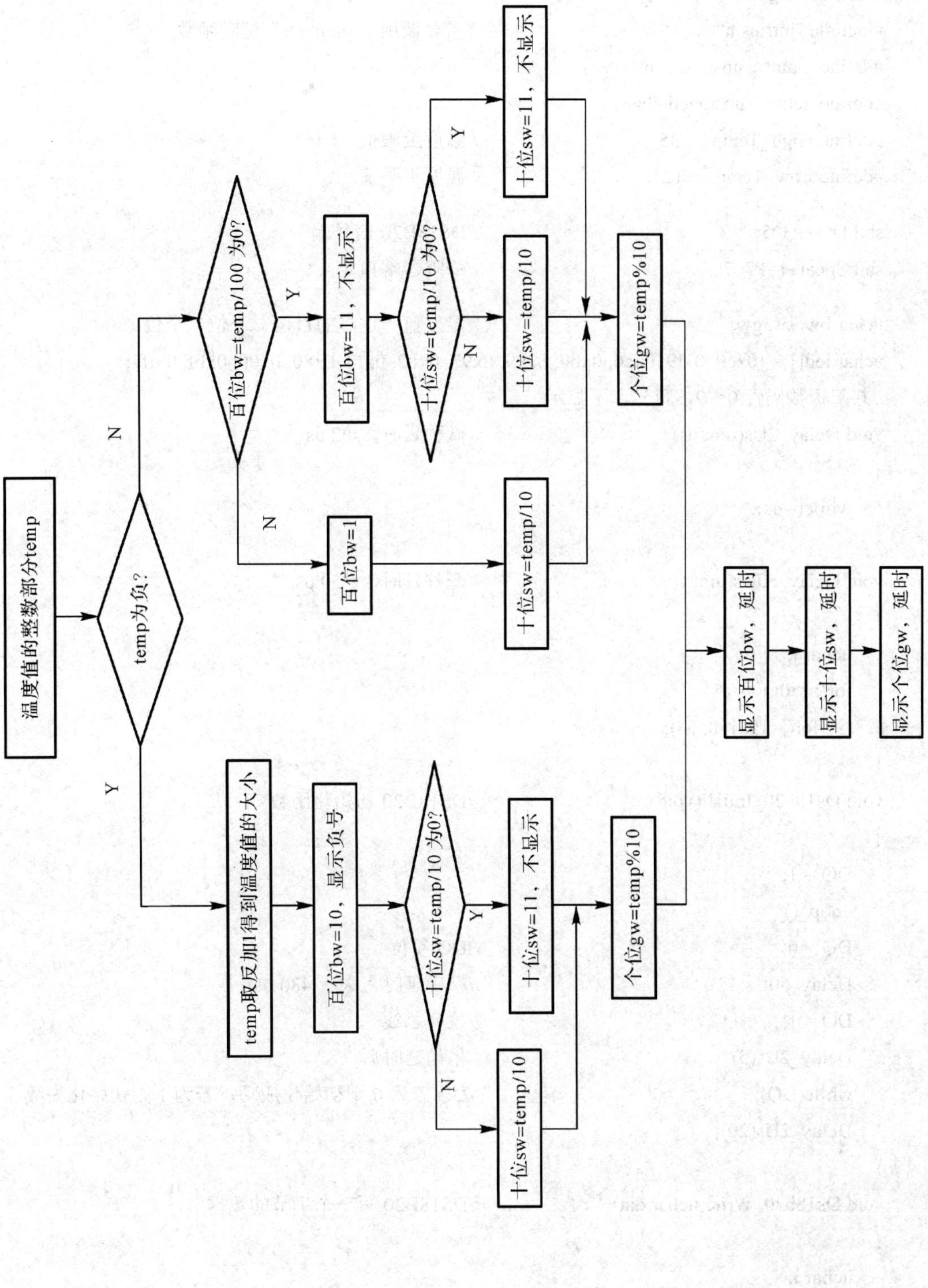

图 9-17　温度转换及显示程序流程图

2. 程序编写

程序如下：

```
#include "reg51.h"
#include "intrins.h"                    //需要调用“_nop_();”延时函数
#define   uint   unsigned int
#define uchar   unsigned char
#define High_Temp    35                 //温度上限值
#define Low_Temp    12                  //温度下限值

sbit DQ=P3^5;                           //DS18B20 信号端
sbit Speaker=P3^7;                      //蜂鸣器端口定义

uchar bw, sw, gw;                       //温度值十进制的百位、十位、个位
uchar led[] = {0xc0, 0xf9, 0xa4, 0xb0, 0x99, 0x92, 0x82, 0xf8, 0x80, 0x90, 0xbf, 0xff};
//共阳极数码管 0～9，负号，不显示
void Delay_2Us(uint us)                 //微秒延时，t*2 μs
{
    while(--us);
}
void Delay_50Us(uint t)                 //毫秒延时，t*50 μs
{
    uchar j;
    for(; t>0; t--)
        for(j=19; j>0; j--);
}
void Ds18b20_Initial(void)              //DS18B20 初始化函数
{
    DQ = 1;
    _nop_();
    DQ = 0;                             //DQ 复位
    Delay_50Us(12);                     //精确延时，大于 480 μs
    DQ = 1;                             //拉高总线
    Delay_2Us(5);                       //稍作延时后
    while(DQ);                          //DQ 若为 0 则初始化成功，若为 1 则初始化失败
    Delay_2Us(20);
}
void Ds18b20_Write(uchar dat)           //DS18B20 写一个字节的数据
{
    uchar i;
    for(i=0; i<8; i++)
```

```
    {
        DQ = 0;
        _nop_();
        DQ=dat&0x01;
        Delay_2Us(20);
        DQ = 1;
        dat>>=1;
    }
}
uchar Ds18b20_Read(void)                    //DS18B20 读一个字节的数据
{
    uchar i,dat;
    dat=0;
    for(i=8; i>0; i--)
    {
        DQ = 0;
        dat>>=1;
        DQ = 1;
        _nop_();
        if(DQ) dat=dat|0x80;
            Delay_2Us(20); }
        return(dat);
}
uchar Ds18b20_Read_Temperature(void)        //读取温度值的整数部分
{
    uchar   temp1, temp;
    int   temp2;
    Ds18b20_Write(0xcc);                    //跳过 ROM
    Ds18b20_Write(0x44);                    //启动 DS18B20 进行温度转换
    Delay_2Us(200);
    Ds18b20_Initial();
    Ds18b20_Write(0xcc);
    Ds18b20_Write(0xbe);                    //读 DS18B20 内部暂存器命令
    Delay_2Us(200);
    temp1=Ds18b20_Read();                   //读出低字节，低 4 位是小数位
    temp2=Ds18b20_Read();                   //读出高字节，前 5 位为符号位
    temp=(temp1|(temp2<<8))>>4;             //得到温度值的整数部分
    return temp;                            //返回一个字节
}
```

```
void Change_Display(uchar i)                    //转换成十进制温度并显示
{
    uchar temp=i;
    if((temp&0xc0)==0xc0)                       //判断是否为负温度，注意负温度值最低为-55
    {
        temp=~temp+1;                           //得到无符号温度值
        bw=10;                                  //百位显示负号
        sw= (temp/10==0)? 11 : temp/10;         //若十位为 0 则不显示
        gw= temp%10;
    }
    else
    {
        bw=(temp/100 ==0)? 11 : 1;                  //百位值或者为 0 不显示，或者为 1
        if(bw != 1)
            sw= ( temp/10 ==0) ? 11 : temp/10;      //百位为 0，十位为 0 也不显示
        else
            sw= (temp-100)/10;
            gw=temp%10
    }
    P0=0x01;    P1=led[bw];     Delay_50Us(10);     //显示百位
    P0=0x02;    P1=led[sw];     Delay_50Us(10);     //显示十位
    P0=0x04;    P1=led[gw];     Delay_50Us(10);     //显示个位
}
main()
{
    uchar i;
    while(1)
    {
        Ds18b20_Initial();                          //DS18B20 初始化
        i=Ds18b20_Read_Temperature();               //读取温度值整数部分
        Change_Display(i);                          //转换并显示
        if( i>High_Temp || i< Low_Temp )            //判断温度是否超出范围
        Speaker=!Speaker;                           //超出范围，蜂鸣器报警
    }
}
```

四、温度显示报警器仿真调试

通过 DS18B20 模拟输入温度值，可以用数码管显示出正负温度值。通过调节 DS8B20

的温度值，即能测试报警功能。

➢ 动手做一做

利用 DS18B20 制作一个温度控制设备。温度过低则开启继电器，接通发热设备；温度过高，则关闭发热设备自然冷却降温。

项目小结

本项目的温度显示报警器主要由温度测量、温度显示和报警电路三部分组成，测量温度使用单总线数字温度传感器芯片 DS18B20。DS18B20 输出的是数字信号，具有体积小、硬件开销低、抗干扰能力强、精度高的特点。

报警电路采用蜂鸣器，单片机端口输出驱动电平，通过三极管放大驱动电流就能使蜂鸣器发出声音。

项目练习

一、填空题

1. 温度传感器 DS18B20 的测量范围是__________________。

2. DS18B20 的分辨率为 12 位时，对应可分辨的最小温度是____________。

3. DS18B20 的分辨率为 12 位时，当温度为 32.25℃时，读取 DS18B20 的温度值的十六进制码是_______；若得到温度的十六进制码为 0xff5e，对应的温度是_________。

二、判断题

1. DS18B20 是单总线数字温度传感器。(　　)

2. 一根端口线上可以接多个 DS18B20 芯片，并且可以同时采集温度。(　　)

3. 每一个 DS18B20 都有一个唯一的 64 位序列号。(　　)

4. DS18B20 的分辨率可以是 9～12 位，出厂默认为 9 位。(　　)

三、编程题

将图 9-14 中的显示器换成 LCD1602，重新编写程序，实现项目要求的温度采集和显示、报警功能。

附录一　项目八源程序

```
//1. at24xx.c 是存储芯片 CAT24C02 驱动程序文件
#include<reg52.h>
#include "my_sys.h"
#include "iic.h"
#include "at24xx.h"

void CAT24CXX_Init(void)
{
    IIC_Init();
}
//在 CAT24CXX 指定地址读出一个数据
//ReadAddr：开始读数的地址
//返回值：读到的数据
uint8 CAT24CXX_ReadOneByte(uint16 ReadAddr)
{
    uint8 temp=0;
    IIC_Start();
    if(EE_TYPE>AT24C16)
    {
        IIC_Send_Byte(0XA0);                        //发送写命令
        IIC_Wait_Ack();
        IIC_Send_Byte(ReadAddr>>8);                 //发送高地址
    }else IIC_Send_Byte(0XA0+((ReadAddr/256)<<1));  //发送器件地址 0XA0，写数据
    IIC_Wait_Ack();
    IIC_Send_Byte(ReadAddr%256);                    //发送低地址
    IIC_Wait_Ack();
    IIC_Start();
    IIC_Send_Byte(0XA1);                            //进入接收模式
    IIC_Wait_Ack();
    temp=IIC_Read_Byte(0);
```

```
    IIC_Stop();                                     //产生一个停止条件
    return temp;
}
//在 CAT24CXX 指定地址写入一个数据
//WriteAddr：写入数据的目的地址
//DataToWrite：要写入的数据
void CAT24CXX_WriteOneByte(uint16 WriteAddr,uint8 DataToWrite)
{
    IIC_Start();
    if(EE_TYPE>AT24C16)
    {
        IIC_Send_Byte(0XA0);                        //发送写命令
        IIC_Wait_Ack();
        IIC_Send_Byte(WriteAddr>>8);                //发送高地址
    }
    else IIC_Send_Byte(0XA0+((WriteAddr/256)<<1));  //发送器件地址 0XA0，写数据
        IIC_Wait_Ack();
        IIC_Send_Byte(WriteAddr%256);               //发送低地址
        IIC_Wait_Ack();
        IIC_Send_Byte(DataToWrite);                 //发送字节
        IIC_Wait_Ack();
        IIC_Stop();                                 //产生一个停止条件
        delay_nms(10);
}
//从 CAT24CXX 里面的指定地址开始写入长度为 Len 的数据
//该函数用于写入 16 bit 或者 32 bit 的数据
//WriteAddr：开始写入的地址
//DataToWrite：数据数组首地址
//Len：要写入数据的长度，Len 的值为 2 和 4
void CAT24CXX_WriteLenByte(uint16 WriteAddr, uint32 DataToWrite, uint8 Len)
{
    uint8 t;
    for(t=0; t<Len; t++)
    {
        CAT24CXX_WriteOneByte(WriteAddr+t,(DataToWrite>>(8*t))&0xff);
    }
}
```

```
//从 CAT24CXX 里面的指定地址开始读出长度为 Len 的数据
//该函数用于读出 16 bit 或者 32 bit 的数据
//ReadAddr：开始读出的地址
//返回值：数据
//Len：要读出数据的长度
uint32 CAT24CXX_ReadLenByte(uint16 ReadAddr,uint8 Len)
{
    uint8 t;
    uint32 temp=0;
    for(t=0;t<Len;t++)
    {
        temp<<=8;
        temp+=CAT24CXX_ReadOneByte(ReadAddr+Len-t-1);
    }
    return temp;
}
//检查 CAT24CXX 是否正常
//这里用了 24XX 的最后一个地址(255)来存储标志字
//如果用 CAT24CXX 系列的其他器件这个地址要修改
//返回 1：检测失败
//返回 0：检测成功
uint8 CAT24CXX_Check(void)
{
    uint8 temp;
    temp=CAT24CXX_ReadOneByte(255);                    //避免每次开机都写 CAT24CXX

    if(temp==0X55)return 0;
    else                                               //排除第一次初始化的情况
    {
        CAT24CXX_WriteOneByte(255,0X55);
        temp=CAT24CXX_ReadOneByte(255);
        if(temp==0X55)return 0;
    }
    return 1;
}

//从 CAT24CXX 里面的指定地址开始读出指定个数的数据
```

```
//ReadAddr：开始读出的地址，对于 CAT24C02 为 0～255
//pBuffer：数据数组首地址
//NumToRead：要读出数据的个数
void CAT24CXX_Read(uint16 ReadAddr,uint8 *pBuffer,uint16 NumToRead)
{
    while(NumToRead)
    {
        *pBuffer++=CAT24CXX_ReadOneByte(ReadAddr++);
        NumToRead--;
    }
}
//从 CAT24CXX 里面的指定地址开始写入指定个数的数据
//WriteAddr：开始写入的地址，对于 CAT24C02 为 0～255
//pBuffer：数据数组首地址
//NumToWrite：要写入数据的个数
void CAT24CXX_Write(uint16 WriteAddr,uint8 *pBuffer,uint16 NumToWrite)
{
    while(NumToWrite--)
    {
        CAT24CXX_WriteOneByte(WriteAddr,*pBuffer);
        WriteAddr++;
        pBuffer++;
    }
}

//2. at24xx.h 是存储芯片 CAT24C02 驱动程序头文件
#ifndef ___AT24XX_h
#define ___AT24XX_h
#include <reg52.h>
#include "my_sys.h"
#include "iic.h"
#define AT24C01       127
#define AT24C02       255
#define AT24C04       511
#define AT24C08       1023
#define AT24C16       2047
#define AT24C32       4095
```

```
#define AT24C64        8191
#define AT24C128       16383
#define AT24C256       32767
//测试中具体用哪一个芯片(CAT24C02)
#define EE_TYPE AT24C02

extern uint8 CAT24CXX_ReadOneByte(uint16 ReadAddr);              //从指定地址读取一个字节
extern void CAT24CXX_WriteOneByte(uint16 WriteAddr, uint8 DataToWrite);  //向指定地址写入
                                                                            一个字节
extern void CAT24CXX_WriteLenByte(uint16 WriteAddr, uint32 DataToWrite, uint8 Len);
//从指定地址开始写入指定长度的数据
extern uint32 CAT24CXX_ReadLenByte(uint16 ReadAddr, uint8 Len);
//从指定地址开始读取指定长度的数据
extern void CAT24CXX_Write(uint16 WriteAddr,uint8 *pBuffer, uint16 NumToWrite);
//从指定地址开始写入指定长度的数据
extern void CAT24CXX_Read(uint16 ReadAddr,uint8 *pBuffer, uint16 NumToRead);
//从指定地址开始读出指定长度的数据

extern uint8 CAT24CXX_Check(void);              //检查器件
extern void CAT24CXX_Init(void);                //初始化 IIC
#endif

//3. iic.c  是 I²C 总线驱动程序文件

#include <reg52.h>
#include <intrins.h>
#include "my_sys.h"
#include "iic.h"

//初始化 IIC
void IIC_Init(void)
{
    IIC_WP=0;
}
//产生 IIC 起始信号
void IIC_Start(void)
{
```

```
    IIC_SDA=1;
    IIC_SCL=1;
    _nop_();_nop_();_nop_();_nop_();
    IIC_SDA=0;//START:when CLK is high,DATA change form high to low
    _nop_();_nop_();_nop_();_nop_();
    IIC_SCL=1;                          //钳住I²C总线，准备发送或接收数据
}
//产生IIC停止信号
void IIC_Stop(void)
{
    SDA_OUT();                          //SDA线输出
    IIC_SCL=0;
    IIC_SDA=0;                          //STOP: CLK为高时DATA由低变高
     _nop_();_nop_();_nop_();_nop_();
    IIC_SCL=1;
    IIC_SDA=1;                          //发送I²C总线结束信号
    _nop_();_nop_();_nop_();_nop_();
}
//等待应答信号到来
//返回值为1，接收应答失败
//返回值为0，接收应答成功
uint8 IIC_Wait_Ack(void)
{
    uint8 ucErrTime=0;
    IIC_SDA=1;_nop_();
    IIC_SCL=1;_nop_();

    while(IIC_SDA)
    {
        ucErrTime++;
        if(ucErrTime>250)
        {
            IIC_Stop();
            return 1;
        }
    }
    IIC_SCL=0;                          //时钟输出0
```

```
    return 0;
}
//产生 ACK 应答
void IIC_Ack(void)
{
    IIC_SCL=0;
    IIC_SDA=0;
    _nop_();_nop_();
    IIC_SCL=1;
    _nop_();_nop_();
    IIC_SCL=0;
}
//不产生 ACK 应答
void IIC_NAck(void)
{
    IIC_SCL=0;
    IIC_SDA=1;
    _nop_();_nop_();
    IIC_SCL=1;
    _nop_();_nop_();
    IIC_SCL=0;
}
//IIC 发送一个字节
//返回从机有无应答，1 表示有应答，0 表示无应答
void IIC_Send_Byte(uint8 txd)
{
    uint8 t;
    SDA_OUT();
    IIC_SCL=0;                                //拉低时钟开始数据传输
    for(t=0; t<8; t++)
    {
        IIC_SDA=(txd&0x80)>>7;
        txd<<=1;
        _nop_();_nop_();_nop_();          //对于 TEA5767 这三个延时都是必需的
        IIC_SCL=1;
        _nop_();_nop_();
        IIC_SCL=0;
```

```
        _nop_();_nop_();
    }
}
//读 1 个字节，ack=1 时，发送 ACK，ack=0 时，发送 nACK
uint8 IIC_Read_Byte(uint8 ack)
{
    uint8 i,receive=0;
    SDA_IN();                          //将 SDA 设置为输入
    IIC_SDA=1;
    _nop_();
    _nop_();
    for(i=0; i<8; i++ )
    {
        IIC_SCL=0;
        _nop_();_nop_();
        IIC_SCL=1;
        receive<<=1;
        if(IIC_SDA) receive++;
        _nop_();
    }
    if (!ack)
        IIC_NAck();                    //发送 nACK
    else
        IIC_Ack();                     //发送 ACK
    return receive;
}

//4. iic.h 是 I²C 总线驱动程序头文件
#ifndef ___IIC_h
#define ___IIC_h
#include <reg52.h>
#include "my_sys.h"
sbit    IIC_SDA=P2^5;
sbit    IIC_SCL=P2^4;
sbit    IIC_WP=P2^6;
//IIC 所有操作函数
extern void IIC_Init(void);            //初始化 IIC 的 I/O 口
```

```
extern void IIC_Start(void);                //发送 IIC 开始信号
extern void IIC_Stop(void);                 //发送 IIC 停止信号
extern uint8 IIC_Wait_Ack(void);            //IIC 等待 ACK 信号
extern void IIC_Ack(void);                  //IIC 发送 ACK 信号
extern void IIC_NAck(void);                 //IIC 不发送 ACK 信号
extern void IIC_Send_Byte(uint8 txd);       //IIC 发送一个字节
extern uint8 IIC_Read_Byte(uint8 ack);      //IIC 读取一个字节

#endif

//5. lcd.c 是液晶 LCD1602 驱动程序文件
#include <reg52.h>
#include "my_sys.h"
#include "lcd.h"
/*****************************************************************
功能描述：lcd 写命令
隶属模块：lcd
函数属性：外部，供用户使用
参数说明：com 为待写命令
返回说明：无外部，供用户使用
注：无
*****************************************************************/
void LCD1602_Writecom(uint8   com)
{
    lcd1602_rs=0;
    lcd1602_rw=0;
    LCD1602_PORT=com;
    lcd1602_e=1;
    delay_nms(1);
    lcd1602_e=0;
}
/*****************************************************************
功能描述：lcd 写数据
隶属模块：lcd
函数属性：外部，供用户使用
参数说明：dat 为待写数据
返回说明：无
```

注：无

```
*****************************************************************/
void   LCD1602_Writedat(uint8 dat)
{
    lcd1602_rs=1;
    lcd1602_rw=0;
    LCD1602_PORT=dat;
    lcd1602_e=1;
    delay_nms(1);
    lcd1602_e=0;
}

/*****************************************************************
功能描述：初始化 lcd
隶属模块：lcd
函数属性：外部，供用户使用
参数说明：无
返回说明：无
注：无
*****************************************************************/
void   LCD1602_init(void)
{
    LCD1602_Writecom(0x38); delay_nms(5);
    LCD1602_Writecom(0x0c); delay_nms(5);
    LCD1602_Writecom(0x06); delay_nms(5);
    LCD1602_Writecom(0x01); delay_nms(5);
}
/*****************************************************************
功能描述：连续向 lcd 写字符串
隶属模块：lcd
函数属性：外部，供用户使用
参数说明：com 为待写地址，*s 为待写字符串首地址
返回说明：com，返回写到 lcd 的什么地方了
注：一次最多能写入 16 个字节的字符
*****************************************************************/
void LCD1602_dis(uint8 com,uint8 *s,bit i)
{
```

```
    LCD1602_Writecom(com);
    for(; *s>0; s++)
    {
        if(!i)
            LCD1602_Writedat(*s);
        else
            LCD1602_Writedat('*');
    }
}

//6. lcd.h  是液晶 LCD1602 驱动程序文件
#ifndef ___lcd_h
#define ___lcd_h
#include <reg52.h>
#include "my_sys.h"

#define   ONE     0x80                          //LCD1602 每行起始地址
#define   TWO     0x80+0x40

sbit      lcd1602_rs=P2^0;
sbit      lcd1602_rw=P2^1;
sbit      lcd1602_e=P2^2;
#define LCD1602_PORT   P0

extern void   LCD1602_Writecom(uint8   com);
extern void   LCD1602_Writedat(uint8 dat);
extern void   LCD1602_init(void);
extern void   LCD1602_dis(uint8 com, uint8 *s,bit i);

#endif

//7. my_sys.c 是延时函数程序文件
#include <string.h>
#include "my_sys.h"
/*************************************************************
功能描述：延时 n ms
隶属模块：无
```

```
函数属性：外部，供用户使用
参数说明：ms 为延时的时间
返回说明：无
注：8 ms 时钟调试得来的
********************************************************************/
void delay_nms(uint16 ms)//ms=1，延时 1 ms
{
    uint16 i,j;
    for(i=0; i<ms; i++)
        for(j=0; j<110; j++);
}

/********************************************************************
功能描述：将一个 32 位的变量 dat 转为字符串，比如把 1234 转为"1234"
函数属性：外部，用户可调用
参数说明：dat 为待转换的 long 型的变量
          Str 为指向字符数组的指针，转换后的字节串放在其中
返回说明：无
********************************************************************/

void u32tostr(uint32 dat, char *str)
{
    char temp[20];
    uint8 i=0, j=0;
    i=0;
    while(dat)
    {
        temp[i]=dat%10+0x30;
        i++;
        dat/=10;
    }
    j=i;
    for(i=0;i<j;i++)
    {
        str[i]=temp[j-i-1];
    }
    if(!i)
```

```
    {
        str[i++]='0';
    }
    str[i]=0;
}

/*******************************************************************
功能描述：将一个字符串转为 32 位的变量，比如"1234"转为 1234
函数属性：外部，用户可调用
参数说明：str 为指向待转换的字符串
返回说明：转换后的数值
*******************************************************************/

uint32 strtou32(char *str)
{
    uint32 temp=0;
    uint32 fact=1;
    uint8 len=strlen(str);
    uint8 i;
    for(i=len; i>0; i--)
    {
        temp+=((str[i-1]-0x30)*fact);
        fact*=10;
    }
    return temp;
}

//8. my_sys.h 是延时函数程序头文件
#ifndef ___MY_SYS_h
#define ___MY_SYS_h

typedef     unsigned char uint8;
typedef     unsigned int    uint16;
typedef     unsigned long uint32;

extern void delay_nms(uint16 ms);
extern void u32tostr(uint32 dat,char *str);
```

```
extern uint32 strtou32(char *str);

#endif

//9. key.c 是键盘按键识别程序文件
#include<intrins.h>
#include"key.h"
#include"my_sys.h"
#include"lcd.h"
void key_voice(void)
{
    beep=0;
    delay_nms(10);
    beep=1;
    delay_nms(10);
}
/*****************************************************************************
功能描述：矩阵键盘扫描
隶属模块：无
函数属性：其他函数调用
参数说明：无
返回说明：键值为 0～15
注：无
 *****************************************************************************/
uint8 KeyScan(void)
{   //行列偏转法/线偏转法
    static uint8 key1,key2;
    static uint8 num=0;
    KEYPORT=0xf0; //
    if((KEYPORT&0Xf0)!=0Xf0)
    {
        num++;
        if(num<=delaycont)                //消抖动
        {
            return   0xff;
        }
        else
```

```
{
    delay_nms(20);
    if((KEYPORT&0Xf0)!=0Xf0)
    {
        num=0;
        key1=KEYPORT;
        KEYPORT=0x0f;
        if((KEYPORT&0X0f)!=0x0f)
        {
            key2=KEYPORT;
            switch(key1|key2)
            {
                case 0x77:
                    return 14;              //开锁
                break;
                case 0xb7:
                    return 15;              //#
                break;
                case 0xd7:                  //0
                    return 0;
                break;
                case 0xe7:
                    return 10;              //*
                break;
      ////////////////
                case 0x7b:
                    return 13;              //确定
                break;
                case 0xbb:
                    return 9;
                break;
                case 0xdb:
                    return 8;
                break;
                case 0xeb:
                    return 7;
                break;
```

```
                    //////////////////
                            case 0x7d:
                                return 12;              //清出
                            break;
                            case 0xbd:
                                return 6;
                            break;
                            case 0xdd:
                                return 5;
                            break;
                            case 0xed:
                                return 4;
                            break;
                    ////////////////
                            case 0x7e:
                                return   11;            //修改
                            break;
                            case 0xbe:
                                return 3;
                            break;
                            case 0xde:
                                return 2;
                            break;
                            case 0xee:
                                return 1;
                            break;
                        }
                    }
                }
                else
                {
                    return   0xff;
                }
            }
        }
        else
        {
```

```
        return 0xff;
    }
    return key1|key2;
}
/*****************************************************************
功能描述：实现按键的按下、长按、松手检测
隶属模块：无
函数属性：其他函数调用
参数说明：无
返回说明：无
注：*p 的值为键值或按下、长按、松手的码制，规定各码制如下：
    按下：0x10
    长按：0x20
    松手：0x40
 因为键值为 0～15，故用 datf2&=0x0f; (datf2 为 getkey( )返回的值)去取实际的键值
 *****************************************************************/
void getkey(uint8 *p)
{
    static uint8   lastkey=0;          //保存键值
    static uint8 status=0;             //状态转换
    static uint16 num=0;               //长按计数
    uint8 temp=0;
    temp=KeyScan();
    switch(status)
    {
        case 0:
            status=1;
        break;
        case 1:                        //消抖动
            if(0xff!=temp)
            {
                status=2;
            }
            else
            {
                status=0;
            }
```

```
    break;
    case 2:                         //按下
        if(0xff!=temp)
        {
            status=3;
            lastkey=temp;
            temp|=0x10;             //0x10
        }
        else
        {
            status=4;
        }
    break;
    case 3:                         //连击
        if(0xff!=temp)
        {
            if(++num>5)
            {
                num=0;
                temp|=0x20;         //0x20
            }
        }
        else
        {
            status=4;
        }
    break;
    case 4:                         //释放
        temp=lastkey|0x40;          //0x40
        lastkey=0;
        status=0;
        key_voice();
    break;
  }
  *p=temp;
}
```

```
//10.  key.h 是键盘按键识别程序头文件
#ifndef __KEY_H__
#define __KEY_H__
#include <reg52.h>
#include"my_sys.h"
#define KEYPORT P1                                   //4×4 矩阵键盘数据端口
#define delaycont 0 //
#define keyvalue_0   (0|0x40)
#define keyvalue_1   (1|0x40)
#define keyvalue_2   (2|0x40)
#define keyvalue_3   (3|0x40)
#define keyvalue_4   (4|0x40)
#define keyvalue_5   (5|0x40)
#define keyvalue_6   (6|0x40)
#define keyvalue_7   (7|0x40)
#define keyvalue_8   (8|0x40)
#define keyvalue_9   (9|0x40)
#define keyvalue_10 (10|0x40)                        //*
#define keyvalue_alte             (11|0x40)          //修改
#define keyvalue_clear            (12|0x40)          //清除
#define keyvulae_sure             (13|0x40)          //确定
#define keyvalue_unlocking        (14|0x40)          //开锁
#define keyvalue_15               (15|0x40)          //#
sbit beep=P2^3;
extern void key_voice(void);
extern uint8 KeyScan(void);
extern void getkey(uint8 *p);
#endif

//11. password.c 是密码识别程序文件
#include <reg52.h>
#include "key.h"
#include "lcd.h"
uint8 idata password_data[11];
uint8 idata SFR_SRR;
uint8 idata password_len;
void get_password(uint8 keyvalue)
```

```
{
    static uint8 snum=0;
    if(keyvalue==keyvalue_clear)
    {
        LCD1602_Writecom(TWO);
        for(snum=0; snum<10; snum++)
        {
            password_data[snum] = '\0';
            LCD1602_Writedat(' ');
        }
        snum=0;
    }
    if(keyvalue==keyvalue_unlocking)                //开锁
    {
        SFR_SRR|=0X01;
        snum=0;
    }
    if((keyvalue==keyvulae_sure))                   //确定
    {
        SFR_SRR|=0X02;
        password_len=snum;
        snum=0;
    }
    if(((keyvalue>=keyvalue_0)&&(keyvalue<=keyvalue_10))||(keyvalue==keyvalue_15))
    {
        keyvalue&=0x0f;
        if(snum<=10)
        switch(keyvalue)
        {
            case keyvalue_0:
                password_data[snum] = '0';
                password_data[snum+1] = '\0';
                snum++;
            break;
            case keyvalue_1:
                password_data[snum] = '1';
                password_data[snum+1] = '\0';
```

```
        snum++;
    break;
    case keyvalue_2:
        password_data[snum] = '2';
        password_data[snum+1] = '\0';
        snum++;
    break;
    case keyvalue_3:
        password_data[snum] = '3';
        password_data[snum+1] = '\0';
        snum++;
    break;
    case keyvalue_4:
        password_data[snum] = '4';
        password_data[snum+1] = '\0';
        snum++;
    break;
    case keyvalue_5:
        password_data[snum] = '5';
        password_data[snum+1] = '\0';
        snum++;
    break;
    case keyvalue_6:
        password_data[snum] = '6';
        password_data[snum+1] = '\0';
        snum++;
    break;
    case keyvalue_7:
        password_data[snum] = '7';
        password_data[snum+1] = '\0';
        snum++;
    break;
    case keyvalue_8:
        password_data[snum] = '8';
        password_data[snum+1] = '\0';
        snum++;
    break;
```

```
            case keyvalue_9:
                password_data[snum] = '9';
                password_data[snum+1] = '\0';
                snum++;
            break;
            case keyvalue_10:        //*
                password_data[snum] = '*';
                password_data[snum+1] = '\0';
                snum++;
            break;
            case keyvalue_15:        //*
                password_data[snum] = '#';
                password_data[snum+1] = '\0';
                snum++;
            break;
            case keyvalue_clear:                    //清楚

            break;
            case keyvalue_unlocking:                //开锁

            break;
            default:   break;
        }
    }
}
//12.  password.h 是密码识别程序头文件
#ifndef __PASSWORD_H__
#define __PASSWORD_H__
#include <reg52.h>
#include"my_sys.h"
extern uint8 idata password_data[11];          //密码输入缓冲数组
extern uint8 idata SFR_SRR;                    //自定义标识寄存器
extern uint8 idata password_len;
extern void get_password(uint8 keyvalue);

#endif

//13 .main.c 是主函数所在的文件
```

```
#include <reg52.h>
#include <string.h>
#include "my_sys.h"
#include "at24xx.h"
#include "password.h"
#include "lcd.h"
#include "key.h"
/*
用户输入正确的密码时自动开锁，输入错误则报警。报警方式为声音报警。在设置密码时，
先按下修改密码键，输入旧密码，当旧密码正确时，开始进行密码设置，需连续输入两次新密
码以做校验，设置完成后按确认键完成密码修改，系统开始工作。若电路连续报警 3 次，电路
将锁定键盘 5 分钟。可设密码位数为 1～10 位。系统初始密码为 0000
*/
bit   times50ms=0;
uint16 timenum_sec=0;
extern uint8 idata password_data[11];        //密码输入缓冲数组
extern uint8 idata SFR_SRR;                  //自定义标识寄存
extern uint8 idata password_len;             //密码长度
uint8 idata   ubuffer[11];                   //保存系统当前密码
uint8 idata   new[11];                       //保存系统当前正在修改的新密码
uint8 status_mcu=0;                          //系统状态
sbit unlock=P2^7;
void time1_init(void)
{
    TH1=(65535-50000)/255;
    TL1=(65535-50000)%255;
    TMOD=0X10;
    ET1=0;
    TR1=0;
    EA=1;
}
//报警
//
void bj(void)
{
    if(times50ms)
```

```
    {
        times50ms=0;
        beep=!beep;
    }
}
//界面初始化 gui
//
void gui_init(void)
{
    LCD1602_Writecom(0x01);
    LCD1602_dis(ONE, "Enter Password:", 0);
}
//密码输入正确 gui
//
void    password_ok_gui(void)
{
    LCD1602_Writecom(0x01);
    LCD1602_dis(ONE, "0K", 0);
}
//密码输出错误 gui
void    password_error_gui(void)
{
    LCD1602_Writecom(0x01);
    LCD1602_dis(ONE, "Password Error", 0);
}
//输入旧密码 gui
//
void password_old_gui(void)
{
    LCD1602_Writecom(0x01);
    LCD1602_dis(ONE, "old passwords:", 0);
}
//输出新密码 gui
//
void password_new_gui(void)
{
    LCD1602_Writecom(0x01);
```

```
    LCD1602_dis(ONE, "new passwords:", 0);
}
//再次输入新密码 gui
//
void password_new_again_gui(void)
{
    LCD1602_Writecom(0x01);
    LCD1602_dis(ONE, "agin:", 0);
}
//两次输入的密码不一致 gui
//
void password_new_disaccord_gui(void)
{
    LCD1602_Writecom(0x01);
    LCD1602_dis(ONE, "passwords differ", 0);
}
//用户输入密码
//
void inputcode(void)
{
    static uint8 inputnum=0;
    if(SFR_SRR&0X01)
    {
        SFR_SRR&=0XFE;
        CAT24CXX_Read(0, ubuffer, password_len);            //读出密码
        if((strcmp(ubuffer, password_data)==0))
        {
            password_ok_gui();
            unlock=0;                                        //开锁
            inputnum=0;
            delay_nms(2000);
            unlock=1;
            password_data[0]='\0';
            gui_init();
        }
        else
        {
```

```
            inputnum++;
            password_error_gui();
            ET1=1;
            TR1=1;
            while(timenum_sec<2)
            {
                bj();
            }
            timenum_sec=0;
            time1_init();
            beep=1;
            time1_init();
            password_data[0]='\0';
            gui_init();
        }
        if(inputnum>2)
        {
            password_error_gui();
            //锁定键盘 10 s
            ET1=1;
            TR1=1;
            beep=0;
            while(timenum_sec<10)
            {

            }
            timenum_sec=0;
            time1_init();
            beep=1;
            inputnum=0;
            inputnum=0;
            gui_init();
        }
    }
}
//用户修改密码
void  Change_Password()
```

```
{
    static uint8 changenum=0;
    static uint8 times=0;
    uint8 i=0;
    while(SFR_SRR&0X02)
    {
        SFR_SRR&=0XFD;
        if((SFR_SRR&0X04) != 0x04)
        {
            CAT24CXX_Read(0, ubuffer, password_len);                //读出密码
            if((strcmp(ubuffer, password_data)==0))
            {
                password_data[0] = '\0';
                changenum = 0;
                password_new_gui();
                SFR_SRR |= 0X04;
                break;
            }
            else
            {
                changenum++;
                password_data[0]='\0';
                password_error_gui();
                ET1=1;
                TR1=1;
                while(timenum_sec<2)
                {
                    bj();
                }
                timenum_sec=0;
                time1_init();
                beep=1;
                password_old_gui();
            }
        }
        if(changenum>2)
        {
```

```
        //锁定键盘 10 s
        password_error_gui();
        ET1=1;
        TR1=1;
        beep=0;
        while(timenum_sec<10)
        {

        }
        timenum_sec=0;
        time1_init();
        beep=1;
        changenum=0;
        password_data[0]='\0';
        status_mcu=0;
        gui_init();
        break;
    }
    if(SFR_SRR&0X04)
    {
        if(times==0)
        {
            for(i=0; i<11; i++)
            {
                if(password_data[i]!='\0')
                    new[i]=password_data[i];
                else
                    break;
            }
            new[i]='\0';
            password_data[0]='\0';
            password_new_again_gui();
            times=1;
            break;
        }
        if(times==1)
        if((strcmp(new, password_data)==0))
```

```
            {
                times=0;
                SFR_SRR&=0XFE;
                SFR_SRR&=0XFB;
                gui_init();

                status_mcu=0;
                password_data[0]='\0';
                CAT24CXX_WriteOneByte(101, password_len);
                CAT24CXX_Write(0, new, password_len);
                CAT24CXX_Read(0, ubuffer, password_len);          //读出密码
                ubuffer[password_len]='\0';
                break;
            }
            else
            {
                times=0;
                password_data[0]='\0';
                password_new_disaccord_gui();
                delay_nms(2000);
                password_new_gui();
            }
        }
    }
}
void mcu_state(void)
{
    static bit x=0;
    uint8 keyvalue=0;
    getkey(&keyvalue);
    get_password(keyvalue);
    if(keyvalue==keyvalue_alte)
    {
        status_mcu=1;
        SFR_SRR&=0XFD;
        password_old_gui();
    }
```

```
    switch(status_mcu)
    {
        case 0:                          //输入密码
            inputcode();
            LCD1602_dis(TWO, password_data,1);
        break;
        case 1:                          //修改密码
            Change_Password();
            LCD1602_dis(TWO, password_data, 1);
        break;
        case 2:                          //空闲

        break;
    }
}
void main(void)
{
    uint8 dat=0;
    LCD1602_init();
    time1_init();
    unlock=1;
    CAT24CXX_Init();
    if(CAT24CXX_ReadOneByte(100)!=0x55)                //判断密码是否已初始化
    {
        CAT24CXX_WriteOneByte(100, 0x55);
        password_len=4;
        CAT24CXX_WriteOneByte(101, password_len);
        CAT24CXX_Write(0, "0000", password_len);
    }
    password_len=CAT24CXX_ReadOneByte(101);            //得到密码长度
    CAT24CXX_Read(0, ubuffer, password_len);           //读出密码
    gui_init();
    while(1)
    {
        mcu_state();
    }
}
```

```
void time1(void) interrupt 3
{
    static uint8 timenum=0;

    TH1=(65535-50000)/255;
    TL1=(65535-50000)%255;
    timenum++;
    times50ms=1;
    if(timenum>=20)
    {
        timenum=0;
        timenum_sec++;
    }
}
```

附录二 Keil C 的库函数

Keil C-51 软件包的库包含标准的应用程序，每个函数都在相应的头文件(.h)中有原型声明。如果使用库函数，必须在源程序中用预编译指令定义与该函数相关的头文件(包含了该函数的原型声明)。如果省掉头文件，编译器则提示需要标准的 C 参数类型，编译不能通过。头文件存放在安装目录(\Keil\C51\INC)下。

1. REGxxx.H：访问 SFR 和 SFR-bit 地址

文件 REG51.H、REG52.H 允许访问 8051 系列的 SFR 和 SFR-bit 的地址，这些文件定义了所需的所有 SFR 名称以寻址 8051 系列的外围电路地址，对于 8051 系列中的其他器件，用户可用文件编辑器容易地产生一个“.h”文件。

2. ABSACC.H：绝对地址访问

函数名：CBYTE，DBYTE，PBYTE，XBYTE

原型：

```
#define CBYTE((unsigned char *)0x50000L)
#define DBYTE((unsigned char *)0x40000L)
#define PBYTE((unsigned char *)0x30000L)
#define XBYTE((unsigned char *)0x20000L)
```

功能：上述宏定义用来对 8051 地址空间进行绝对地址访问，可以字节寻址。CBYTE 寻址 CODE 区，DBYTE 寻址 DATA 区，PBYTE 寻址 XDATA 区(通过 MOVX @R0 命令)，XBYTE 寻址 XDATA 区(通过 MOVX @DPTR 命令)。

例如，下列指令在外存区访问地址 0x1000：

```
xval=XBYTE[0x1000];   XBYTE[0x1000]=20;
```

通过使用#define 指令，用符号可定义绝对地址，如符号 X10 可与 XBYTE[0x1000]地址相等：#define X10 XBYTE[0x1000]。

函数名：CWORD，DWORD，PWORD，XWORD

原型：

```
#define CWORD((unsigned int *)0x50000L)
#define DWORD((unsigned int *)0x40000L)
#define PWORD((unsigned int *)0x30000L)
#define XWORD((unsigned int *)0x20000L)
```

功能：这些宏与前述的宏相似，只是它们指定的类型为 unsigned int。通过灵活运用不同的数据类型，所有地址空间都可以访问。

3. INTRINS.H：内部函数

函数名：_crol_，_irol_，_lrol_ (注意：_前最后一个字母为 l 代表 left(左移))

原型：

```
unsigned char _crol_(unsigned char val,unsigned char n);     //无符号字符型 val 移 n 位
unsigned int   _irol_(unsigned int val,unsigned char n);     //无符号整型 val 移 n 位
unsigned int _lrol_(unsigned long   val,unsigned char n);    //无符号长整型 val 移 n 位
```

功能：_crol_，_irol_，_lrol_以位形式将 val 左移 n 位，该函数与 8051 的汇编指令 RLA 相关。上面几个函数的不同之处在于参数类型，可用于控制流水灯。

函数名：_cror_，_iror_，_lror_(注意：_前最后一个字母为 r 代表 right(右移))

原型：

```
unsigned char _cror_(unsigned char val, unsigned char n);    //无符号字符型 val 移 n 位
unsigned int _iror_(unsigned int val, unsigned char n);      //无符号整型 val 移 n 位
unsigned int _lror_(unsigned long val, unsigned char n);     //无符号长整型 val 移 n 位
```

功能：_cror_，_iror_，_lror_以位形式将 val 右移 n 位，该函数与 8051 的汇编指令 RRA 相关，上面几个函数的不同之处在于参数类型，可用于控制流水灯。

函数名：_nop_

原型：

```
void   _nop_(void);
```

功能：_nop_产生一条 NOP 指令，该函数可用作 C 程序中的时间比较。C51 编译器在_nop_函数工作期间不产生函数调用，即在程序中直接执行了 NOP 指令。例如，“P0=0x01;_nop_();”。

函数名：_testbit_

原型：

```
bit _testbit_(bit x);
```

功能：_testbit_产生一条 JBC 指令，该函数测试一个位，当置位时返回 1，否则返回 0。如果该位置为 1，则将该位复位为 0。8051 的 JBC 指令即用作此目的。_testbit_只能用于可直接寻址的位，在表达式中使用是不允许的。

附录三　图形符号对照表

序号	名　称	国家标准画法	仿真软件画法
1	发光二极管	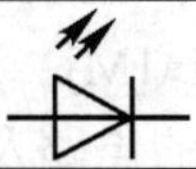	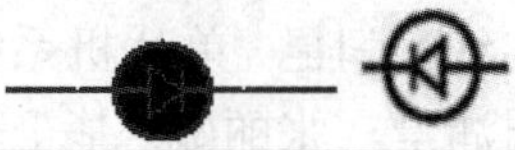
2	三极管		
3	按键开关	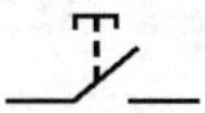	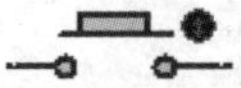
4	开关	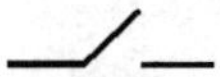	
5	晶振	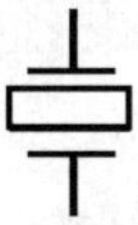	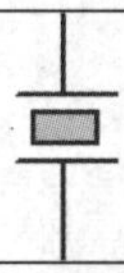
6	可调电阻		
7	电解电容	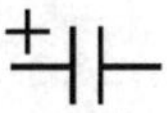	
8	接地	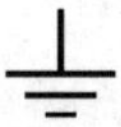	
9	扬声器		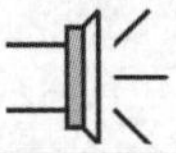

参考文献

[1] 王用伦. 微机控制技术[M]. 2 版. 重庆：重庆大学出版社，2010.
[2] 王静霞. 单片机应用技术(C 语言版)[M]. 北京：电子工业出版社，2010.
[3] 江世明. 基于 PROTEUS 的单片机应用技术[M]. 北京：电子工业出版社，2009.
[4] 陆旭明. 单片机设计应用与仿真[M]. 北京：北京大学出版社，2010.
[5] 吉红，闫昆. 单片机系统设计与调试[M]. 北京：化学工业出版社，2010.
[6] 周润景，张丽娜. 基于 PROTEUS 的电路及单片机设计与仿真[M]. 2 版. 北京：北京航空航天大学出版社，2010.
[7] 汤平. 单片机与上位机软件设计[M]. 重庆：重庆大学出版社，2013.